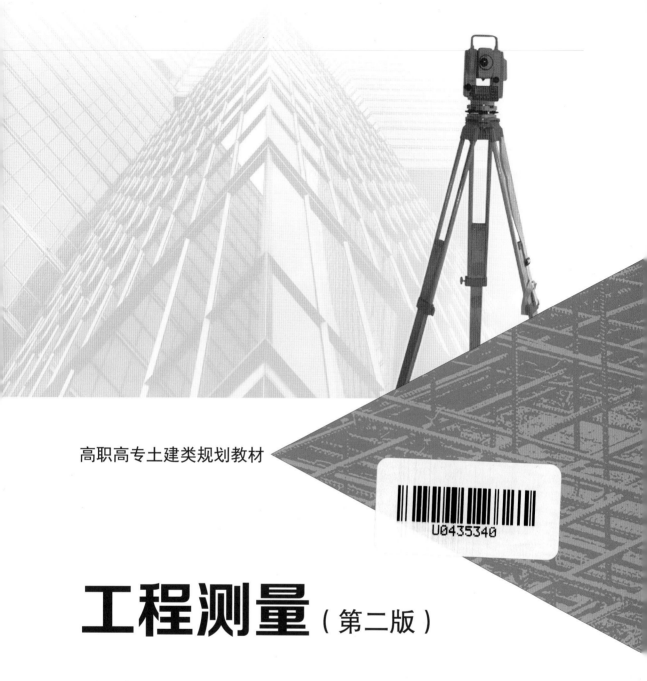

高职高专土建类规划教材

工程测量（第二版）

主　编　王金玲　王玉才
副主编　刘　晶　龙立华　吴乐群
主　审　邹进贵

武汉大学出版社

图书在版编目(CIP)数据

工程测量/王金玲,王玉才主编.—2版.—武汉:武汉大学出版社,2023.8
高职高专土建类规划教材
ISBN 978-7-307-23709-4

Ⅰ.工… Ⅱ.①王… ②王… Ⅲ.工程测量 Ⅳ.TB22

中国国家版本馆 CIP 数据核字(2023)第 067643 号

责任编辑:鲍　玲　　责任校对:李孟潇　　版式设计:马　佳

出版发行:武汉大学出版社　(430072　武昌　珞珈山)
　　　　　(电子邮箱:cbs22@whu.edu.cn　网址:www.wdp.com.cn)
印刷:湖北恒泰印务有限公司
开本:787×1092　1/16　印张:20.5　字数:486 千字　插页:1
版次:2004 年 1 月第 1 版　　2023 年 8 月第 2 版
　　　2023 年 8 月第 2 版第 1 次印刷
ISBN 978-7-307-23709-4　　　　定价:59.00 元

版权所有,不得翻印;凡购买我社的图书,如有质量问题,请与当地图书销售部门联系调换。

前　言

　　本书是《工程测量》第二版，《工程测量》2004年1月首次出版发行，2008年5月进行了第一次修订，在广泛征求使用院校教师和企业专家意见的基础上，修订版更名为《土木工程测量》。迄今该教材出版已近二十年，被全国三十余所高职院校和本科院校使用，累计发行8万余册，受到广大师生一致好评。为进一步贯彻落实《国家职业教育改革实施方案》提出的"三教改革"任务要求，不断推进信息技术与教育、教学的深度融合，2022年8月教材启动第二次修订工作，并定名为《工程测量（第二版）》。本次修订，编写团队对行业企业展开了广泛深入的调研，并邀请企业技术专家和工程测量一线技术人员参与教材的编写工作。

　　本教材在《土木工程测量》的基础上重点进行了以下修改：

　　1. 采用以工作任务为中心的编写体系，以项目为载体、以工作任务为驱动，按照项目教学特点组织教材内容。

　　2. 突出立德树人，将课程思政与专业知识有机融合，潜移默化地渗透到专业知识和技能要素中，在每个项目前明确提出了"思政目标"。

　　3. 顺应"互联网+教育"理念，开发了在线测试系统，通过扫描书中设置的二维码，即可对本项目相关知识技能点进行"在线测试"和"PPT课件"等课程资源学习。

　　4. 明确学习目标，在每个项目中增加了"主要内容"和"学习目标"。

　　5. 进行梳理总结，在每个项目后增加了"项目小结"。

　　6. 完善学习资源，增加了教辅资源"工程测量实训指导与记录手册"，并在项目中增加新的工程案例。

　　7. 与时俱进，弃旧扬新，删掉陈旧过时的测量技术方法，增加现代数字技术和测量方法；删掉原教材第5章"GPS卫星定位基本原理和应用"，增加"项目15　GNSS测量技术"。

　　修订后的教材突出信息技术、先进性、职业性、操作性和实用性特点。

　　本教材由湖北水利水电职业技术学院王金玲、王玉才主编，遵义师范学院刘晶和湖北水利水电职业技术学院龙立华任副主编，武汉大学邹进贵教授主审。编写人员具体分工如下：湖北水利水电职业技术学院王金玲编写项目1、项目7和《工程测量实训指导与记录手册》；湖北水利水电职业技术学院王玉才编写项目2和项目13；遵义师范学院工学院刘晶编写项目3和项目4；湖北水利水电职业技术学院龙立华编写项目8和项目12；安徽工业经济职业技术学院王德高编写项目5；湖北国土资源职业学院李猷编写项目10；武汉城市职业学院曹君编写项目11；仙桃职业学院李萍编写项目14；武汉经纬时空数码科技有限公司吴乐群编写项目9；长江设计集团水环院周王子编写项目6、项目15以及制作线上数字资源，全书由王金玲统稿。本书在编写过程中得到了长江设计集团和广州南方测绘科技股份有限公司等单位的领导和测绘专家、同行的大力支持并给予了宝贵意见,在此一并致谢!

本教材探索实现数字教学资源和传统教材的有机融合,还有待进一步完善,加之编者水平有限,书中难免有不足之处,恳请读者批评指正。

编　者

2023年3月于武汉

目 录

项目1 测量学基本知识 1
   任务1.1 测量学的基本内容、任务与作用 2
   任务1.2 测量工作的基准面和基准线 4
   任务1.3 地面点位的确定 7
   任务1.4 测量工作的基本内容和原则 12
   任务1.5 用水平面代替水准面的限度 14
   任务1.6 测量常用的计量单位与换算 16
   任务1.7 测量计算数值凑整规则 17

项目2 水准测量 20
   任务2.1 水准测量原理 21
   任务2.2 水准测量的仪器和工具 23
   任务2.3 水准仪的使用 27
   任务2.4 普通水准测量 30
   任务2.5 水准测量成果的计算 35
   任务2.6 三等、四等水准测量 39
   任务2.7 水准仪的检验与校正 42
   任务2.8 水准测量的误差分析 45
   任务2.9 电子水准仪简介 47

项目3 角度测量 52
   任务3.1 角度测量原理 52
   任备3.2 经纬仪介绍 53
   任务3.3 经纬仪的使用 57
   任务3.4 水平角测量 59
   任务3.5 竖直角测量 63
   任务3.6 经纬仪的检验与校正 66
   任务3.7 角度测量的误差分析 69

项目4 距离测量 74
   任务4.1 钢尺量距 74
   任务4.2 视距测量 79

  任务4.3 电磁波测距简介 …… 81
  任务4.4 电子全站仪 …… 83

项目5 测量误差的基本知识 …… 89
  任务5.1 测量误差概述 …… 89
  任务5.2 衡量精度的指标 …… 92
  任务5.3 误差传播定律 …… 94

项目6 直线方位测量 …… 98
  任务6.1 直线定向 …… 98
  任务6.2 坐标方位角的推算 …… 101
  任务6.3 坐标计算原理 …… 102
  任务6.4 罗盘仪及其使用 …… 104

项目7 小区域控制测量 …… 107
  任务7.1 控制测量基本知识 …… 107
  任务7.2 导线测量 …… 111
  任务7.3 交会定点 …… 119
  任务7.4 高程控制测量 …… 123

项目8 地形图的基本知识 …… 127
  任务8.1 地形图的基本知识 …… 127
  任务8.2 地物的表示方法 …… 129
  任务8.3 地貌的表示方法 …… 132
  任务8.4 地形图的图外注记 …… 135
  任务8.5 地形图的分幅与编号 …… 136

项目9 大比例尺地形图的测绘 …… 141
  任务9.1 测图前的准备工作 …… 141
  任务9.2 碎部点平面位置测量的基本方法 …… 143
  任务9.3 地形测图方法 …… 145
  任务9.4 地形图的绘制 …… 147
  任务9.5 数字化测图 …… 149

项目10 地形图的应用 …… 156
  任务10.1 地形图应用的基本内容 …… 156
  任务10.2 地形图在工程建设中的应用 …… 158
  任务10.3 地形图在平整场地中的应用 …… 161
  任务10.4 地形图上面积量算 …… 164

任务 10.5　电子地图应用简介 …………………………………………………… 167

项目 11　施工测量的基本知识 ……………………………………………………… 172
　　任务 11.1　施工测量概述 ………………………………………………………… 172
　　任务 11.2　施工控制网的建立 …………………………………………………… 173
　　任务 11.3　测设的基本工作 ……………………………………………………… 175
　　任务 11.4　点的平面位置的测设 ………………………………………………… 178
　　任务 11.5　坡度线的测设 ………………………………………………………… 180

项目 12　建筑工程施工测量 ………………………………………………………… 182
　　任务 12.1　施工控制测量 ………………………………………………………… 182
　　任务 12.2　民用建筑施工测量 …………………………………………………… 186
　　任务 12.3　工业厂房施工测量 …………………………………………………… 190
　　任务 12.4　建筑物的变形观测 …………………………………………………… 193
　　任务 12.5　竣工测量 ……………………………………………………………… 197

项目 13　水工建筑物施工测量 ……………………………………………………… 200
　　任务 13.1　土坝的施工放样 ……………………………………………………… 200
　　任务 13.2　水闸的放样 …………………………………………………………… 205
　　任务 13.3　隧洞施工放样 ………………………………………………………… 207

项目 14　线路工程测量 ……………………………………………………………… 215
　　任务 14.1　线路工程测量工作概述 ……………………………………………… 215
　　任务 14.2　中线测量 ……………………………………………………………… 216
　　任务 14.3　纵断面测量 …………………………………………………………… 224
　　任务 14.4　横断面测量 …………………………………………………………… 227
　　任务 14.5　道路施工测量 ………………………………………………………… 231

项目 15　GNSS 测量技术 …………………………………………………………… 238
　　任务 15.1　四大卫星导航定位系统 ……………………………………………… 238
　　任务 15.2　GNSS 测量基本原理 ………………………………………………… 244
　　任务 15.3　静态测量实施(以 GPS 为例) ……………………………………… 248
　　任务 15.4　动态 RTK 测量系统及应用 ………………………………………… 251

参考文献 ………………………………………………………………………………… 255

项目 1　测量学基本知识

【主要内容】

测量学的概念；测量学的研究对象和任务；测量工作的基准面和基准线；地球的形状和大小；用水平面代替水准面的限度；地面点位的确定方法，包括地面点的坐标和高程的表示方法；测量的基本工作和测量工作的基本原则；测量常用的计量单位和换算；测量计算数字凑整规则等。

重点：测量学的研究对象、地球的形状和大小、地面点位的确定方法。

难点：测量学的任务、地面点位的确定方法。

【学习目标】

知 识 目 标	能 力 目 标
1. 理解测量学的概念及研究对象； 2. 理解铅垂线是测量工作的基准线，大地水准面是测量工作的基准面； 3. 掌握地面点位的确定方法； 4. 理解经度、纬度的概念； 5. 理解测量独立平面直角坐标系、高斯投影的概念； 6. 理解绝对高程、相对高程、高差的概念； 7. 理解用水平面代替水准面的限度； 8. 理解测量工作的基本原则； 9. 掌握测量三项基本工作； 10. 认识水准原点和大地原点； 11. 了解我国大地坐标系和高程系统。	1. 能根据经度、纬度确定地面点的地理坐标； 2. 能建立独立平面直角坐标系； 3. 能计算各投影带中央子午线的经度； 4. 能确定地面点的高程； 5. 能够根据距离确定用水平面代替水准面的距离误差和高差误差； 6. 能进行测量计量单位之间的换算； 7. 会测量计算数字的正确凑整和取舍。

【思政目标】

通过学习测绘工作在社会发展中的作用，让学生切身体会到测量工作的魅力，通过珠穆朗玛峰高程测量过程的讲解以及国家高程系统和大地坐标系的建立等知识的学习，培养学生不畏艰险、勇往直前、顽强拼搏、无私奉献的精神，激励学生探索未知、追求真理、勇攀科学高峰，并提高学生保密意识和科技报国的家国情怀与使命担当。

任务1.1 测量学的基本内容、任务与作用

任务1.1 课件浏览

一、测量学的基本内容和任务

测量学是研究地球的形状、大小以及确定地面点之间相对空间位置关系的科学，它的内容包括测定和测设两个方面。测定是指使用测量仪器，通过一定的测量程序和方法，把地球表面的形状和大小缩绘成地形图或建立有关的数字信息，为国民经济建设的规划、设计和管理阶段提供资料；测设是指把图纸上设计好的建筑物的平面位置和高程位置在地面上标定出来，作为施工的依据。

二、测量学的学科分支

测量学按照研究对象和研究范围的不同，划分为以下几个学科：

1. 大地测量学

大地测量学主要是研究整个地球的形状、大小和外部重力场及其变化、地面点的精确定位，解决大范围控制测量工作。大地测量学是整个测绘科学的基础理论学科，它的主要任务是为测绘地形图和工程建设提供基本的平面控制和高程控制。

2. 普通测量学

普通测量学主要是研究地球表面局部区域的形状和大小，不考虑地球曲率的影响，把地球表面较小范围当做平面看待所进行的测量工作。其主要内容有图根控制网的建立、地形图的测绘及工程的施工测量。

3. 摄影测量与遥感

摄影测量与遥感技术是研究利用电磁波传感器获取目标物的影像数据，从中提取语义和非语义信息，并用图形、图像和数字形式表达的学科。其基本任务是通过对摄影像片或遥感图像进行处理、量测、解译，以测定物体的形状、大小和位置进而制作成图。根据获得影像的方式及遥感距离的不同，本学科又分为地面摄影测量学、航空摄影测量学和航天遥感测量等。

4. 工程测量学

工程测量学是研究工程建设在规划、勘测设计、施工和运营管理各阶段所进行的测量工作。按工程建设的研究对象不同，工程测量可分为：土木工程测量、建筑工程测量、水利工程测量、道桥工程测量、市政工程测量、地下工程测量等。本教材涉及内容主要是土建工程测量、水利工程测量和道桥工程测量等内容。

5. 海洋测量学

海洋测量学是研究海洋定位、海底地形、海洋重力、磁力、环境等信息，以及编制各种海图的理论和技术的学科。

三、工程测量的任务

工程测量是研究各种工程在勘察、设计、施工和管理阶段所进行测量工作的理论和技

术的学科。其主要任务是：

（一）大比例尺地形图测绘

使用测量仪器，按一定的测量程序和方法，把将要进行工程建设地区的各种地物（如道路、桥梁等）和地貌（地势的高低起伏形态，如山头、盆地、丘陵等）按规定的符号及一定的比例测绘到图纸上，供规划设计使用，这项工作称为地形测图。

（二）施工放样

使用测量仪器，把图纸上设计好的建筑物的平面位置和高程在地面上标定出来，作为施工的依据，也叫测设。

（三）变形监测

在建筑物建成后的运营管理阶段，对建筑物的稳定性及变化情况进行监督测量，以确保建筑物的安全。另外，在建筑物施工过程中，也要进行变形监测，以指导和检查工程的施工。

四、测量工作的作用

测量学是一门历史悠久的学科，随着现代科学技术的发展，测量学的发展也极为迅速，目前在国民经济建设的各个领域都有着广泛的应用。

在国民经济和社会发展规划中，测绘信息是最重要的基础信息之一。各种规划首先要有规划区的地形图，在图上展开各种构思和设想；在工程建设中，测绘更是一项重要的前期工作，有精确的测绘成果和地形图，才能保证工程的选址、选线，才能设计出经济合理的方案；在工程施工中，要通过放样测量把已确定的设计方案精确地落到实地上，以保证施工符合设计要求，这对工程质量起着相当关键的作用；竣工测绘资料则是工程在交付使用后进行妥善管理的重要依据，竣工图是日后扩建、改建和管理维护的首要资料。对于大型工程建筑，在使用期间定期进行监测，及时发现建筑物的变形和移位，以便采取措施，以防止重大事故发生，这更是不可忽视的环节。

在国防建设中，军事测量和军用地图是现代大规模的诸兵种协同作战不可缺少的重要保障。至于远程导弹、空间武器、人造卫星或航天器的发射，要保证它精确入轨，随时校正轨道和命中目标，除了应测算出发射点和目标点的精确坐标、方位、距离外，还必须掌握地球形状、大小的精确数据和有关区域的地球重力场资料。

在科学研究方面，测绘工作也有着重要的作用，例如：地壳形变、地震预报、灾情监视等都离不开测绘资料。

在国家的各级管理工作中，测量和地图资料也是必不可少的。工农业生产建设的组织管理、土地地籍管理以及各种公用设施的管理等都离不开测绘资料。

随着测绘科技的不断进步和发展，在各个行业和人民日常生活中，其必将提供更加全面、准确、及时和适用的测绘成果和技术服务。

任务 1.1 测试题

任务1.2 测量工作的基准面和基准线

测量工作研究的主要对象是地球自然表面,地球表面是一个极其复杂且又不规则的曲面,难以用数学语言描述,因此需要寻找一个形状和大小都与地球非常接近的球体或椭球体来代替它。

任务1.2 课件浏览

一、地球的形状和大小

测量工作是在地球表面上进行的,因此必须知道地表的形状和大小,地球自然表面有高山、丘陵、平原、盆地及海洋等复杂的起伏形态,通过长期的测绘工作和科学调查,人们了解到地球表面上海洋面积约占71%,陆地面积约占29%,世界上最高的山峰珠穆朗玛峰高达8848.86m[①],世界上最深的马里亚纳海沟深达11022m。地表的高低起伏约20km,但这种起伏的变化相对于地球的半径6371km来说仍可以忽略不计。因此,测量中可以把海水所覆盖的地球形体看作地球的形状。

(一)测量外业工作的基准线和基准面

1. 基准线

由于地球的自转运动,地球上任一点都要受到离心力和地球引力的双重作用,这两个力的合力称为重力,重力的方向线称为铅垂线,铅垂线是测量工作的基准线。

2. 基准面

设想一个静止的海水面向陆地延伸通过大陆和岛屿形成一个包围地球的封闭曲面,这个曲面就称为水准面。水准面是受重力影响而形成的,是一个处处与重力方向垂直的连续曲面,并且是一个重力场的等位面。由于潮汐的影响,海水面有高有低,所以水准面有无数个,其中与平均海水面相吻合的水准面,称为大地水准面。如图1-1所示,大地水准面是测量工作的基准面。

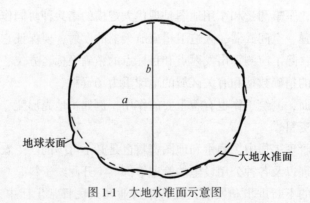

图1-1 大地水准面示意图

---

① 2020年12月8日,中国国家主席习近平同尼泊尔总统班达里互致信函,共同宣布珠穆朗玛峰最新高程8848.86m。

3. 大地体

大地水准面所包围的地球形体称为大地体，通常认为大地体可以代表整个地球的形状。

4. 水平面

通过水准面上某一点与水准面相切的平面称为过该点的水平面。

(二) 测量内业工作的基准线和基准面

1. 参考椭球面

用大地水准面代表地球表面的形状和大小是恰当的，但由于地球内部质量分布不均匀，引起铅垂线的方向产生不规则的变化，致使大地水准面成为一个复杂的曲面，如图1-1所示。如果将地球表面上的图形投影到这个复杂的曲面上，会给测量计算和绘图带来很多困难。为了解决这一问题，选用一个非常接近大地水准面且可用数学式表达的规则的几何形体来代表地球的总形状，作为测量内业工作的基准。经过长期精密测量，发现大地体十分接近于一个两极稍扁的旋转椭球体，称为地球椭球体。一般某一国家或地区为处理本国家或本地区的大地测量成果，会选择一个点作为大地坐标计算的原点，把确定了原点的地球椭球体称为参考椭球体。参考椭球体是由一椭圆绕其短半轴旋转而成的椭球体。如图1-2所示，椭圆的长半径 a、短半径 b、扁率 $\alpha\left(\alpha=\dfrac{a-b}{a}\right)$ 是决定旋转椭球体的形状和大小的元素。目前，我国采用国际大地测量协会 IAG-75 参数：$a=6378140\mathrm{m}$，$\alpha=1:298.257$，推算值 $b=6356755.288\mathrm{m}$。

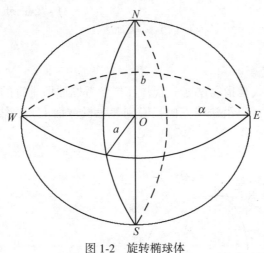

图1-2 旋转椭球体

2. 大地原点

采用参考椭球体定位得到的坐标系称为国家大地坐标系，由于地球椭球体的扁率很小，当测区面积不大时，可将地球近似地当作圆球，圆球的平均半径可按下式计算：

$$R=\dfrac{1}{3}(2a+b)$$

在测量精度要求不高时，其近似值为 6371km。

我国大地坐标系的原点称为大地原点，又称大地基准点，是国家地理坐标（经纬度）的起算点和基准点，位于陕西省泾阳县永乐镇石际寺村，具体位置在北纬 34°32′27.00″，东经 108°55′25.00″，海拔高度为 417.20m。由主体建筑、中心标志、仪器台和投影台四部分组成，主体为七层塔楼式圆顶建筑，高 25.80m，顶层为观察室，内设仪器台，建筑的顶部是玻璃钢制成的整体半圆形屋顶，可用电控翻开以便观测天体，如图 1-3(a)所示。中心标志是大地原点的核心部分，用半球形的玛瑙制成，半球顶部刻有十字线，如图 1-3(b)所示，埋设于主体建筑的地下室中央。

大地原点确定了我国大地坐标系的起算点和基准点，从原点再推算国家的其他测量点坐标，是国家和城市建立大地坐标系的依据，大地原点在经济建设、国防建设和社会发展等方面发挥着重要作用。

(a)大地原点外部轮廓　　　　　　　　　　(b)大地原点中心标志

图 1-3　大地原点

3. 法线

参考椭球面上的法线是指经过这一点并且与参考椭球面垂直的直线，如图 1-4 所示，地面上任一点的位置都可以沿法线方向投影到参考椭球面上，法线是测量内业工作的基准线。

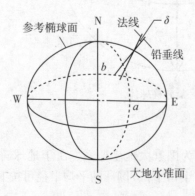

图 1-4　参考椭球面

任务 1.2　测试题

任务1.3 地面点位的确定

测量工作的基本任务是确定地面点的空间位置。确定地面点的空间位置需要三个要素,包括地面点在球面或平面上的投影位置,即地面点的坐标,以及地面点到大地水准面的铅垂距离,即地面点的高程。

任务1.3 课件浏览

一、地面点坐标的确定

(一) 大地坐标系

在大区域内确定地面点的位置,用球面坐标系统来表示,用大地经度和大地纬度表示地面点在旋转椭球面上的位置,称为大地地理坐标,简称大地坐标,如图1-5所示。NS为椭球的旋转轴,N为北极,S为南极。通过椭球旋转轴的平面称为子午面,过英国格林尼治天文台的子午面称为起始子午面,也称本初子午面。子午面与球面的交线称为子午线或经线。球面上P点的大地经度是过P点的子午面与起始子午面所夹的二面角,用L表示。自起始子午面向东0°~180°称为东经,向西0°~180°称为西经,我国地处东半球。

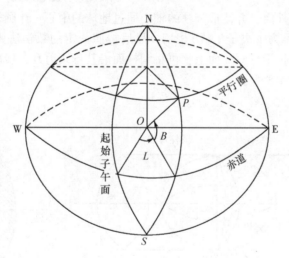

图1-5 大地坐标系

垂直于地轴并通过球心的平面称为赤道面。赤道面与球面的交线称为赤道。垂直于地轴且平行于赤道的平面与球面的交线称为纬圈或平行圈。球面上某点的大地纬度是过该点的法线(与椭球面相垂直的线)与赤道面的夹角,用B表示(图1-5中,过P点作子午线的法线,该法线与赤道面的交角B即为P点的大地纬度)。纬度从赤道起向北0°~90°称为北纬,向南0°~90°称为南纬,我国地处北半球。

大地经度、纬度是根据大地原点的起算数据,再按大地测量得到的数据推算而得。我国曾采用"1954北京坐标系"并于1987年废止,现采用2000国家大地坐标系。

(二) 独立平面直角坐标系

当测量区域较小时,可以把测区内球面沿铅垂线方向投影到水平面上,用平面直角坐标来确定点位。如图1-6所示,测量上采用的平面直角坐标系与数学上的平面直角坐标基本相同,但坐标轴互换,象限顺序相反。纵轴为x轴,与南北方向一致,向北为正,向南为负;横轴为y轴,与东西方向一致,向东为正,向西为负。顺时针方向量度,这样便于将数学的三角公式直接应用到测量计算上。原点一般选定在测区的西南角,使测区内部点坐标均为正值,以便计算。

(三) 高斯平面直角坐标系

当测区范围较大时,由于存在较大的差异,不能用水平面代替球面。工程设计与计算一般是在平面上进行的,地形图也是平面图形,因此,应将地面点投影到椭球面上,再按一定条件投影到平面上,形成统一的平面直角坐标系。

1. 高斯投影的概念

我国现采用的是高斯-克吕格投影方法。它是由德国测量学家高斯于1825年至1830年首先提出的,到1912年由德国测量学家克吕格推导出实用的坐标投影公式。

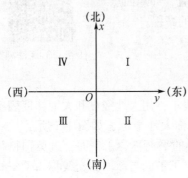

图1-6 平面直角坐标系

如图1-7所示,将地球视为一个圆球,设想用一个横圆柱体套在地球外面,并使横圆柱的轴心通过地球的中心,让圆柱面与圆球面上的某一子午线(该子午线称为中央子午线)相切,然后按照一定的数学法则,将中央子午线东西两侧球面上的图形投影到圆柱面上,再将圆柱面沿其母线剪开,展成平面,这个平面称为高斯投影面,如图1-8所示。

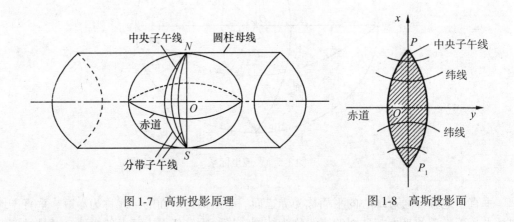

图1-7 高斯投影原理　　　　图1-8 高斯投影面

高斯投影有以下特点:

(1)中央子午线投影后为直线且长度不变,其余经线为凹向中央子午线的对称曲线。

(2)赤道投影后为与中央子午线投影正交的直线,其余纬线的投影是凸向赤道的对称曲线。

2. 投影带的划分

高斯投影中,除中央子午线外,其他各点都发生了长度变形,离开中央子午线越远,其长度投影变形就越大。为了控制长度变形,将地球椭球面按一定的经度差分成若干个范围不大的瓜瓣形地带，称为投影带。一般以经差6°(或3°)来划分投影带，简称为6°带(或3°带)。

如图1-9所示，6°带是从0°子午线起每隔经差6°自西向东将整个地球分成60个投影带。用1~60顺序编号。

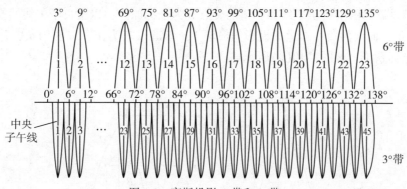

图1-9 高斯投影6°带和3°带

6°带中任意带的中央子午线经度 L 为：$L_0 = 6N - 3$ (1.1)

式中，N 为6°投影带的带号。

3°带是在6°带的基础上分成的，它是从东经1.5°子午线起每隔经差3°自西向东将整个地球分成120个投影带。用1~120顺序编号。

3°带中任意带的中央子午线经度 L' 为

$$L' = 3n \quad (1.2)$$

式中，n 为3°投影带的带号。

如已知某点的经度，则该点所在6°带的带号以及3°度带的带号分别为：

$$N = \text{int} \frac{L}{6°} + 1 \quad (1.3)$$

$$n = \text{int} \frac{L' - 1.5°}{3°} + 1 \quad (1.4)$$

式中，int 为取整。

我国的经度范围是西起73°东至135°，可分为6°带第13~23带共11带，3°带第24~45带共22带。

为满足大比例尺测图的需要，也可划分任意带。

【案例1.1】 武汉某点的经度为114°26′，该点位于6°带第几带？该带中央子午线的经度是多少？

解：根据式(1.3)，该点在6°带的带号为：$N = \text{int} \frac{L}{6°} + 1 = \text{int} \frac{114°26'}{6°} + 1 = 20$

根据式(1.1)，该带中央子午线的经度为：$L = 6N - 3 = 6 \times 20 - 3 = 117°$。

【案例1.2】 武汉某点的经度为东经114°26′，该点位于3°带第几带？该带中央子午线的经度是多少？

解：根据式(1.4)，该点在3°带的带号为：$n = \text{int}\dfrac{L - 1.5°}{3°} + 1 = \text{int}\dfrac{114°26' - 1.5°}{3°} + 1 = 38$。

根据式(1.2)，该带中央子午线的经度为：$L' = 3n = 3 \times 38 = 114°$。

3. 高斯平面直角坐标系

以分带投影后的中央子午线和赤道的交点 O 为坐标原点，以中央子午线的投影为纵轴 X，向北为正，向南为负；赤道的投影为横轴 Y，赤道以东为正，以西为负，建立统一的平面直角坐标系统，如图1-10(a)所示。

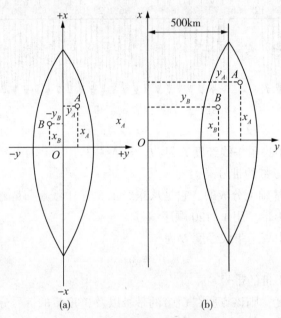

图 1-10　高斯平面直角坐标

我国位于北半球，纵坐标均为正，横坐标有正有负。为了方便计算，避免横坐标出现负值，规定将坐标原点西移 500km，如图 1-10(b)所示。这样带内的横坐标值均增加 500km。

因为不同投影带内的点可能会有相同坐标值，也为了标明其所在投影带，规定在横坐标前冠以带号，通常将未加 500km 和未加带号的横坐标值叫作自然值；将加上 500km 并冠以带号的叫作通用值。

【**案例 1.3**】 武汉某地的 A、B 两点位于第 20 带，其自然坐标值 $y'_A = 175236.4\text{m}$，$y'_B = -286245.7\text{m}$，则其通用坐标值 y 坐标"各"为多少？

解：175236.4+500000=675236.4m，前面加上带号 20，则通用值 $y_A = 20675236.4\text{m}$；
−286245.7+500000=213754.3m，前面加上带号 20，则通用值 $y_B = 20213754.3\text{m}$。

（四）我国的大地坐标系

中华人民共和国成立以来，我国先后使用了三个大地坐标系，即 1954 北京大地坐标系、1980 西安大地坐标系、2000 国家大地坐标系，详见表 1-1。

表1-1　　　　　　　　　　我国的大地坐标系

序号	名称	依据	大地原点	说明
1	1954北京坐标系	采用苏联克拉索夫斯基椭球元素值	位于苏联普尔科沃	我国自2008年7月1日起启用2000国家大地坐标系
2	1980国家大地坐标系（1980西安大地坐标系）	采用1975年国家第三推荐值作为参考椭球	位于陕西省泾阳县永乐镇	
3	2000国家大地坐标系	地心坐标系	坐标原点在地球质心	

二、地面点的高程

（一）绝对高程

地面上某点到大地水准面的铅垂距离，称为该点的绝对高程，又称海拔，用 H 表示，如图1-11所示。

A、B 两点的绝对高程为 H_A、H_B。由于受海潮、风浪等影响，海水面的高低时刻在变化，我国在青岛设立验潮站，进行长期观测，取黄海平均海水面作为高程基准面，建立"1956年黄海高程系"，其青岛国家水准原点高程为72.289m，该高程系统自1987年废止并启用"1985国家高程基准"，原点高程为72.260m。在使用测量资料时，一定要注意新旧高程系统的区分以及系统间的正确换算。

（二）相对高程

地面上某点到任意水准面的铅垂距离，称为该点的假定高程或相对高程。如图1-11中 A、B 两点的相对高程分别为 H'_A、H'_B。

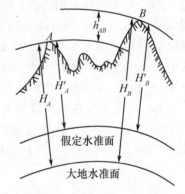

图1-11　高程和高差示意图

（三）高差

两点的高程之差称为高差，用 h 表示。图1-11中 A、B 两点的高差为：

$$h_{AB}=H_B-H_A=H'_B-H'_A \tag{1.5}$$

（四）我国的高程系统

中华人民共和国成立以来，我国相应先后使用了两个高程系统，即"1956年黄海高程系"和"1985国家高程基准"，详见表1-2。

表1-2　　　　　　　　　　我国的高程系统

序号	名称	依据	水准原点高程(m)	说明
1	1956年黄海高程系	新中国成立后，我国采用青岛验潮站1950—1956年间观测结果求得的黄海平均海水面，作为全国统一的高程基准面	72.289	1985国家高程基准于1987年5月启用，1956年黄海高程系同时废止
2	1985国家高程基准	1985年，原国家测绘局根据青岛验潮站1952—1979年间连续观测潮汐资料计算得出的平均海水面作为新的高程基准面	72.260	

（五）水准原点

水准原点是水准测量传递高程的基准点，即国家高程控制网中，所有水准点高程的起算点。我国的水准原点位于青岛市观象山上，在观象山上有一个小石屋，外面有两层高栅栏，在石屋子里面，有一个拳头大小的浑圆的黄玛瑙，玛瑙上一个红色小点，这就是我国的"水准原点"。水准原点在"1956年黄海高程系"中的高程为72.289m，在"1985国家高程基准"中的高程为72.2604m。

任务1.3 测试题

任务1.4　测量工作的基本内容和原则

一、测量的基本工作

在测量工作中，地面点的三维坐标(X, Y, H)一般是间接测出的。设A、B、C为地面上的三点（如图1-12所示），投影到水平面上的位置分别为a、b、c。如果A点的位置已知，要确定B点的位置，需要确定B点到A点在水平面上的水平距离D_{AB}和B点位于A点的方位。图中ab的方向可用通过a点的指北方向与ab的夹角（水平角）α表示，有了D_{AB}和α，B点在图中的平面位置b就可以确定。由于A、B两点的高程不同，除平面位置外，还要知道它们的高低关系，即A、B两点的高程H_A、H_B或A、B两点间的高差h_{AB}，这样B点的位置就完全确定了。如果还要确定C点在图中的位置c，则需要测量BC在水平面的水平距离D_{BC}及b点上相邻两边的水平夹角β以及H_C或h_{BC}。

任务1.4 课件浏览

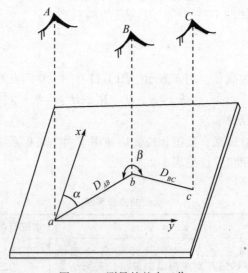

图1-12　测量的基本工作

由此可知，水平距离、水平角及高程是确定地面点相对位置的三个基本几何要素。测量地面点的水平距离、水平角及高程是测量的基本工作。

二、测量工作的基本原则

测量工作中将地球表面复杂多样的形态分为地物和地貌两大类。地面上的河流、道路、房屋等自然物体和人工建筑物称为地物,地势的高低起伏形态称为地貌,地物和地貌统称为地形。测量学的主要任务是测绘地形图和施工放样。要在一个已知点上测绘该测区所有的地物和地貌是不可能的,只能测量其附近的范围,因此,只能在若干点上分区观测,最后才能拼成一幅完整的地形图。

如图 1-13(a)所示,在测区内选择 A、B、C、D 等一些有控制意义的点(称为控制点),用精确的方法测定这些点的坐标和高程,然后根据这些控制点分区观测,测定其周围的地物和地貌特征点(称为碎部点)的坐标和高程。最后才能拼成一幅完整的地形图。施工放样也是如此。但不论采用何种方法、使用何种仪器进行测量或放样,都会给其成果带来误差。为了防止测量误差的逐渐传递和累积,要求测量工作必须遵循以下原则:

(a)某测量区域

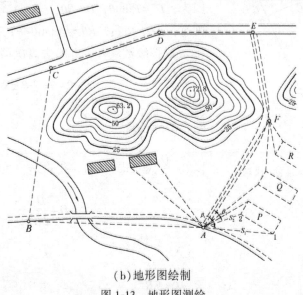

(b)地形图绘制

任务 1.4 测试题

图 1-13　地形图测绘

(1)在布局上遵循"从整体到局部"的原则,测量工作必须先进行总体布置,然后再分期、分区、分项实施局部测量工作,而任何局部的测量工作都必须服从全局的工作需要。

(2)在工作程序上遵循"先控制后碎部"的原则,就是先进行控制测量,测定测区内若干个控制点的平面位置和高程,作为后面测量工作的依据。

(3)在精度上遵循"从高级到低级"的原则。即先布设高精度的控制点,再逐级发展布设低一级的交会点以及进行碎部测量。

同时,测量工作必须进行严格的检核,"前一步工作未作检核不进行下一步测量工作"是组织测量工作应遵循的又一个原则。

任务 1.5 用水平面代替水准面的限度

任务 1.5 课件浏览

在普通测量中,当测区面积不大时,又可把球面视为平面,用水平面代替水准面,使计算和绘图工作大为简化,但是多大范围内才允许用水平面代替水准面。以下就讨论以水平面代替水准面对水平距离和高差的影响,从而明确用水平面可以代替水准面的范围。

(一)对水平距离的影响

如图 1-14 所示,A、B 为地面上两点,它们在大地水准面上的投影为 a、b,弧长为 D。在水平面上的投影为 a'、b',其距离为 D',两者之差 ΔD 即为用水平面代替水准面所产生的误差。

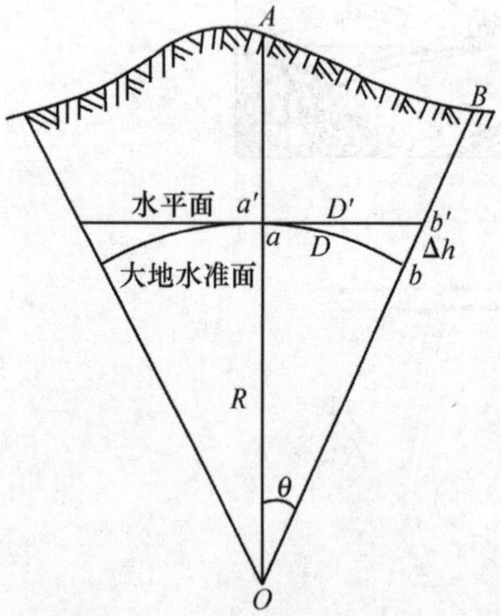

设地球的半径为 R,AB 所对的圆心角为 θ,则:

$$\Delta D = D' - D$$

因为,$D' = R\tan\theta$,$D = R\theta$,

则有,$\Delta D = R\tan\theta - R\theta = R(\tan\theta - \theta)$;

将 $\tan\theta$ 按级数展开,并略去高次项,取前两项得:

$$\tan\theta = \theta + \frac{1}{3}\theta^3$$

则,$\Delta D = \frac{1}{3}R\theta^3$ (1.6)

图 1-14 水平面代替水准面的影响

以 $\theta = \frac{D}{R}$ 代入式(1.6),得:

$$\Delta D = \frac{D^3}{3R^2} \quad (1.7)$$

表示成相对误差为:

$$\frac{\Delta D}{D} = \frac{D^2}{3R^2} \quad (1.8)$$

取 $R=6371$ km，并以不同的 D 值代入式(1.7)和式(1.8)，可求得用水平面代替水准面的距离误差和相对误差(见表1-3)。

表 1-3　　　　　　　　　用水平面代替水准面对距离的影响

距离 D(km)	距离误差 ΔD(cm)	相对误差 $\Delta D/D$	距离 D(km)	距离误差 ΔD(cm)	相对误差 $\Delta D/D$
10	0.8	1∶1220000	50	102.7	1∶49000
25	12.8	1∶200000	100	821.2	1∶12000

当距离为10km时，以水平面代替水准面所产生的距离误差为1∶122万，这样小的误差，就是在地面上进行最精密的距离测量也是允许的。因此，在以10km为半径的圆面积范围内，以水平面代替水准面所产生的距离误差可以忽略不计。对于精度要求较低的测量，还可以扩大到以25km为半径的范围。

（二）对高差的影响

在图1-14中，A、B 两点在同一水准面上，其高差应为零。B点投影在水平面上得 b' 点，则 bb' 即为水平面代替水准面所产生的高差误差，或称为地球曲率的影响。

$$bb' = \Delta h$$
$$(R+\Delta h)^2 = R^2 + D'^2$$

化简得：
$$\Delta h = \frac{D'^2}{2R+\Delta h} \tag{1.9}$$

式(1.9)中，用 D 代替 D'，同时 Δh 与 $2R$ 相比可略去不计，则，

$$\Delta h = \frac{D^2}{2R} \tag{1.10}$$

以不同距离 D 代入式(1.10)，得相应的高差误差值列于表1-4中。

表 1-4　　　　　　　　　用水平面代替水准面对高差的影响

D(m)	100	200	500	1 000
Δh(mm)	0.8	3.1	19.6	78.5

由表1-4可知，用水平面代替水准面，当距离为200m时，高差误差为3mm，这对高程测量来说影响很大，因此，当进行高程测量时，即使距离很短也必须顾及地球曲率的影响。

任务1.5 测试题

任务1.6　测量常用的计量单位与换算

测量常用的计量单位是长度单位、面积单位和角度单位。

一、长度单位

长度单位是指丈量空间距离的基本单位,我国测量工作中法定的长度单位为米(m);在外文测量书籍、参考文献和测量仪器说明书中,还会用到英制的长度计量单位,英制常用单位有英里(mi)、英尺(ft)、英寸(in)。其换算关系见表1-5。

任务1.6和任务1.7
课件浏览

表1-5　　　　　　　　　　　长度单位转换关系

公制	英制
1km(千米或公里)=1000m(米)	1km(千米或公里)=0.6214mi(英里) =3280.84ft(英尺)
1m(米)=10dm(分米) =100cm(厘米) =1000mm(毫米)	1m(米)=3.2808ft(英尺) =1.094yd(码) =39.37in(英寸)

二、面积单位

面积单位是指测量物体表面大小的单位,我国测量工作中法定的面积单位为平方米(m^2),大面积则用公顷(hm^2)、平方公里或平方千米(km^2);我国农业土地常用亩(mu)为面积计量单位;英制常用的单位有平方英里(mi^2)、平方英尺(ft^2)、平方英寸(in^2)。其换算关系见表1-6。

表1-6　　　　　　　　　　　面积单位换算关系

公制	市制	英制
$1km^2$(平方公里)=$1000000m^2$	$1km^2$(平方公里)=$100hm^2$(公顷) =1500mu(亩)	$1km^2$(平方公里) =$0.386mi^2$(平方英里)
$1m^2$(平方米) =$100dm^2$(平方分米) =$10000cm^2$(平方厘米) =$1000000mm^2$(平方毫米)	1mu(亩)=10分 =100厘 =$666.6667m^2$(平方米) 1are(公亩)=0.15mu(亩) =$100m^2$(平方米)	$1m^2$(平方米) =$10.764ft^2$(平方英尺) =$1550.016in^2$(平方英寸)

三、角度单位

角度单位是用来测量角度大小的单位,测量工作中常用的角度单位有60进制的度(°)、分(′)、秒(″)(DMS—degree、minute、second)制和弧度(radian)制。其换算关系见表1-7。

任务1.6 测试题

表1-7　　　　　　　　　　　　角度单位换算关系

度、分、秒制	弧度制
1圆周=360°(度)	1圆周=360°(度)=2πrad(弧度)
1°(度)=60′(分) =3600″(秒)	1°(度)=60′(分)=3600″(秒)=0.01745rad(弧度) 1rad=ρ°=57.30°(度) ρ′=3438′(分) ρ″=206303″(秒)

任务1.7　测量计算数值凑整规则

为了避免凑整误差的迅速累积而影响观测成果的精度,在测量计算中通常采用如下凑整规则:

在测量中,误差处理主要使用毫米(mm)为计量单位,成果处理主要使用米(m)为计量单位。数据保留位数的取舍处理原则如下:按照"四舍六入,五看奇偶,奇进偶不进(通常称为取偶原则)"的原则进行。

任务1.7 测试题

【案例1.4】　将下列原有数值取舍成小数点后3位有效数值。

原有数值	取舍后的数值
2.6375	2.638
5.31437	5.314
6.02861	6.029
3.14659	3.146
2.62350	2.624
9.32650	9.326

【项目小结】

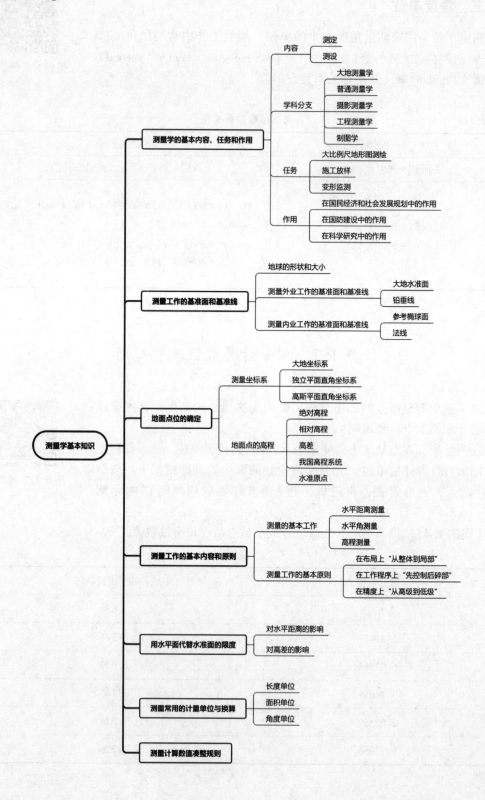

【习题】
1. 什么叫测设？什么叫测定？
2. 工程测量的基本任务是什么？
3. 什么叫水准面？什么叫大地水准面？它们的特性是什么？
4. 什么叫绝对高程（海拔）？什么叫相对高程？什么叫高差？
5. 表示地面点位有哪几种坐标系统？
6. 测量学中的平面直角坐标系和数学上的平面直角坐标系有何不同？为何这样规定？
7. 测量工作的基本内容是什么？
8. 对于水平距离和高差而言，在多大的范围内可用水平面代替水准面？
9. 测量工作的基本原则是什么？
10. 已知点 M 位于东经 $117°46'$，计算它所在投影带的六度带号和三度带号。

项目2 水 准 测 量

【主要内容】

水准测量原理；水准仪的构造和使用；水准测量的施测方法；四等水准测量；水准测量的成果计算；水准仪的检验和校正；水准测量的误差分析等。

重点：水准仪的使用方法；普通水准测量；四等水准测量；水准仪的检校。

难点：四等水准测量一测站的观测、记录和计算；水准测量成果的计算。

【学习目标】

知识目标	能力目标
1. 认识水准仪、水准尺、尺垫；	1. 能熟练使用水准仪；
2. 掌握水准测量原理；	2. 能熟练使用水准仪进行水准测量的施测、记录与计算；
3. 掌握水准测量的施测步骤、记录与计算方法；	3. 能熟练使用水准仪进行四等水准测量，正确完成一测站的观测、记录和计算；
4. 掌握四等水准测量施测方法；	4. 能进行水准测量成果计算和精度评定；
5. 掌握国家四等水准测量精度要求；	5. 会检验并能校正水准仪的误差；
6. 掌握水准测量成果计算的基本方法；	6. 能采取有效措施消除或减少水准测量误差。
7. 掌握水准仪检验与校正方法；	
8. 理解水准测量误差的主要来源。	

【思政目标】

通过认识水准点，激发学生对专业的认同感以及以祖国为耀的爱国情怀；通过水准测量原理、水准测量方法及水准测量误差的学习，培养学生团结协作意识、吃苦耐劳和攻坚克难的精神，使学生养成认真严谨的学习态度，具备不断学习和创新的能力。

高程测量是测量工作的基本内容之一，水准测量是测量地面点高程的常用方法。依据测量原理和施测方法的不同，高程测量分为水准测量、三角高程测量、气压高程测量及GPS高程测量等几种，其中水准测量是高程测量中最基本、最精密的一种方法，被广泛应用于高程控制测量和工程测量中。按精度的高低，水准测量分为国家一、二、三、四等水准测量和普通水准测量（也叫等外水准测量）。本章主要介绍普通水准测量和三、四等水准测量。

任务 2.1 水准测量原理

任务 2.1 课件浏览

一、水准测量的概念

水准测量是利用水准仪提供的水平视线在水准尺上读数，直接测定地面上两点间的高差，从而由已知点高程及测得的高差求得未知点高程的一种方法。

二、水准测量的基本原理

如图 2-1 所示，地面上有 A、B 两点，设 A 为已知点，其高程为 H_A，B 点为待定点，其高程未知。可在 A、B 两点间安置水准仪，在两点上分别竖立水准尺，利用水准仪提供的水平视线，分别读取 A 点上水准尺上的读数 a 和 B 点上水准尺的读数 b，则 A、B 两点的高差为：

$$h_{AB}=a-b \tag{2.1}$$

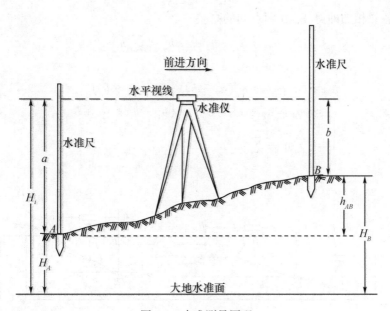

图 2-1 水准测量原理

设水准测量的方向是从 A 点往 B 点进行，在图 2-1 中称 A 点为后视点，A 点尺上的读数 a 为后视读数；称待定点 B 为前视点，称 B 点尺上的读数 b 为前视读数；安置仪器之处称为测站；竖立水准尺的点称为测点。有了 A、B 两点间的高差 h_{AB} 后，就可进一步由已知高程 H_A 计算待定点 B 的高程 H_B。B 点的高程：

$$H_B=H_A+h_{AB}=H_A+(a-b) \tag{2.2}$$

还可通过仪器的视线高程 H_i 计算 B 点的高程为：

$$H_i=H_A+a$$

则，
$$H_B = H_i - b = (H_A + a) - b \tag{2.3}$$

式(2.2)是直接用高差计算 B 点高程，称为高差法；式(2.3)是利用仪器视线高程计算 B 点高程，称为仪器高法。

三、连续水准测量

当已知点与待定点间的相距不远、高差不大，且无视线遮挡时，只需安置一次水准仪就可测得两点间的高差。在实际工作中，已知点到待定点之间的距离往往较远或高差较大，仅安置一次仪器不可能测得两点间的高差，此时，可以进行分段测量，在两点间分段连续安置水准仪和竖立水准尺，依次连续测定各段高差，最后取各段高差的代数和，即得到已知点和待定点之间的高差。

如图2-2所示，根据水准测量的原理，可以看出每站的高差为：
$$h_1 = a_1 - b_1$$
$$h_2 = a_2 - b_2$$
$$\vdots$$
$$h_n = a_n - b_n$$

将上述各式相加即得 A、B 两点间的高差
$$h_{AB} = h_1 + h_2 + \cdots h_n = \sum h \tag{2.4}$$

或写成
$$\begin{aligned} h_{AB} &= (a_1 - b_1) + (a_2 - b_2) + \cdots (a_n - b_n) \\ &= (a_1 + a_2 + \cdots + a_n) - (b_1 + b_2 + \cdots + b_n) \\ &= \sum_1^n a - \sum_1^n b \end{aligned} \tag{2.5}$$

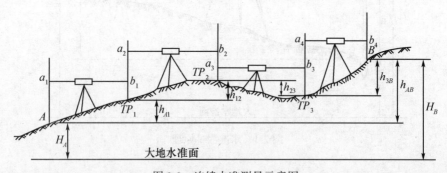

图2-2 连续水准测量示意图

在实际作业中，可先根据式(2.4)计算出 A、B 两点的高差 h_{AB}，再用式(2.5)进行检核计算，以检验计算高差的正确性。

在图2-2中，在 A、B 之间设立了过渡点 1，2，$\cdots$，$(n-1)$，这些点的高程是不要求测定的，它们的作用是传递高程，这样的点叫转点。

任务2.1 测试题

任务2.2 水准测量的仪器和工具

任务2.2 课件浏览

在水准测量中,使用的仪器主要有水准仪、水准尺和尺垫。

一、DS_3型水准仪

水准测量使用的仪器称为水准仪,水准仪全称为大地测量水准仪,按精度分为DS_{05}、DS_1、DS_3、DS_{10}等几个等级。D、S分别为"大地测量""水准仪"汉语拼音的第一个字母,下标数值表示仪器的精度,即每千米往返测高差中数的偶然中误差分别不超过0.5mm、1mm、3mm、10mm。DS_{05}和DS_1为精密水准仪,主要用于国家一、二等水准测量和精密水准测量;DS_3和DS_{10}为普通水准仪,用于一般的工程建设测量和三、四等水准测量。本章着重介绍工程测量中常用的DS_3型微倾水准仪和DS_3型自动安平水准仪。

(一)DS_3型微倾水准仪

水准仪主要由望远镜、水准器和基座三部分组成,图2-3是我国生产的DS_3型微倾水准仪的外貌和各部分名称。

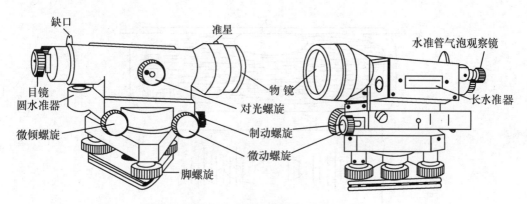

图2-3 DS_3型微倾式水准仪

1. 望远镜

望远镜的作用是提供一条照准目标的视线,主要用于照准目标并在水准尺上读数。望远镜具有一定的放大倍数,DS_3型微倾式水准仪望远镜的放大率为28倍。望远镜是由物镜、目镜、十字丝分划板、物镜对光螺旋(调焦螺旋)及目镜调焦螺旋组成,根据调焦方式不同,望远镜又分为外调焦望远镜和内调焦望远镜两种,现在我们使用的大多是内调焦望远镜。

十字丝分划板上面刻有相互垂直的细线,称为十字丝。中间横的一条称为中丝(或横丝),与中丝平行的上、下两根短丝,一根叫上丝,一根叫下丝,统称为视距丝,用来测量仪器和目标之间的距离。

十字丝交点与物镜光心的连线称为视准轴。视准轴是水准测量中用来读数的视线。图

2-4 所示是望远镜构造图。

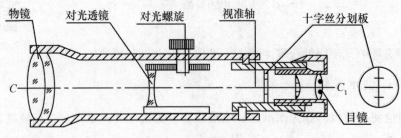

图 2-4　望远镜构造

2. 水准器

水准器有管水准器和圆水准器两种。水准器是用来标志视准轴是否水平或仪器竖轴是否铅直的装置。

1) 管水准器

管水准器也称水准管或长水准器,是纵向内壁成圆弧形的玻璃管,管内装满乙醇或乙醚,加热封闭冷却后,在管内形成一个气泡,如图 2-5 所示。

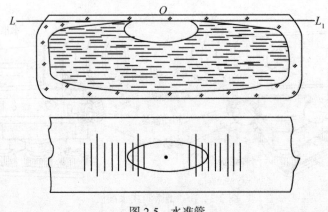

图 2-5　水准管

水准管圆弧形表面上刻有 2mm 的分划线,分划线的中点 O 称为水准管零点。通过零点与圆弧相切的直线,称为水准管轴。当气泡中心与零点重合时,称气泡居中,这时水准管轴处于水平位置。若气泡不居中,则水准管轴处于倾斜位置。水准管上相邻两分划线间的圆弧(弧长为 2mm)所对的圆心角称为水准管分划值,即气泡每移动一格时,水准管轴所倾斜的角值。即

$$\tau = \frac{2}{R}\rho \tag{2.6}$$

式中,$\rho = 206265$,单位是秒。

水准管分划值的大小反映了仪器整平精度的高低。由式(2.6)可以看出:水准管半径越大,分划值就越小,灵敏度(整平仪器的精度)就越高,根据气泡整平仪器的精度就越

高。DS_3型水准仪的水准管分划值为$20''/2mm$。

为了提高水准管气泡居中的精度，微倾式水准仪在水准管的上方安装了一组符合棱镜系统，通过棱镜的反射作用，把气泡两端的影像折射到望远镜旁的观察窗内，如图2-6所示。当气泡两端的像合成一个光滑圆弧时，表示气泡居中，若两端影像错开，则表示气泡不居中，可转动微倾螺旋使气泡影像吻合。这种水准器称为符合水准器。

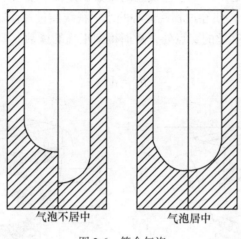

图2-6 符合气泡

2）圆水准器

圆水准器是一圆柱形的玻璃盒镶嵌装在金属框内形成的，玻璃盒顶面内壁为球面，球面中央有一个圆圈，其圆心称为圆水准器的零点。通过零点所作球面的法线，称为圆水准器轴。当气泡居中时，圆水准器轴就处于铅直位置。由于圆水准器顶面内壁曲率半径较小，灵敏度较低，只能用于仪器的粗略整平。圆水准器的分划值是指通过零点及圆水准器轴的任一纵断面上2mm弧长所对的圆心角。DS_3型水准仪圆水准器分划值一般为$8'/2\sim 10'/2mm$。

3. 基座

基座主要由轴座、脚螺旋和连接板组成，其作用是支撑仪器的上部。整个仪器用中心连接螺旋与三脚架连接。

(二)DS_3型自动安平水准仪

1. 自动安平水准仪介绍

自动安平水准仪也称为补偿器水准仪，它的结构特点是没有水准管和微倾螺旋，而是利用自动安平补偿器代替水准管和微倾螺旋，自动获得视线水平时水准尺读数的一种水准仪。

观测时，只需将仪器圆气泡居中，尽管望远镜的视准轴还有微小的倾斜，但可借助一种补偿装置使十字丝读出相当于视准轴水平时的水准尺读数。由于省略了"精平"过程，从而简化了操作，提高了观测速度。

图2-7所示为天津欧波公司生产的DS_3型自动安平水准仪，各部件名称见图中注记。

2. 自动安平水准仪基本原理

自动安平水准仪的类型目前很多，但其自动安平的原理是相同的，在水准仪的光学系统中设置了一个自动安平补偿器，用于改变光路，使视准轴略有倾斜时，视线仍能保持水平，以达到水准测量的要求。图 2-8 为补偿器的原理图，当水准轴水平时，水准尺的读数为 a_0，即 A 点的水平视线通过物镜光路到达十字丝的中心，当视准轴倾斜了一个小角度 α 时，视准轴的读数为 a，为了使十字丝横丝的读数仍是视准轴水平时的读数 a_0，在望远镜的光路中加了一个补偿器，使经过物镜光心的水平视线经过补偿器的光学元件后偏转一个 β 角，水平光线将落在十字丝的交点处，从而得到正确的读数。要达到补偿的目的，应满足式(2.7)。

$$f\alpha = \mathrm{d}\beta \tag{2.7}$$

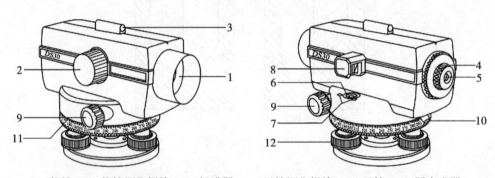

1—物镜；2—物镜调焦螺旋；3—粗瞄器；4—目镜调焦螺旋；5—目镜；6—圆水准器；
7—圆水准器校正螺钉；8—圆水准器反光镜；9—无限位微动螺旋；
10—补偿器检测按钮；11—水平度盘；12—脚螺旋

图 2-7 自动安平水准仪

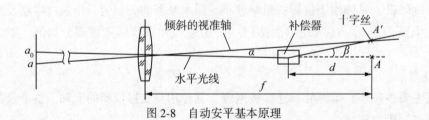

图 2-8 自动安平基本原理

二、水准尺

水准尺是水准测量时使用的标尺，常用的水准尺有塔尺和双面尺两种，用优质木材或玻璃钢制成，如图 2-9 所示。塔尺的形状呈塔形，由几节套接而成，其全长可达 5m，尺的底部为零刻划，尺面以黑白相间的分划刻划，最小刻划为 1cm 或 0.5cm，米和分米处注有数字，大于 1m 的数字注记加注红点或黑点，点的个数表示米数。塔尺携带方便，但在连接处常会产生误差，一般用于精度较低的水准测量中。双面尺也叫直尺，尺长 3m，尺的双面均有刻划，一面为黑白相间，称为黑面尺(也称基本分划)，尺底端起点为零；另一面为红白相间，称为红面尺(也称辅助分划)，尺底端起点是一个常数，一般为 4.687m

或 4.787m。不同尺常数的两根尺子组成一对使用，利用黑、红面尺零点相差的常数可对水准测量读数进行检核。双面尺用于三、四等精度以下的水准测量中。

三、尺垫

如图 2-10 所示，尺垫用铁制成，呈三角形。上面有一个凸起的半圆球。半球的顶点作为转点标志，使用时将尺垫下面的三个脚踏入土中使其稳定，水准尺立于尺垫的半圆球顶点上。尺垫通常用于传递高程的转点，防止水准尺下沉。

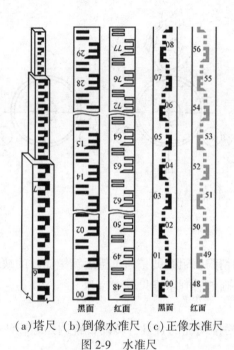

(a)塔尺 (b)倒像水准尺 (c)正像水准尺

图 2-9 水准尺

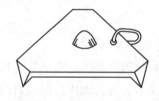

任务 2.2 测试题

图 2-10 尺垫

任务 2.3 水准仪的使用

一、DS_3 型微倾水准仪的使用

任务 2.3 课件浏览

DS_3 型微倾水准仪的使用分为安置仪器、粗略整平、瞄准和调焦、精确整平、读数记录几个步骤。

（一）安置仪器

在安置仪器时，首先在测站上松开三脚架架腿的固定螺旋，伸缩三个脚腿使高度适中，再拧紧固定螺旋，打开三脚架，使三脚架架头大致水平，并将三脚架的架脚踩入土中。三脚架安置好后，从仪器箱中取出仪器，用中心连接螺旋将仪器固定在三脚架上。

（二）粗略整平

粗略整平简称粗平，就是调节仪器脚螺旋使圆水准器气泡居中，以达到水准仪的竖轴铅直，视线大致水平的目的。调节脚螺旋的原则是：顺时针转动脚螺旋使该脚螺旋所在一端升高，逆时针转动脚螺旋使该脚螺旋所在一端降低，气泡偏向哪端说明哪端高些，气泡的移动方向始终与左手大拇指转动的方向一致，称之为左手大拇指法则。首先如图2-11(a)所示，用双手按箭头所指的方向转动脚螺旋1、2，使气泡移动到这两个脚螺旋方向的中间位置，然后如图2-11(b)所示用左手转动脚螺旋3，使气泡居中，最后效果如图2-11(c)所示。按上述方法反复调整脚螺旋，能使圆水准器气泡完全居中。

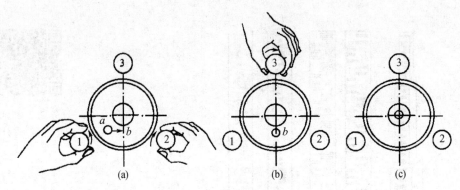

图2-11 圆气泡整平方法

(三) 瞄准和调焦

瞄准目标简称瞄准。瞄准分为粗瞄和精瞄。粗瞄就是通过望远镜镜筒外的缺口和准星瞄准水准尺后，进行调焦，使镜筒内能清晰地看到水准尺和十字丝。

具体的操作方法如下：

(1) 放松望远镜制动螺旋，将望远镜对准明亮的背景，转动目镜调焦螺旋使十字丝成像清晰。

(2) 转动望远镜水平制动螺旋，用望远镜镜筒外的缺口和准星粗略地瞄准水准尺，固定制动螺旋。

(3) 转动物镜对光螺旋，使尺子的成像清晰，转动水平微动螺旋，使十字丝纵丝对准水准尺的中间，如图2-12所示。

(4) 消除视差：如果调焦不到位，就会使尺子成像面与十字丝分划平面不重合，此时，观测者的眼睛靠近目镜端上下微微移动，就会发现十字丝和目标影像也随之变动，这种现象称为视差。如图2-13(a)(b)所示为像与十字丝平面不重合的情况，当人眼位于中间2位置时，十字丝的交点O与目标的像a重合；当人眼睛略微向上位于1位置时，O与b重合；当人眼睛略微向下位于3位置时，O与c重合。如果连续使眼睛的位置上下移动，就好像看到物体的像在十字丝附近上下移动一样。图2-13(c)是不存在视差的情况，此时无论眼睛处于1、2、3哪个位置，目标的像均与十字丝平面重合。视差的存在将影响观测结果的准确性，应予消除。消除视差的方法是仔细反复进行目镜和物镜调焦，直到无论眼睛在哪个位置观察，尺像和十字丝均位于清晰状态，十字丝横丝所照准的读数始终不变。

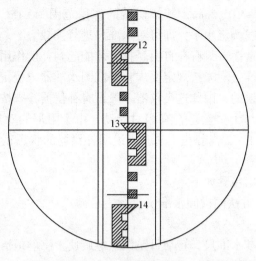

图 2-12 瞄准和读数

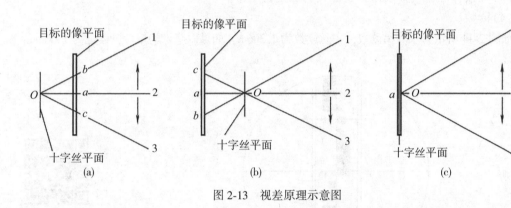

图 2-13 视差原理示意图

（四）精确整平

精确整平简称精平，就是调节微倾螺旋，使符合水准器气泡居中，即让目镜左边观察窗内的符合水准器的气泡两个半边影像完全吻合，这时望远镜的视准轴完全处于精确水平位置。每次在水准尺上读数之前都应进行精平。由于气泡移动有惯性，所以转动微倾螺旋的速度不能太快。只有符合气泡两端影像完全吻合而又稳定不动后，气泡才居中。

（五）读数记录

符合水准器气泡居中后，即可读取十字丝中丝在水准尺上的读数。读出米、分米、厘米、毫米四位数，毫米位是估读的。如图 2-12 所示，读数为 1.308m，如果以毫米为单位，读记为 1308mm。

需要注意的是：当望远镜瞄准另一方向时，符合气泡两侧如果分离，则必须重新转动微倾螺旋使水准管气泡符合后才能对水准尺进行读数。

二、自动安平水准仪的使用

自动安平水准仪的使用与微倾水准仪的不同之处为，不需要精平操作，这种水准仪的圆水准器的灵敏度为 8′~10′/2mm，其补偿器的作用范围为±15′，因此整平圆水准气泡后，补偿器能自动将视线调至水平，即可对水准尺进行读数。

补偿器相当于一个重摆，只有在自由悬挂时才能起到补偿作用，如果有仪器故障或操作不当，例如由于圆水准气泡未按规定要求整平或圆水准器未校正好等原因，使补偿器搁住，则观测结果将是错误的，因此这类仪器一般设有补偿器检查按钮，轻触补偿摆，在目镜中观察水准尺分划像与十字丝是否有相对浮动，由于阻尼器对自由悬挂的重摆在起作用，所以阻尼浮动会在 1′~2′内静止下来，则说明补偿器的状态正常，否则应检查原因使其恢复正常功能。

自动安平水准仪使用步骤如下：

（1）粗略整平仪器（方法同微倾水准仪）。

（2）瞄准调焦。

用瞄准器将仪器对准水准尺，转动目镜调焦螺旋使十字丝最清晰，转动物镜调焦螺旋使水准尺分划最清晰，消除视差。

（3）轻按补偿器检查按钮，验证其功能是否正常。

（4）读数。

如图 2-14 所示为水准尺读数，中丝读数为 1.306m，如果以毫米为单位，读记为 1306mm。

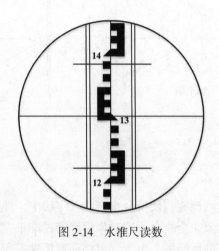

图 2-14　水准尺读数

任务 2.3　测试题

任务 2.4　普通水准测量

普通水准测量又称等外水准测量或图根水准测量，也称为五等水准测量。它主要用来加密高程控制点且直接为地形测图服务，也广泛用于土木工程施工中。

一、水准点和水准路线

（一）水准点

水准点为高程控制点，是通过水准测量的方法测定其高程，常用 BM 表示水准点。水准点有永久性和临时性两种。永久性水准点一般

任务 2.4　课件浏览

用石料或钢筋混凝土制成，深埋在地面冻土线以下，顶面设有不锈钢或其他不易腐蚀材料制成的半球形标志。临时性的水准点可用地面上突出的坚硬岩石做记号，松软的地面也可打入木桩，在桩顶钉一个小铁钉来表示水准点，在坚硬的地面上也可以用油漆画出标记作为水准点，如图2-15所示为永久水准点。

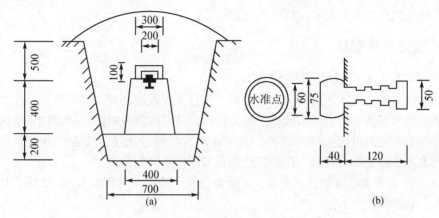

图2-15　国家级水准点

埋设水准点后，应绘出水准点与附近地物关系图，在图上还要写明水准点的编号和高程，称为点之记，便于日后寻找水准点位置时使用。

（二）水准路线

水准路线是水准测量所经过的路线，在普通工程测量中，根据已知水准点的分布情况，水准路线布设成下面三种形式，如图2-16所示。

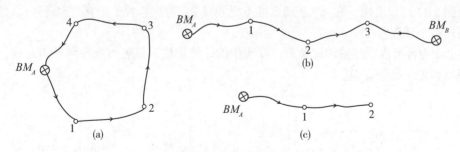

图2-16　水准路线

1. 闭合水准路线

如图2-16(a)所示，从一已知高程的水准点 BM_A 开始，沿各待测高程点1、2、3、4进行水准测量，最后回到原水准点 BM_A 上的环形路线，称为闭合水准路线。闭合水准路线常用于环形区域。

2. 附合水准路线

如图2-16(b)所示，从已知水准点 BM_A 出发，沿各待测高程点1、2、3进行水准测量，最后附合到另一个水准点 BM_B 上结束，所构成的路线称为附合水准路线。附合水准路线常用于带状区域。

3. 支线水准路线

如图 2-16(c) 所示,从已知水准点 BM_A 出发,沿待测高程点 1、2 进行水准测量,其路线既不闭合回原来的水准点 BM_A 上,也不附合到另外的水准点上,而是形成一条支线,称为支线水准路线,简称支水准路线。支水准路线应进行往、返测量,往测高差总和理论上应与返测高差总和大小相等,符号相反。

二、普通水准测量

(一) 水准测量的观测程序和方法

当已知点与待定点间距离不远,高差不大,且无视线遮挡时,只需安置一次水准仪就可测得两点间的高差。但当两水准点间距离较远或高差较大或有障碍物遮挡视线时,仅安置一次仪器不可能测得两点间的高差,必须在两点之间依次连续安置水准仪测定各站高差,最后取各站高差的代数和,即得到已知点与待定点间的高差。

如图 2-17 为普通水准测量示意图,A 点为已知水准点,其高程为 36.524m,B 点为待定水准点。观测程序如下。

(1) 在已知点 A 上竖立后尺,选择一个适当的地点安置仪器,再选择一个合适的点 TP_1 放置尺垫并踏实尺垫,将前尺竖立在尺垫上。

(2) 按照水准仪的使用方法,整平仪器,读取后视读数 a_1,记录;再瞄准 TP_1 点的前尺,读取前视读数 b_1,记录。按照高差的计算公式,计算出第一站的高差。

(3) 第一站的前尺 TP_1 不动,作为第二站的后尺;仪器和第一站的后尺搬往下一站,选一个适当的地方安置仪器,选择 TP_2 作为第二站的前尺点,按照第一站的施测方法测量第二站的高差并计算。重复上述过程,一直观测到待定点 B 结束。

(4) 记录者应在现场完成每页记录手簿的计算和校核。

从图 2-17 可以看出,在 A、B 两水准点之间设立了 TP_1、TP_2、TP_3 三个转点。值得注意的是转点上要放置尺垫。

表 2-1 为普通水准测量的记录表,在表中的计算检核,只能检查计算是否正确,不能检查观测和记录是否有误。

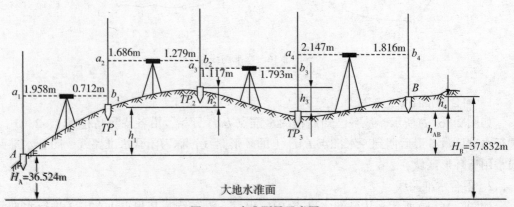

图 2-17 水准测量示意图

表 2-1　　　　　　　　　　　　　普通水准测量记录表

测站	测点	后视读数（m）	前视读数（m）	高差(m) +	高差(m) -	高程（m）	备注
1	A	1.958	0.712	1.246		36.524	
2	1	1.686	1.279	0.407			
3	2	1.117	1.793		0.676		
4	3	2.147	1.816	0.331			
	B					37.832	
∑		6.908	5.600	1.984	0.676		
计算检核		$\sum a - \sum b = 6.908 - 5.600 = 1.308\text{m}$；$H_B - H_A = 37.832 - 36.524 = 1.308\text{m}$，$\sum h = 1.984 - 0.676 = 1.308\text{m}$					

(二)水准测量的检核

长距离的水准测量工作的连续性很强，待定点的高程是通过各转点的高程传递而获得的。按照上述方法观测，若有一站上的后视读数或前视读数不正确，或者观测质量太差，这整条水准路线的测量成果都将受到影响，所以水准测量的检核是非常必要的。水准测量的检核有计算检核、测站检核和成果检核三种方法。

1. 计算检核

计算检核的目的是及时检核记录手簿中的高差和高程计算中是否有错误。即检核后视读数总和减去前视读数总和、高差总和、待定点高程与起点高程之差值，这三个数据是否相等。如式(2.8)所示，若相等，表示计算正确，否则说明计算错误。

$$\sum a - \sum b = \sum h = H_终 - H_始 \tag{2.8}$$

例如表 2-1 中 $\sum a - \sum b = 6.908 - 5.600 = 1.308\text{m}$，$\sum h = 1.984 - 0.676 = 1.308\text{m}$，$H_B - H_A = 37.832 - 36.524 = 1.308\text{m}$，说明高程计算正确。

计算检核只能检核计算是否正确，不能检核观测是否正确。

2. 测站检核

在水准测量中，为了及时地发现观测中的错误，保证每一站所测高差的正确性，可以采用测站检核的方法进行测站校核。测站检核一般采用改变仪器高法和双面尺法。

1)改变仪器高法

在一个测站上测得高差后，将水准仪改变高度(升高或降低 10cm 以上)重新安置仪器，再测一次高差，两次测得高差之差不超过限差(一般为 5mm)时，取其平均值作为该站高差，超过此限差须重新观测。

2）双面尺法

在一个测站上，仪器高不变，分别用水准尺的黑、红面各测得一个高差，两个高差之差不超过限差时，可取其平均值作为观测结果。如不符合要求，则需重测。

3. 成果检核

测站检核只能检查单个测站的观测精度是否符合要求，还必须进一步对水准测量成果进行检核。由于温度、风力、大气折光、尺垫下沉和仪器下沉等诸多外界条件引起的误差，还有尺子倾斜和估读误差以及水准仪本身误差等因素，虽然在一个测站上反映不明显，但随着测站的增加使误差积累，有时也会超出规定的限差，因此，还需要进行整条水准路线的成果检核，将水准路线的测量结果与理论值相比较，来判断观测的精度是否符合要求。

实际测量的高差与高差理论值之差称为高差闭合差，一般用 f_h 表示。

$$f_h = \sum h_{测} - \sum h_{理} \tag{2.9}$$

如果高差闭合差不大于允许值，观测结果正确，精度符合要求，否则应当重测。

成果检核的方法，因水准路线布设的形式不同而异。

1）附合水准路线

附合水准路线是从一个已知的高程点测到另一个已知的高程点，高差的理论值应为终点高程减去起点高程，即 $\sum h_{理} = H_{终} - H_{始}$，根据高差闭合差的定义得

$$f_h = \sum h_{测} - (H_{终} - H_{始}) \tag{2.10}$$

2）闭合水准路线

闭合水准路线是起止于同一个已知点上，所以高差的总和理论上应为零，即 $\sum h_{理} = 0$，根据高差闭合差的定义，得

$$f_h = \sum h_{测} - \sum h_{理} = \sum h_{测} - 0 = \sum h_{测} \tag{2.11}$$

3）支线水准路线

支线水准路线必须进行往、返测量。往测高差总和理论上应与返测高差总和大小相等，符号相反。因此，支线水准路线的高差闭合差为

$$f_h = \sum h_{测} = \sum h_{往} + \sum h_{返} \tag{2.12}$$

高差闭合差反映了测量成果的质量，如果高差闭合差在限差允许之内，则观测精度符合要求，否则应当重测。水准测量的高差闭合差的允许值根据水准测量的等级不同而异。表 2-2 为工程测量的限差表。

表 2-2　　　　　　　　　　　工程测量的限差表

等级	允许闭合差(mm)	一般应用范围举例
三等	$f_{h允} = \pm 12\sqrt{L}$ $f_{h允} = \pm 4\sqrt{n}$	有特殊要求的较大型工程、城市地面沉降观测等

续表

等级	允许闭合差(mm)	一般应用范围举例
四等	$f_{h允} = \pm 20\sqrt{L}$ $f_{h允} = \pm 6\sqrt{n}$	综合规划路线、普通建筑工程、河道工程等
等外 (图根)	$f_{h允} = \pm 40\sqrt{L}$ $f_{h允} = \pm 12\sqrt{n}$	水利工程、山区线路工程、排水沟疏浚工程、小型农田等

注：1. 表中 L 为水准路线单程千米数，n 为测站数；
　　2. 允许闭合差 $f_{h允}$，在平地按水准路线的千米数 L 计算，在山地按测站数 n 计算。

三、水准测量的注意事项

(1)在测量工作之前，应对水准仪进行检校。
(2)仪器应安置在稳固的、便于观测的地面上。在光滑的地面上安置仪器时应防止脚架滑倒，损坏仪器。
(3)视线一般控制在100m之内，视线离地面高度一般不小于0.2m。
(4)在已知点和待测点上，都不能放尺垫，应将水准尺直接立于标石或木桩上；尺垫只在转点上使用，尺子要竖立在尺垫半球上。
(5)水准尺要扶直，不能前后左右倾斜。
(6)读数要消除视差的影响。
(7)外业记录必须用铅笔在现场直接记录在手簿中，记录数据要端正、整洁，不得对原始记录进行涂改或擦拭。读错、记错的数据应划去，再将正确的数据记在上方，在相应的备注中注明原因。对于尾数读数有错误的记录，不论什么原因都不允许更改，而应将该测站的观测结果废去重测，重测记录前须加"重测"二字。
(8)有正、负意义的量，在记录时，都应带上"+"、"-"，正号也不能省去，要求读记4位数，前后的0都要读记。
(9)在观测员未迁站前，后视尺的尺垫不能动。
(10)要注意保护好仪器，防止雨淋或暴晒，仪器在测站上，观测者不能离开仪器。

任务2.5　水准测量成果的计算

水准测量外业工作结束后，即可进行内业成果的计算，计算前，必须对外业手簿进行检查，确保无误后才能进行内业成果的计算。

一、内业成果计算的步骤

1. 高差闭合差 f_h 及其允许值 $f_{h允}$ 的计算
当 $|f_h| \leq |f_{h允}|$ 时，进行内业成果的计算。

任务2.5　课件浏览

如果 $|f_h| > |f_{h允}|$，则说明外业测量数据不符合要求，不能进行内业成果的计算，需要重测。

2. 高差闭合差改正数的计算

当高差闭合差在允许范围之内时，可进行高差闭合差的调整，高差闭合差调整的原则是将高差闭合差按测站数或距离成正比例反号平均分配到各观测高差上。

设每一测段高差改正数(也称调整值)为 v_i，则

$$v_i = -\frac{f_h}{\sum n}n_i \quad (\sum n \text{为测站总数，} n_i \text{为测段总测站数}) \tag{2.13}$$

或

$$v_i = -\frac{f_h}{\sum L}L_i \quad (\sum L \text{为水准路线总长度，} L_i \text{为测段总长}) \tag{2.14}$$

高差改正数的总和应与高差闭合差大小相等，符号相反，即

$$\sum v = -f_h \tag{2.15}$$

用式(2.15)检核计算的正确性。

对于支水准路线，取往测和返测高差的平均值作为两点间的高差，符号与往测相同。

3. 计算改正后的高差

将各段高差观测值加上相应的高差改正数，求出各段改正后的高差，即

$$\hat{h}_i = h_i + v_i \tag{2.16}$$

改正后高差的总和应与理论高差相等，即

$$\sum \hat{h}_i = \sum h_{理} \tag{2.17}$$

用式(2.17)检核计算的正确性。

4. 待定点高程的计算

由起始点的已知高程 $H_{始}$ 开始，逐个加上相应测段改正后的高差 $\hat{h}_i$，即得下一点的高程 H_i。

$$H_i = H_{i-1} + \hat{h}_i \tag{2.18}$$

由待定点推算得到的终点高程与已知的终点高程应该相等，即

$$H_{终} = H_{待n} + \hat{h}_{n+1} = H_{终已} \tag{2.19}$$

用式(2.19)检核计算的正确性。

二、工程案例

1. 闭合水准路线案例

某一闭合水准路线的观测成果如图 2-18 所示，试按等外水准测量的精度要求，计算待定点 A、B、C 的高程。(H_{BM} = 31.753 m)

(1)计算高差闭合差 f_h 及其允许值 $f_{h允}$：

$$f_h = \sum h_{测} = +0.026\text{m} = +26\text{mm}$$

$$f_{h允} = \pm 12\sqrt{n} = \pm 12\sqrt{22} = \pm 56\text{mm}$$

$|f_h| \le |f_{h允}|$ 可以进行高差闭合差的调整。

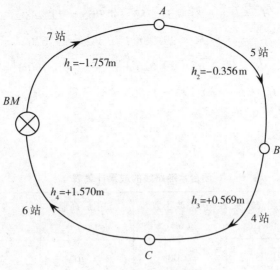

图 2-18 闭合水准路线

(2)计算各段高差改正数：

按式(2.13)进行高差闭合差改正数的计算。

$$v_1 = -\frac{f_h}{\sum n}n_1 = \frac{-0.026}{22} \times 7 = -0.008\text{m}$$

$$v_2 = -\frac{f_h}{\sum n}n_2 = \frac{-0.026}{22} \times 5 = -0.006\text{m}$$

$$v_3 = -\frac{f_h}{\sum n}n_3 = \frac{-0.026}{22} \times 4 = -0.005\text{m}$$

$$v_4 = -\frac{f_h}{\sum n}n_4 = \frac{-0.026}{22} \times 6 = -0.007\text{m}$$

改正数计算校核 $\sum v = -26\text{mm} = -f_h$，计算正确。

(3)计算改正后的高差 $\hat{h}_i$：

按式(2.16)计算改正后的高差 $\hat{h}_i$：

$$\hat{h}_1 = h_1 + v_1 = -1.757 - 0.008 = -1.765\text{m}$$

$$\hat{h}_2 = h_2 + v_2 = -0.356 - 0.006 = -0.362\text{m}$$

$$\hat{h}_3 = h_3 + v_3 = +0.569 - 0.005 = +0.564\text{m}$$

$$\hat{h}_4 = h_4 + v_4 = +1.570 - 0.007 = +1.563\text{m}$$

改正后高差计算校核 $\sum \hat{h} = 0 = \sum h_理$，计算正确。

(4)计算待定点高程：

按式(2.18)计算各待定点高程

$$H_A = H_{BM} + \hat{h}_1 = 31.753 - 1.765 = 29.988\text{m}$$

$$H_B = H_A + \hat{h}_2 = 29.988 - 0.362 = 29.626\text{m}$$

$$H_C = H_B + \hat{h}_3 = 29.626 + 0.564 = 30.190\text{m}$$

检核计算 $H_{BM算} = H_C + \hat{h}_4 = 30.190 + 1.563 = 31.753\text{m} = H_{BM已知}$ 计算正确。

至此计算结束。

计算步骤列于表2-3中。

表2-3　　　　　　　　　闭合水准路线的成果计算表

点名	测站数	实测高差（m）	高差改正数（m）	改正后高差（m）	高　程（m）	备注
BM	7	-1.757	-0.008	-1.765	31.753	
A					29.988	
	5	-0.356	-0.006	-0.362		
B					29.626	
	4	+0.569	-0.005	+0.564		
C					30.190	
BM	6	+1.570	-0.007	+1.563	31.753	
Σ	22	+0.026	-0.026	0		
辅助计算	$f_h = \sum h_{测} = +0.026\text{m} = +26\text{mm}$ $f_{h允} = \pm 12\sqrt{n} = \pm 12\sqrt{22} = \pm 56\text{mm}$					

2. 附合水准路线的成果计算工程案例

某一附合水准路线观测成果如图2-19所示，试按等外水准测量的精度要求计算待定点1、2、3点的高程。($H_{BM1}=48.000\text{m}$，$H_{BM2}=45.869\text{m}$)

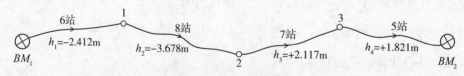

图2-19　附合水准路线

分步计算略。

计算结果见表2-4。

任务2.5 测试题

表 2-4　　　　　　　　　　　附合水准路线成果计算表

点名	测站数	实测高差 （m）	高差改正数 （m）	改正后高差 （m）	高　程 （m）	备注
BM1	6	-2.412	+0.005	-2.407	48.000	
1	8	-3.678	+0.006	-3.672	45.593	
2	7	+2.117	+0.006	+2.123	41.921	
3	5	+1.821	+0.004	+1.825	44.044	
BM2					45.869	
∑	26	-2.152	+0.021	-2.131		
辅助计算	$f_h = \sum h_测 - (H_{BM2} - H_{BM1}) = -0.021\text{m} = -21\text{mm}$ $f_{h允} = \pm 12\sqrt{n} = \pm 12\sqrt{26} = \pm 61\text{mm}$					

任务2.6　三等、四等水准测量

一、技术要求

三等、四等水准测量是工程测量和大比例尺测图的基本控制，精度高，要求严格。其水准测量的路线布设应从附近国家高一级的水准点引测高程。三、四等水准测量的操作方法、观测程序都有一定的技术要求。表 2-5 是三、四等水准测量的主要技术指标。

任务 2.6　课件浏览

表 2-5　　　　　　　三、四等水准测量的主要技术指标

等级	视距 （m）	高差闭合差限差 （mm）		视线 高度	前后视距差 （m）	前后视距积累差 （m）	黑、红面 读数差 （mm）	黑、红面所 测高差之差 （mm）
		平地	山区					
三等	≤75	$\pm 12\sqrt{L}$	$\pm 4\sqrt{n}$	三丝能读数	≤2.0	≤5.0	≤2.0	≤3.0
四等	≤100	$\pm 20\sqrt{L}$	$\pm 6\sqrt{n}$	三丝能读数	≤3.0	≤10.0	≤3.0	≤5.0

二、三、四等水准测量的施测方法

三、四等水准测量的观测应在通视良好、成像清晰稳定的情况下进行。下面介绍双面尺法的观测程序。

（一）水准测量每一站的观测顺序

三等水准测量一般采用"后—前—前—后"的观测顺序，即

后视黑面尺读上、下、中丝；

前视黑面尺读上、下、中丝；

前视红面尺读中丝；

后视红面尺读中丝。

这样的顺序主要是为了减小仪器下沉误差的影响。

四等水准测量每一站的观测顺序为：

后视黑面尺读上、下、中丝（1）、（2）、（3）；

后视红面尺读中丝（4）；

前视黑面尺读上、下、中丝（5）、（6）、（7）；

前视红面尺读中丝（8）。

以上（1）、（2）、…、（8）表示观测与记录的顺序。这样的观测顺序简称为"后—后—前—前"。四等水准测量每站观测顺序也可为"后—前—前—后"，方法同三等水准测量的观测顺序。

（二）测站计算与校核

首先将观测数据（1）、（2）、…、（8）按表2-6的形式记录。

1. 视距计算

后视距离（9）=［（1）-（2）］×100；

前视距离（10）=［（5）-（6）］×100。

前、后视距差值（11）=（9）-（10），三等不超过2m，四等不超过3m。

前、后视距累积差（12）= 前站（12）+本站（11），三等不得超过5m，四等不超过10m。

2. 同一水准尺红、黑面读数的检核

同一水准尺红、黑面中丝读数之差的检核：同一水准尺黑面中丝读数加上该尺常数K（4.687m或4.787m），应等于红面中丝读数，即

（13）=（3）+$K_{后}$-（4）

（14）=（7）+$K_{前}$-（8）

三等不得超过2mm，四等不得超过3mm。

3. 计算黑、红面的高差之差（15）、（16）

（15）=（3）-（7）

（16）=（4）-（8）

（17）=（15）-［（16）±0.1］=（13）-（14）（检核用）

三等（17）不得超过3mm，四等（17）不得超过5mm。式中0.1为两根水准尺红面的零点差，以米为单位。

4. 计算平均高差

$$（18）= \frac{1}{2}\{（15）+［（16）±0.1］\}$$

三、每页计算和检核

（一）高差部分

红、黑面后视中丝总和减红、黑面前视中丝总和应等于红、黑面高差总和，还应等于

平均高差总和的 2 倍。

测站数为偶数时，

$$\sum[(3)+(4)] - \sum[(7)+(8)] = \sum[(15)+(16)] = 2\sum(18)$$

测站数为奇数时，

$$\sum[(3)+(4)] - \sum[(7)+(8)] = \sum[(15)+(16)] = 2\sum(18) \pm 0.1$$

（二）视距部分

后视距总和与前视距总和之差应等于末站视距累积差。即

$$\sum(9) - \sum(10) = 末站(12)$$

校核无误后，算出总视距：

$$水准路线的总视距 = \sum(9) + \sum(10)$$

四、成果计算

在完成水准路线观测后，计算高差闭合差，若高差闭合差符合要求，则调整闭合差并计算各点高程。方法见本项目任务 5。表 2-6 是四等水准测量的记录、计算与检核表。

三等水准测量一般采用"后—前—前—后"的观测顺序。这样的观测程序主要是为了减小仪器下沉误差的影响。三等水准测量的计算、检核与四等水准测量相同，只是限差要求更严格一些。

任务 2.6 测试题

表 2-6　　　　　　　　　　　四等水准测量记录表

测站编号	后尺 上丝 下丝	前尺 上丝 下丝	方向及尺号	标尺读数		K+黑减红 (mm)	高差中数 (m)	备注
				黑面 (mm)	红面 (mm)			
	后视距	前视距						
	视距差 d (m)	累计差 $\sum d$ (m)						
	(1)	(5)	后 K_1	(3)	(4)	(13)		
	(2)	(6)	前 K_2	(7)	(8)	(14)	(18)	$K_1 = 4.687$
	(9)	(10)	后-前	(15)	(16)	(17)		$K_2 = 4.787$
	(11)	(12)						
1	1738	2195	后 K_1	1153	5842	-2		
	1367	1819	前 K_2	2008	6795	0	-0.854	
	37.1	37.6	后-前	-0855	-0953	-2		
	-0.5	-0.5						

续表

测站编号	后尺 上丝	前尺 上丝	方向及尺号	标尺读数		K+黑减红（mm）	高差中数（m）	备注
	后尺 下丝	前尺 下丝		黑面（mm）	红面（mm）			
	后视距	前视距						
	视距差 d (m)	累计差 ∑d (m)						
2	2071	1982	后 K_2	1848	6636	−1	+0.089	
	1625	1537	前 K_1	1760	6446	+1		
	44.6	44.5	后−前	+0088	+0190	−2		
	+0.1	−0.4						
3	1861	2112	后 K_1	1698	6383	+2	−0.251	
	1534	1787	前 K_2	1949	6734	+2		
	32.7	32.5	后−前	−0251	−0351	0		
	+0.2	−0.2						
4	1647	1985	后 K_2	1466	6253	0	−0.338	
	1283	1624	前 K_1	1804	6490	+1		
	36.4	36.1	后−前	−0338	−0237	−1		
	+0.3	+0.1						

$\sum(9) = 150.8$　　　　　　$\sum(3) = 6165$　　$\sum(4) = 25114$　　$\sum(15) = -1356$

$\sum(10) = 150.7$　　　　　$\sum(7) = 7521$　　$\sum(8) = 26465$　　$\sum(16) = -1351$

$\sum(9) - \sum(10)$　　　　　$(\sum(3) + \sum(4)) - (\sum(7) + \sum(8)) = -2708$

$= +0.1$　　　　　　　　　　$\sum(15) + \sum(16) = -2708$

末站(12) = +0.1　　　　　　　　　　　　　　$\sum(18) = -1354$

总视距 $\sum(9) + \sum(10) = 301.5$　　　　　　　$2\sum(18) = -2708$

任务2.7　水准仪的检验与校正

一、水准仪的几何轴线及其应满足的关系

微倾式水准仪的主要几何轴线有：视准轴、水准管轴、仪器竖轴和圆水准轴，如图 2-20 所示）。根据水准测量的原理，水准仪必须提供一条水平视线。为保证水准仪能提供一条水平视线，各轴线间应满足的几何条件是：

（1）圆水准器轴应平行于仪器竖轴（$L_0L_0 // VV$）。

（2）十字丝横丝应垂直于仪器竖轴（横丝⊥VV）。

任务2.7 课件浏览

（3）水准管轴应平行于视准轴（$LL \mathbin{/\mkern-5mu/} CC$）。

这些条件仪器在出厂时经检验都满足了，但由于长期的使用和在运输过程中的震动，使仪器各部分的螺丝松动，各轴线之间的几何关系发生了变化。所以水准测量作业前，应对水准仪进行检验，如有问题，应该及时校正。

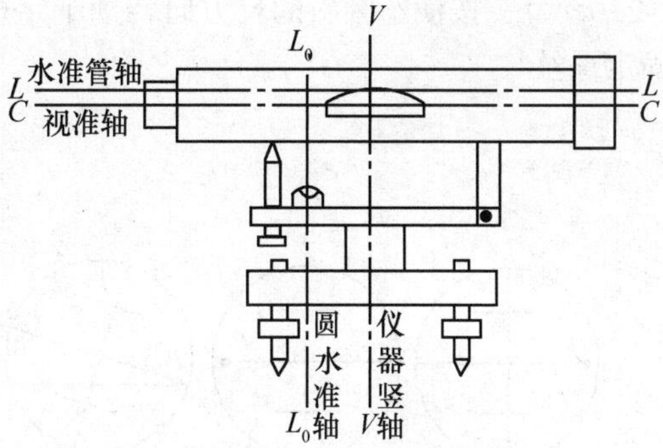

二、水准仪的检验和校正

图 2-20　水准仪几何轴线

（一）圆水准器轴平行于仪器竖轴的检验与校正

检验：安置仪器后，调节脚螺旋使圆水准器气泡居中（如图 2-21（a）所示）。然后将望远镜绕竖轴旋转 180°（如图 2-21（b）所示）。此时若气泡仍然居中，则表示此项条件满足要求；若气泡不再居中，说明此项条件不满足，则应进行校正。

校正：校正时，用脚螺旋使气泡向零点方向移动偏离量的一半，这时竖轴处于铅直位置（如图 2-21（c）所示）。然后用校正针调整圆水准器下面的三个校正螺丝，使气泡居中。这时，仪器的竖轴就竖直了。拨动三个校正螺丝前，应一松一紧，校正完毕后注意把螺丝紧固。校正必须反复数次，直到仪器转动到任何方向气泡都居中为止（如图 2-21（d）所示）。

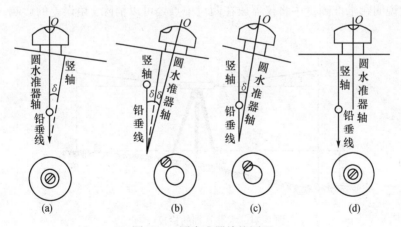

图 2-21　圆水准器检校原理

（二）十字丝横丝垂直于仪器竖轴的检验与校正

检验：水准仪整平后，用十字丝横丝的一端瞄准与仪器等高的一固定点，如图 2-22（a）中的 P 点。固定制动螺旋，然后用微动螺旋缓缓地转动望远镜（如图 2-22（b）所示）。若该点始终在十字丝横丝上移动，说明此条件满足；若该点偏离横丝，表示条件不满足，需要校正，如图 2-22（c）、（d）所示。

校正：旋下靠目镜处的十字丝环外罩，用螺丝刀松开十字丝环的四个固定螺丝（如图

2-23所示），按横丝倾斜的反方向转动十字丝环，直到满足要求为止，最后旋紧十字丝环固定螺丝。

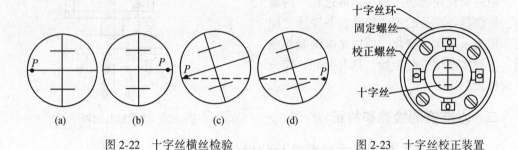

图 2-22 十字丝横丝检验　　　　　图 2-23 十字丝校正装置

（三）水准管轴平行于视准轴的检验与校正

检验：在较平坦的地面上选定相距 80~100m 的 A、B 两点。

（1）如图 2-24 所示，将水准仪安置在 A、B 两点中点，使两端距离相等，用变化仪器高法测出 A、B 两点的两次高差，两次测得的高差小于 5mm 时，取平均值 h_{AB} 作为最后结果。

由于仪器距两尺的距离相等，从图 2-24 中可见，无论水准管轴是否平行于视准轴，在 C 点处测出的高差 h_{AB} 都是正确高差。

$$h_{AB} = (a_1 - x) - (b_1 - x) = a - b \tag{2.20}$$

设水准轴不平行视准轴所夹角度为 i，可见即使有 i 角误差存在，测得的高差仍是正确的。这就说明在水准测量中将仪器放在两尺中点处可以消除 i 角误差的影响。

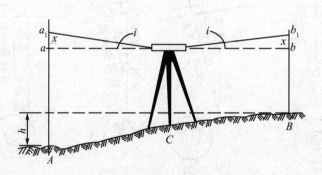

图 2-24 水准管轴的检校（中点）

（2）将水准仪搬至距离 A 点（或 B 点）约 2~3m 处（如图 2-25 所示）。

精平后读取中丝读数 a_2 和 b_2。因为仪器离 A 点很近，i 角误差引起的读数偏差可忽略不计，因此根据 a_2 和正确高差 h_{AB}，算出 B 点尺上视线水平时的正确读数 b'_2。

任务 2.7 测试题

$$b'_2 = a_2 - h_{AB} \tag{2.21}$$

如果 $b'_2 = b_2$，说明两轴平行；否则，有 i 角误差存在。

$$i = \frac{b_2 - b'_2}{D_{AB}} \rho \quad (2.22)$$

当 $i>0$ 时，视线上倾，当 $i<0$ 时，视线下倾。

规范中规定 DS_3 型水准仪的 i 角大于 $20''$ 时需要进行校正。

校正：转动微倾螺旋，使十字丝的横丝对准 B 点尺上读数 b' 处，此时视准轴处于水平位置，而水准管气泡不再居中，用校正针先拨松水准管左、右端校正螺丝，再拨动上、下两个校正螺丝，使偏离的气泡重新居中，最后要将校正螺丝旋紧。此项校正需反复进行，直至达到要求为止。

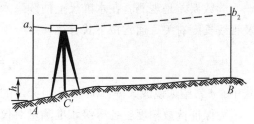

图 2-25　水准管轴的检校（旁点）

任务2.8　水准测量的误差分析

水准测量误差主要有三个方面，即仪器误差、观测误差和外界条件的影响。研究误差主要是为了找出消除和减少误差的方法，以提高测量精度。

一、仪器误差

任务 2.8　课件浏览

（一）仪器误差

水准仪经校正后，仍存在有视准轴不平行于水准管轴而产生的残余误差，此项误差与仪器至立尺点距离成正比。在测量中，使前、后视距离相等，在高差计算中就可消除该项误差的影响。

（二）水准尺误差

该项误差包括水准尺分划不准确和零点误差等。不同精度等级的水准测量对水准尺有不同的要求，精密水准仪测量要用经过检定的水准尺，一般不用塔尺。尺子零点误差可采取设置偶数测站的方法来消除。

二、观测误差

（一）水准管气泡居中误差

水准测量时是通过水准管气泡居中来实现视线水平的。由于水准管内液体与管壁的黏滞作用和观测者眼睛分辨能力的限制，致使气泡没有严格居中引起的误差称为水准管气泡居中误差。水准管气泡居中误差一般为 $±0.15\tau$（τ 为水准管的分划值），采用符合水准器时，气泡居中精度可提高1倍。故由气泡居中误差引起的读数误差为：

$$m_\tau = \frac{0.15\tau}{2\rho} D \quad （D \text{ 为视线长度}） \quad (2.23)$$

（二）读数误差

读数误差是观测者在水准尺上估读毫米数的误差，与人眼分辨能力、望远镜放大率以及视线长度有关。通常按下式计算：

$$m_v = \frac{60''}{v} \frac{D}{\rho} \tag{2.24}$$

式中，v 为望远镜放大率；$60''$ 为人眼分辨的最小角度。

为保证读数精度，各等级水准测量对仪器望远镜的放大率和最大视线长度都有相应的规定。

（三）水准尺倾斜的误差

水准尺倾斜会使读数增大，其误差大小与尺倾斜的角度和在尺上的读数大小有关。当尺子倾斜 2°时，会造成大约 1mm 的读数误差。

三、外界条件影响

（一）地球曲率和大气折光的影响

由于光线的折射作用，使视线不成一条直线。靠近地面的温度较高，空气密度较稀，因此视线离地面越近，折射就越大，并使尺子上的读数改变，所以在相关规范上规定视线必须高出地面一定的高度。水平视线在水准尺上的读数理论上应为在相应水准面上的读数，两者之差就是地球曲率的影响，在一般比较稳定的情况下，大气折光的影响为地球曲率影响的1/7，且符号相反。地球曲率和大气折光的共同影响为：

$$f = \left(1 - \frac{1}{7}\right)\frac{D^2}{2R} = 0.43\frac{D^2}{R} \tag{2.25}$$

式中，D 为视线长度，R 为地球半径。

当前、后视距相等时，这两项误差可以消除。

（二）尺子和仪器下沉的影响

这项误差主要是由于地面松软，加上仪器、尺子和尺垫的重量，使仪器和尺子产生下沉，造成测量的结果和实际不符。因此，仪器必须安置在土质坚固的地面上，将脚架踩实，以提高观测精度。

由于误差是不可避免的，因此无法完全消除误差的影响，但可以采取一定的措施减小误差的影响，提高测量结果的精度。同时应避免测量人员疏忽大意造成的错误，水准测量时测量人员应认真执行水准测量规范，注意以下事项：

（1）放置仪器时，尽量使前、后视距相等。

（2）读数时符合水准气泡必须居中。

（3）前、后视线长度一般不超过 100m，视线离地面高度一般应大于 0.3m，使三丝都能读数。

（4）读数时，水准尺要竖直。

（5）未完成本站观测，立尺员不能将后视点上的尺垫碰动或拔起，在下一站观测完成前应保持不动。

任务 2.8 测试题

（6）用塔尺进行水准测量时，应注意接头处连接是否正确，避免自动下滑未被发现。

（7）记录员应大声回报观测者报出的数据，避免听错、记错，或错记前、后视读数位置。

（8）避免误把十字丝的上、下视距丝当作十字丝横丝在水准尺上的读数。

（9）在光线强烈的情况下观测，必须撑伞遮阳。

任务2.9　电子水准仪简介

我国国家计量检定规程《水准仪》中将应用光电数码技术使水准测量数据采集、处理、存储自动化的水准仪命名为电子水准仪，又叫数字水准仪。

任务2.9　课件浏览

一、电子水准仪的构造及基本原理

（一）电子水准仪的构造

如图2-26为我国生产的DL—201型电子水准仪。由望远镜、操作面板、数据处理系统和基座等组成。电子水准仪是在自动安平水准仪的基础上发展起来的，它与自动安平水准仪的主要区别在于其望远镜中安置了一个由光敏二极管组成的行阵探测器（CCD传感器），水准尺的分划采用二进制条码分划取代厘米分划。

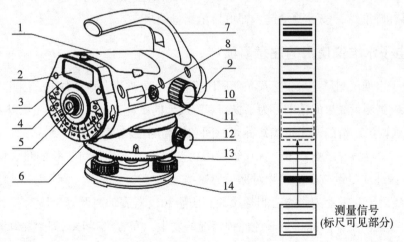

1—电池；2—显示器；3—面板；4—按键；5—目镜对光螺旋；6—数据输出插口；
7—弹簧；8—型号标贴；9—物镜；10—物镜调焦螺旋；11—电源开关/测量键；
12—水平微动螺旋；13—水平度盘；14—基准

图2-26　电子水准仪和条码水准尺

（二）电子水准仪的基本原理

水准尺上宽度不同的条码通过望远镜成像到像平面上的CCD传感器上，CCD传感器将黑白相同的条码图像转换为模拟视频信号,再经过仪器内部的数字图像处理,可获得望远镜十字丝中丝在条码水准尺上的读数,显示在液晶显示屏上,并存储到存储器中。电子水准仪的关键技术是数字图像识别处理与编码标尺设计。

二、电子水准仪的优点

1)读数客观

自动读数、自动存储,无任何人为的误差(读数误差、记录误差、计算误差)。

2)精度高

实际观测时,视线高和视距读数都是采用大量条码分划图像处理后取平均得出来的,因此,削弱了标尺分划误差和外界的影响。

3)速度快、效率高

实现自动记录、检核、处理和存储,实现了水准测量从野外数据采集到内业成果计算的内外业一体化。只需照准、调焦和按键就可以自动观测,从而减轻了劳动强度,与传统仪器相比可以节省1/3左右的测量时间。

三、电子水准仪的使用

电子水准仪有多种测量模式,即标准测量模式(包含水准测量、高程放样、高差放样和视距放样)、线路测量模式和检校模式。可以在用户选定的模式下进行观测。

电子水准仪的安置、粗平方法与自动安平水准仪基本相同,只是观测时瞄准的目标是条码尺。目标瞄准后,按下测量键,即可显示测量结果。

四、电子水准仪使用的注意事项

由于电子水准仪测量是采集标尺条形码图像并进行处理来获取读数的,因此图像采集的质量直接影响到测量成果的精度。为了提高观测成果的质量,应在测量中注意以下事项:

(1)精确调焦。精确调焦可缩短测量时间和提高测量精度。

(2)避免障碍物的影响。虽然标尺被障碍物遮挡小于30%仍可进行测量,但会影响测量的精度,因此应尽量减少障碍物对标尺的遮挡。

(3)避免阴影和震动的影响。当标尺遇到阴影和仪器震动时测量精度会受到一定的影响,有时会不能测量,因此尽量避免此种情况的发生,安置仪器时三脚架要踩紧,轻按测量键。

(4)避免背光和逆光的影响。当标尺所处的背景比较亮而影响标尺的对比度时,仪器不能测量,应遮挡物镜端以减少背景光进入物镜;当有强光进入目镜时,仪器也不能测量,应遮挡目镜的强光。因此,观测时应打伞。若标尺反射光过强,应稍将标尺旋转以减少其反射光强度。

任务2.9 测试题

【项目小结】

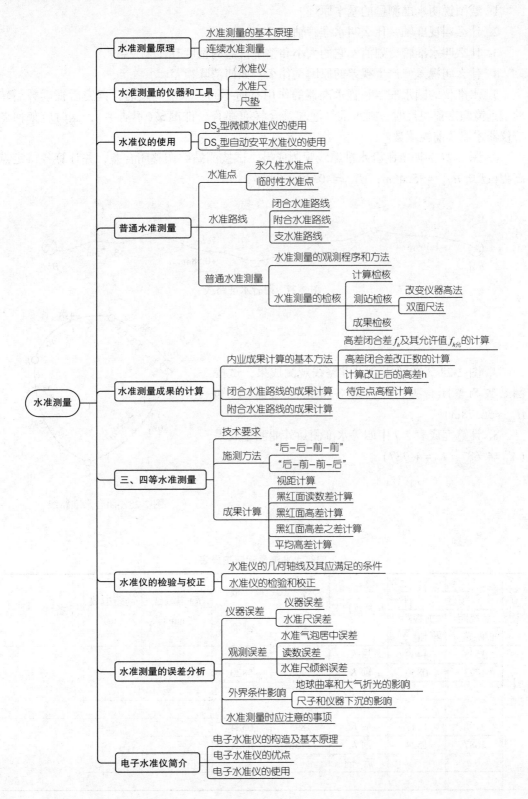

【习题】

1. 绘图说明水准测量的基本原理。
2. 什么叫视准轴？什么叫水准管轴？
3. 什么叫水准管分划值？它的大小和整平仪器的精度有什么关系？
4. 什么叫视差？产生视差的原因是什么？如何消除视差？
5. 水准仪的圆水准器和管水准器的作用有何不同？水准测量时，读完后视读数后转动望远镜瞄准前视尺时，圆水准气泡和符合气泡都有少许偏移（不居中），这时应如何调节仪器才能读前视读数？
6. 图2-27为四等附合水准路线观测成果，试按测站数调整闭合差，并计算各待定点高程（已知 $H_{BM1}=35.48\text{m}$，$H_{BM2}=40.40\text{m}$）。

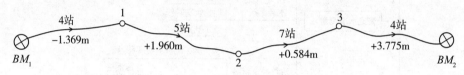

图2-27 附合水准路线

7. 图2-28为普通闭合水准路线观测成果，试按测站数调整闭合差，并计算各待定点高程（已知 $H_{BM}=56.78\text{m}$）。

8. 计算完成表2-7中四等水准测量外业测量成果（$K_1=4.687$，$K_2=4.787$）。

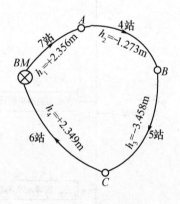

图2-28 闭合水准路线

表2-7 四等水准测量观测记录表

测站编号	后尺 上丝 / 下丝 / 后视距 / 视距差d	前尺 上丝 / 下丝 / 前视距 / 累计差∑d	方向及尺号	标尺读数 黑面	标尺读数 红面	K+黑减红 (mm)	高差中数 (m)	备注
1	1568	1409	后 K_2	1298	6084			
	1023	0856	前 K_1	1135	5820			
			后-前					
2	2108	1947	后 K_1	1895	6584			
	1687	1524	前 K_2	1736	6524			
			后-前					

续表

测站编号	后尺 上丝 下丝 后视距 视距差 d	前尺 上丝 下丝 前视距 累计差 $\sum d$	方向及尺号	标尺读数 黑面	标尺读数 红面	K+黑减红 (mm)	高差中数 (m)	备注
3	1785 1264	1411 0896	后 K_2 前 K_1 后-前	1520 1152	6309 5840			
4	1958 1124	1562 0723	后 K_1 前 K_2 后-前	1540 1143	6230 5928			
5	1852 1321	1689 1153	后 K_2 前 K_1 后-前	1586 1421	6374 6108			

$\sum(9) =$　　　　　$\sum(3) + \sum(4) =$　　　　　$\sum(15) + \sum(16) =$
$-)\sum(10) =$　　　$-)\sum(7) + \sum(8) =$
　　　　＝　　　　　　　　　　＝
$\sum(18) =$
　　总视距 $\sum(9) + \sum(10) =$　　$2\sum(18) =$

9. 水准仪有哪些轴线？它们之间应满足什么条件？其中哪些是主要条件？
10. 水准测量的误差有哪些？怎样减小或消除？

项目3 角度测量

【主要内容】

角度测量的基本原理；经纬仪的构造及使用；水平角测量；竖直角测量；经纬仪的检验和校正；角度测量误差等。

重点：角度测量的基本原理；测回法水平角测量；竖直角测量。

难点：全圆测回法水平角测量的计算；竖直角计算公式的判断。

【学习目标】

知识目标	能力目标
1. 了解经纬仪的基本构造； 2. 掌握角度测量的基本原理； 3. 掌握测回法和全圆测回法水平角测量的基本步骤、记录与计算方法； 4. 掌握竖直角测量的基本步骤、记录与计算方法； 5. 掌握竖盘指标差的计算方法； 6. 理解角度测量误差的主要来源。	1. 能根据具体工程情况选择合理的水平角测量方法，正确计算出所测水平角； 2. 能根据仪器构造找出竖直角的计算公式，正确计算出所测竖直角大小及竖盘指标差。

【思政目标】

通过学习水平角测量和竖直角测量，培养学生严谨、认真、耐心的学习态度以及提高分析问题、解决问题的能力；通过学习角度测量的误差来源，引导学生辩证地思考测量精度的重要性，启发学生的辩证思维，培养学生精益求精、勇于探索的工匠精神。

任务3.1 角度测量原理

任务3.1 课件浏览

一、水平角及其测量原理

水平角是指空间两条直线在水平面上投影的夹角。水平角一般用 β 表示，数值范围在 $0°\sim 360°$ 之间。

如图3-1所示，A、B、C 为地面上高度不同的三点，将三点沿铅垂线方向投影到水平面上，得到相应的 a、b、c 点，水平线 ab、ac 的夹角 $\angle bac$ 即为 B、C 两点对 A 点所形成的水平角 β。可以看出，β 也就是过直线 AB 和 AC 所做的两个铅垂面之间的二面角。

为了测量水平角大小，可以假设在 A 点的地面上安置一个水平圆盘，圆盘上刻有刻度，称为水平度盘。水平度盘的中心 O 可以安放在通过 A 点的铅垂线的任一位置。仪器上再安置瞄准远处目标的望远镜，望远镜既能在水平方向旋转，也能在竖直面内旋转。这样，通过望远镜瞄准地面上目标 B，在水平度盘上读出读数 b，再瞄准地面上目标 C，读出水平度盘的读数 c。则水平角

$$\beta = c - b \tag{3.1}$$

二、竖直角及其测量原理

在同一竖直面内，照准方向线（视线）与水平视线的夹角称为竖直角，用 α 表示。竖直角的范围在 $0°\sim\pm 90°$ 之间，当视线方向位于水平线上方时，竖直角为正值，称为仰角；当视线方向位于水平线下方时，竖直角为负值，称为俯角。

观测竖直角时，可在 O 点上放置竖直度盘，视线方向与水平线在竖直度盘上的读数之差，即为所测竖直角值。图 3-2 为竖直角的测量原理。

经纬仪就是根据上述角度测量的原理和要求而制造的角度测量仪器，它既可用于测量水平角，也可用于测量竖直角。同时，还可以进行距离测量。

任务 3.1 测试题

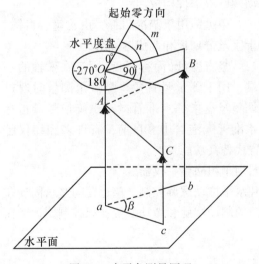

图 3-1 水平角测量原理

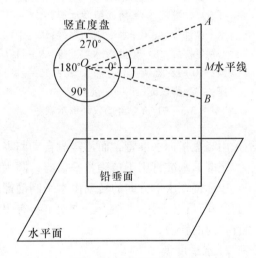

图 3-2 竖直角测量原理

任务 3.2 经纬仪介绍

任务 3.2 课件浏览

经纬仪是角度测量的主要仪器。按其结构可以分为光学经纬仪和电子经纬仪，国产经纬仪按精度分为 DJ_{07}、DJ_1、DJ_2、DJ_6、DJ_{15} 和 DJ_{60} 六个等级。"D"、"J"分别表示"大地测量""经纬仪"汉语拼音的第一个字母，01、1、2、6、15、60 分别表

示该仪器一测回水平方向观测值中误差的最大秒值。其中 DJ_{07}、DJ_1、DJ_2 属于精密经纬仪，DJ_6、DJ_{15} 和 DJ_{60} 属于普通经纬仪。本项目主要介绍在工程测量和地形测量中常使用的国产 DJ_6 型经纬仪。

一、DJ_6 型光学经纬仪

（一）DJ_6 型光学经纬仪的构造

光学经纬仪由照准部、水平度盘和基座三部分组成。根据控制水平度盘转动方式的不同，DJ_6 级光学经纬仪又分为方向经纬仪和复测经纬仪。图 3-3 是北京光学仪器厂生产的 DJ_6 型方向光学经纬仪，其外形和各部件的名称如图 3-3 所示。

1. 照准部

照准部位于仪器基座上方，能够绕竖轴转动。照准部由望远镜、竖直度盘、水准器、光学读数设备、水平制动螺旋与水平微动螺旋、望远镜制动螺旋与望远镜微动螺旋等部件构成。

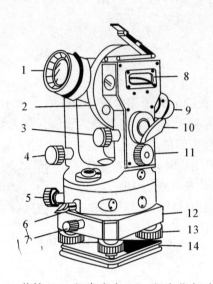

1—物镜；2—竖直度盘；3—竖盘指标水准管微动螺旋；4—望远镜微动螺旋；5—水平微动螺旋；6—水平制动螺旋；7—中心锁紧螺旋；8—竖盘指标水准管；9—目镜；10—反光镜；11—测微轮；12—基座；13—脚螺旋；14—连接板

图 3-3 DJ_6 光学经纬仪外形示意图

望远镜用于瞄准目标，由物镜、目镜、十字丝分划板和调焦透镜组成。

竖直度盘（简称竖盘）固定在横轴的一端，用于测量竖直角。竖直角测量时通过调整竖盘指标水准管微动螺旋使竖盘指标水准管气泡居中。目前，有许多经纬仪已不采用竖盘指标水准管，而用竖盘自动归零装置代替其功能。

照准部水准管用于精确整平仪器，圆水准器用于粗略整平仪器。

望远镜在水平方向的转动由水平制动螺旋和水平微动螺旋控制。望远镜与竖盘固连在一起，安置在仪器的支架上，支架上装有望远镜的制动螺旋和微动螺旋，以控制望远镜在竖直方向的转动。

2. 水平度盘

水平度盘是由光学玻璃制成的精密刻度盘，其边缘按顺时针方向刻有分划，分划从 $0°\sim360°$，用以测量水平角。

水平度盘的转动可由度盘变换手轮来控制，照准部旋转时水平度盘并不随之转动。如要改变水平度盘的读数，可以转动变换手轮。还有少数仪器采用复测装置，当复测扳手扳下时，照准部与度盘结合在一起，照准部转动，度盘随之转动，度盘读数不变；当复测扳手扳上时，两者相互脱离，照准部转动时就不再带动度盘，度盘读数就会改变。

3. 基座

基座位于仪器的下部，由轴座、脚螺旋和底板等部件组成。基座用于支撑仪器上部结构，通过中心螺旋与三脚架连接。基座上装有三个脚螺旋，用于整平仪器。

（二）DJ_6 光学经纬仪的读数方法

DJ_6 光学经纬仪的型号不同，读数方法也不相同。常见的 DJ_6 光学经纬仪的读数有分微尺测微器和单平行玻璃板测微器两种。

1. 分微尺测微读数方法

分微尺读数窗如图 3-4 所示。上窗是水平度盘的读数，标有"水平"或"H"，下窗是竖直度盘的读数，标有"竖直"或"V"。分微尺将一度弧长均匀地分成 60 格，每格为 $1'$。每 10 格标有注记：0，1，2，…，6。读数时，估读到 $0.1'$ 即 $6''$。

读数时首先读取分微尺内的度分划作为度数，再读取分微尺 0 分划线至度盘度分划线所在的分微尺上的分数，最后估读秒数。以上读数之和即为水平度盘读数，如图 3-4 的水平度盘（注有 H 的读数窗）的读数是 $245°54.2'$（即 $245°54'12''$），竖直度盘（注有 V 的读数窗）的读数应为 $87°06.4'$（即 $87°06'24''$）。

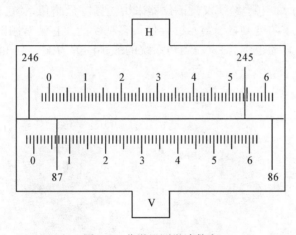

图 3-4　分微尺测微读数窗

2. 单平行玻璃板测微装置

这种仪器的水平度盘刻划有 $0°\sim360°$ 共 720 格，每格 $30'$，测微器刻划有 $0'\sim30'$ 共 90 格，每格 $20''$，可以估读到 1/4 格（即 $5''$）。在图 3-5 中，最上方的小框为测微器，中间为竖直度盘，最下面为水平度盘。读数时，转动测微手轮，使度盘分划线精确地平分双指标线，按双指标线所夹的度盘分划线读取度数和 $30'$ 的整分数，不足 $30'$ 的读数从测微器中读出。图 3-5（a）的读数为竖直度盘的读数：$87°30'+26'30''=87°56'30''$，图 3-5（b）的读数为水平度盘的读数：$33°00+18'10''=33°18'10''$。

二、电子经纬仪

电子经纬仪是在光学经纬仪的基础上发展起来的新一代测角仪器，它为野外数据采集自动化创造了有利条件。它的外形结构与光学经纬仪相似，其主要不同点在于测角系统。光学经纬仪采用光学度盘和目视读数，电子经纬仪的测角系统主要有三种：编码度盘测角系统、光栅度盘测角系统和动态测角系统。

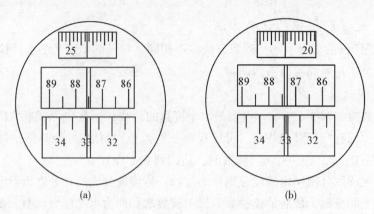

图 3-5　单平板玻璃测微装置

1. 电子经纬仪的性能

图 3-6 为我国生产的电子经纬仪,该仪器采用光栅度盘测角系统,集光、机、电和计算技术于一体,实现了角度测量、显示、存储等多项功能。它装有倾斜传感器,可实现竖直角度的倾斜补偿,自动范围为±3′。测角系统的最小读数为1″,测角精度可达2″。

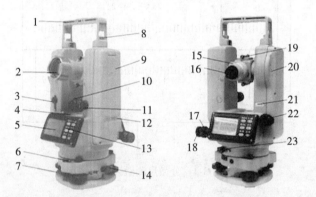

1—提手　2—物镜　3—测距仪接口　4—长水准管　5—显示屏　6—圆水准器　7—基座
8—提手锁紧钮　9—电池盒　10—竖直微动螺旋　11—竖直制动螺旋　12—仪器型号
13—面板按键　14—基座锁紧钮　15—望远镜调焦螺旋　16—目镜调焦螺旋　17—水平制动螺旋
18—水平微动螺旋　19—粗瞄准器　20—仪器中心标志　21—仪器号码　22—光学对点器

图 3-6　电子经纬仪

图 3-7 为液晶显示窗和操作键盘,液晶显示窗可同时显示提示内容、竖直度盘读数和水平度盘读数,6 个键可发出不同指令,见表 3-1。

图 3-7　显示窗和操作键盘

表 3-1　　　　　　　　　　　　　　操作键功能表

代号	名称	无切换时	在切换状态时
1	左→右	逆时针或顺时针转动仪器为角度的增加方向	启动测距
2	角度斜度	角度斜度显示方式	平距、斜距、高差切换
3	锁定	水平角锁定	水平角复测
4	置 0	水平角置零	调整时间
5	切换	键功能切换	夜照明
6	⊙	开关、记录、确认	

　　电子经纬仪可与测距仪、电子手簿联机使用，配合适当的接口，将电子手簿记录的数据传计算机，实现数据处理和绘图的自动化。

　　电子经纬仪使用时首先"开机"，即按住开关键 3 秒左右，仪器电源打开，进入初始化界面；然后进行"仪器初始化"，即上下转动望远镜，将仪器水平旋转一周，仪器进行了初始化，并自动显示竖直度盘读数、水平度盘读数、电池容量及自动垂直补偿信息。

任务 3.2 测试题

2. 水平度盘值置零

　　按下"置 0"键并释放，蜂鸣器响，仪器显示屏上的水平角度值显示变化为 000°00′00″。

3. 水平度盘任意值的设置

　　将仪器水平旋转到所需设置的角度值附近，使水平制动螺旋制动，转动水平微动螺旋，使显示屏显示所需要的水平度盘值，按住"锁定"键并释放，则该读数值被锁定并显示锁定信息"锁定"，此时转动仪器，水平度盘保持不变。然后转动仪器并用望远镜瞄准目标，则该目标的读数值即为所设定的值。再按住"锁定"键并释放，则该读数值不再锁定，并可进行下一步的测量工作。

任务 3.3　经纬仪的使用

　　经纬仪的使用包括仪器安置、瞄准和读数三项。

（一）仪器安置

　　在用经纬仪进行测角之前，必须把仪器安置在测站上。经纬仪的安置包括对中和整平两项工作。

任务 3.3 课件浏览

1. 对中

　　对中的目的是使仪器的中心（竖轴）与测站点（角顶）位于同一铅垂线上。对中的方法有三种：垂球对中、光学对中、激光对中。

1) 垂球对中

　　首先根据观测者身高调整好三脚架腿的长度，把三脚架张开，架在测站点上，使高度适宜，架头大致水平。将仪器取出放在三脚架上，旋紧连接螺旋，挂上垂球，使垂球尖接近地面点位。如果垂球中心离测站点较远，可平行移动三脚架使垂球大致对准点位；如果还有偏差,可以把连接螺旋稍微松开,在架头上移动仪器精确对准测站点,旋紧连接螺旋即可。对中误差一般小于3mm。

2) 光学对中

使用光学对中器对中,应与整平仪器结合进行。光学对中的方法步骤为:

(1) 将仪器安置在测站点上,三个脚螺旋调至中间位置,使架头大致水平,仪器中心大致处于测站点的铅垂线上。

(2) 调节光学对中器目镜,使视场中的分划清晰,再推拉整个对中器镜筒进行调焦,使地面标志点的影像清晰。

(3) 旋转脚螺旋使光学对中器对准测站点的标志。

(4) 保证三脚架的着地点位不动,通过伸缩三脚架腿使圆气泡居中。

(5) 转动脚螺旋使水准管精确居中,精平仪器。

(6) 再检查仪器是否精确对中,如果测站点偏离光学对中器中心,可稍微松开三脚架连接螺旋,在架头上平移仪器对中。

(7) 重新检查仪器,直到完全对中和整平为止。

3) 激光对中

激光对中的方法与光学对中的方法基本相同,不同的是激光对中的经纬仪没有光学对中器,按住仪器上的照明键几秒钟,激光束会打在地面上,在地面上可见红色的激光点,通过搬动仪器使激光点与地面点的标志重合,然后再按照光学对中的③~⑦操作即可。

2. 整平

整平的目的是使仪器的水平度盘水平、竖轴处于铅直位置。整平的方法为:

(1) 调节架腿长度,使圆水准器气泡居中。

(2) 转动仪器照准部,使照准部水准管轴平行于任意两个脚螺旋的连线(如图3-8(a)所示),用双手同时向内或向外等量转动这两个脚螺旋使气泡居中,气泡移动的方向与左手大拇指移动的方向一致。

(3) 将照准部转动90°(如图3-8(b)所示),使照准部水准管轴垂直于原来两个脚螺旋的连线位置,调整第三只脚螺旋使水准管气泡居中。

整平一般需要反复进行几次,直至照准部转到任何位置水准管气泡都居中为止。

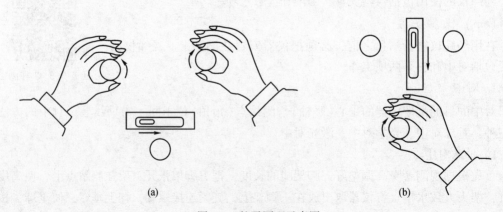

图3-8 整平原理示意图

(二) 瞄准

瞄准就是用望远镜十字丝交点精确对准测量目标。其操作步骤为：

(1) 松开仪器水平制动螺旋和望远镜制动螺旋，用望远镜上方的瞄准器对准目标，然后拧紧水平制动螺旋和望远镜制动螺旋。

(2) 转动物镜调焦螺旋，使目标成像清晰，转动目镜调焦螺旋，使十字丝成像清晰，注意消除视差。

任务 3.3 测试题

(3) 转动水平微动螺旋和望远镜微动螺旋，使十字丝精确对准目标点。

观测水平角时，用纵丝瞄准。用双纵丝瞄准时，使目标影像夹在双纵丝内且与双纵丝对称；用单纵丝瞄准时，用单纵丝平分目标或与目标影像重合。观测竖直角时，用横丝瞄准目标，应使用十字丝中丝与目标顶部相切。

(三) 读数和记录

瞄准目标后，即可读数。光学经纬仪读数时先打开度盘照明反光镜，调整反光镜的开度和方向，使读数窗亮度适中，旋转读数显微镜的目镜，使刻划线清晰，然后读数。电子经纬仪直接在显示屏上读数。最后，将所读数据记录在角度观测手簿上的相应位置。

(四) 配置度盘

配置度盘是为了减少度盘分划误差的影响和方便计算方向观测值，使起始方向(或称零方向)水平度盘读数在 0°~1°之间或某一指定位置，称为配置度盘。

当测角精度要求较高时，往往需要在一个测站上观测几个测回，为了减弱度盘分划误差的影响，各测回起始方向的递增值 δ 的计算公式为

$$\delta = \frac{180°}{n} \tag{3.2}$$

式中，n 为测回数。

任务 3.4　水平角测量

水平角的观测方法，一般根据观测目标的多少来决定，常采用的观测方法有：测回法、全圆测回法。

一、测回法

任务 3.4 课件浏览

测回法适用于观测只有两个方向的单个角度，是水平角观测的基本方法。

采用测回法观测，先进行盘左观测，再进行盘右观测。最后结果取盘左、盘右观测结果的平均值。如图 3-9 所示，具体观测步骤如下：

(1) 将仪器安置在测站点 O 点，对中、整平。

(2) 盘左位置(从望远镜目镜向物镜方向看，垂直度盘位于望远镜左边) 照准观测目标 A，将水平度盘读数设置为 0°~1°之间。读取水平度盘读数 a_1，记入观测手簿中。

(3) 顺时针转动照准部，照准目标 B，读取水平度盘读数 b_1，记入观测手簿。

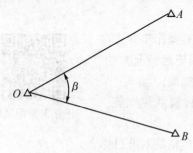

图 3-9 测回法观测水平角

以上过程称为上半测回(也称盘左半测回或正镜)所得上半测回水平角 β_1 为：

$$\beta_1 = b_1 - a_1 \tag{3.3}$$

(4) 倒转望远镜使经纬仪变为盘右(从望远镜目镜向物镜方向看,垂直度盘位于望远镜右边)位置,仍照准目标 B,读取水平度盘读数 b_2,记入观测手簿。

(5) 逆时针转动照准部,照准目标 A,读取水平度盘读数 a_2,记入观测手簿。

以上过程称为下半测回(也称盘右半测回或倒镜),所得下半测回水平角 β_2 为：

$$\beta_2 = b_2 - a_2 \tag{3.4}$$

上、下半测回合称为一测回。当上、下半测回角度差在精度允许的范围内时,取上、下半测回的平均值作为一测回的角值 β：

$$\beta = \frac{\beta_1 + \beta_2}{2} \tag{3.5}$$

采用盘左、盘右两个位置观测水平角,可以抵消某些仪器构造误差对测角的影响,同时可以检核观测中有无错误。由于水平度盘注记是顺时针方向增加的,因此在计算角值时,无论是盘左还是盘右,均应用右侧目标的读数减去左侧目标的读数,如果不够减,则应加上360°再减。为了提高测量精度,往往需对某角度观测多个测回,当观测几个测回时,为了减少度盘分划不均匀误差的影响,各测回应根据测回数 n,按 $180°/n$ 变换水平度盘位置,即每测回度盘起始读数的递增值为 $180°/n$ 左右。对于 DJ_6 经纬仪半测回角度差应小于 $40''$,各测回角值之差应小于 $24''$,如果超限,应该找出原因并重测,表 3-2 为测回法观测记录表。

表 3-2　　测回法观测记录表

测站	测回	垂直度盘位置	目标	度盘读数 ° ′ ″	半测回角值 ° ′ ″	一测回角值 ° ′ ″	各测回平均角值 ° ′ ″	备注
O	1	左	A	0 00 06	85 35 42	85 35 39	85 35 40	
			B	85 35 48				
		右	A	180 00 12	85 35 36			
			B	265 35 48				
	2	左	A	90 01 06	85 35 48	85 35 42		
			B	175 36 54				
		右	A	270 01 06	85 35 36			
			B	355 36 42				

二、全圆测回法

当一个测站上需要观测两个以上方向时,通常采用全圆测回法观测水平角。全圆测回法也称全圆方向法，它是以某一个目标作为起始方向（又称零方向），依次观测出其余各个目标相对于起始方向的方向值，然后根据方向值计算水平角值。

如图3-10所示，欲在测站 O 上观测 A、B、C、D 四个方向，测出它们的方向值，然后计算它们之间的水平角值，其观测步骤如下：

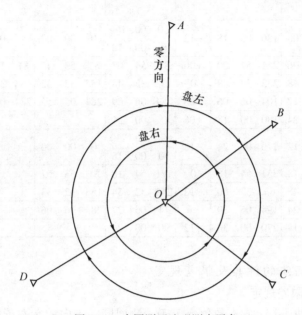

图3-10 全圆测回法观测水平角

（一）观测步骤

（1）将仪器安置于测站点 O 上，对中、整平。

（2）选择与 O 点相对较远的目标点 A 作为零方向。

（3）用盘左位置，照准目标点 A，配置度盘的起始读数。读取该读数，记入手簿中。

（4）顺时针方向转动照准部，依次照准目标 B、C、D，读取相应水平度盘的读数，记入手簿中。

（5）为了检查观测过程中水平度盘有无变动，需顺时针方向瞄回零方向 A，读取水平度盘读数，记入手簿。这一步骤称为"归零"，两次零方向读数之差称为半测回归零差。使用 DJ_6 经纬仪观测，半测回归零差不应大于 $18''$。如果半测回归零差超限，应立即查明原因并重测。

步骤（3）~（5）为上半测回，可见上半测回的观测次序为 $A-B-C-D-A$。

（6）倒转望远镜成盘右位置，照准零方向 A，读取读数，记入手簿中。

（7）逆时针方向转动照准部，依次照准目标 D、C、B，读取相应水平度盘读数，记入观测手簿中。

（8）逆时针方向瞄回零目标点 A，读取水平度盘读数记入手簿，并计算归零误差是否超限，其限差规定同上半测回。步骤（6）~（8）为下半测回，可见下半测回的观测次序为 $A-D-C-B-A$。

上、下半测回合起来称为一测回，表 3-3 为全圆测回法观测记录表。

表 3-3　　　　　　　　　　　全圆测回法观测记录表

测站	测回数	目标	水平度盘读数 盘左 ° ′ ″	水平度盘读数 盘右 ° ′ ″	2C ″	平均读数 ° ′ ″	归零方向值 ° ′ ″	各测回平均归零方向值 ° ′ ″	水平角值 ° ′ ″
O	1	A	0　00　06	180　00　18	−12	(0　00　16) 0　00　12	0　00　00	0　00　00	81　53　52
		B	81　54　06	261　54　00	+06	81　54　03	81　53　47	81　53　52	71　38　40
		C	153　32　48	333　32　48	0	153　32　48	153　32　32	153　32　32	130　33　28
		D	284　06　12	104　06　06	+06	284　06　09	284　05　53	284　06　00	75　54　00
		A	0　00　24	180　00　18	+06	0　00　21			
	2	A	90　00　12	270　00　24	−12	(90　00　21) 90　00　18	0　00　00		
		B	171　54　18	351　54　24	0	171　54　24	81　53　57		
		C	243　32　48	63　33　00	−12	243　32　54	153　32　33		
		D	14　06　24	194　06　30	−6	14　06　27	284　06　06		
		A	90　00　18	270　00　30	−12	90　00　24			

（二）全圆测回法的计算及限差规定

1. 2C 的计算及限差规定

2C 是两倍视准轴误差，它在数值上等于一测回同一方向的盘左读数 L 与盘右读数 R ±180°之差，即

$$2C = L - (R \pm 180°) \tag{3.6}$$

2C 值应该为一常数，但在实际观测中，由于观测误差的产生不可避免，各方向的 2C 值不可能相等，它们之间的差值，称为 2C 变动范围。规范规定，DJ_2 经纬仪的 2C 变动范围不应超过 18″；对于 DJ_6 经纬仪，2C 变动范围的大小仅供观测者自检，不作限差规定。

2. 计算各方向读数的平均值

取每一方向盘左读数与盘右读数±180°的平均值，作为该方向的平均读数。

$$平均读数 = \frac{1}{2}[L + (R \pm 180°)] \tag{3.7}$$

由于归零起始方向有两个平均读数，应再取其平均值，作为起始方向的平均读数。

3. 各测回同一方向归零方向值的计算

将零方向的平均读数自减化为 0°00′00″，其他各目标的平均读数都减去零方向的平均读数，得到各方向的归零方向值，即

$$归零方向值 = 平均读数 - 零方向平均读数 \tag{3.8}$$

如果进行多个测回观测，同一方向各测回观测得到的归零方向值理论上应该相等，它们之间的差值称为"同一方向各测回归零值之差"，DJ_6 经纬仪同一方向各测回归零值之差不应大于 24″，DJ_2 级经纬仪不应大于 9″。

4. 各测回平均归零方向值的计算

将各测回同一方向的归零方向值相加并除以测回数，即得该方向各测回平均归零方向值。

5. 水平角计算

将组成该角的两方向的方向值相减即可求得该水平角。

任务 3.4 测试题

DJ_6 和 DJ_2 经纬仪的限差要求见表3-4。

表 3-4　　　　　　　　　　全圆测回法观测水平角限差

仪　器	半测回归零差	一测回 $2C$ 互差	同一方向各测回互差
DJ_2	12″	18″	9″
DJ_6	18″		24″

任务 3.5　竖直角测量

一、竖直度盘的构造

任务 3.5　课件浏览

竖直度盘也称竖盘，光学经纬仪竖盘的主要部件包括竖直度盘、竖盘指标水准管和竖盘指标水准管微动螺旋。在经纬仪望远镜旋转轴的一端安装一个刻有度数的圆度盘，称之为竖直度盘。竖直度盘与望远镜固连在一起，其中心与望远镜旋转轴中心重合。当望远镜上下转动时，望远镜带动竖直度盘一起转动，而用来读取竖直度盘读数的指标并不随望远镜转动，因此可以读取不同的角度。将望远镜视线水平时的竖直度盘读数设置为一固定值，用望远镜照准目标点，读出目标点对应的竖直度盘读数，根据该读数与望远镜视线水平时的竖直度盘读数就可以计算出竖直角。

竖直度盘指标与竖直度盘指标水准管连在一个微动架上，转动竖直度盘指标水准管微动螺旋，可以改变竖直度盘分划线影像与指标线之间的相对位置。在正常情况下，当竖直度盘指标水准管气泡居中时，竖直度盘指标就处于正确位置。因此，在观测竖直角时，每次读取竖直度盘读数之前，都应先调节竖直度盘指标水准管的微动螺旋，使竖直度盘指标水准管气泡居中。

另外，还有一些型号的经纬仪，其竖直度盘指标装有自动补偿装置，能自动归零，因而可直接读数。

二、竖直角的计算公式

竖直角为同一竖直面内照准方向线与水平视线的夹角。经纬仪视线水平时，竖盘的读数称为始读数，始读数一般为 0°、90°、180° 或 270°。观测竖直角与观测水平角一样，也是两个方向读数之差。其中一个方向（视线水平方向）的读数是一个定值。

竖直度盘注记有顺时针和逆时针两种不同形式，因此竖直角的计算公式也不同。

(一) 竖盘顺时针注记形式

图 3-11 为顺时针注记度盘。图 3-11(a) 为盘左位置视线水平时的读数，此时为 90°。

当望远镜逐渐抬高(仰角)时,竖盘读数 L 在逐渐减小,如图 3-11(b)所示。因此上半测回竖直角为:

$$\alpha_L = 90° - L \tag{3.9}$$

图 3-11(c)为盘右位置视线水平时的读数,此时为 270°。当望远镜逐渐抬高(仰角)时,竖盘读数 R 在逐渐增大,如图 3-11(d)所示。因此下半测回竖直角为:

$$\alpha_R = R - 270° \tag{3.10}$$

式中,L、R 分别为盘左、盘右瞄准目标的竖盘读数。

一测回竖直角值为盘左和盘右所测定的竖直角的平均值,即

$$\alpha = \frac{\alpha_左 + \alpha_右}{2} \tag{3.11}$$

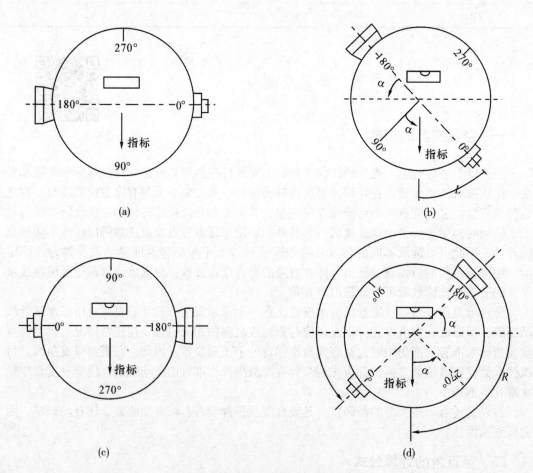

图 3-11 竖直度盘顺时针注记形式

(二)竖盘逆时针注记形式

若竖直度盘按逆时针方向注记,用类似的方法推得竖直角的计算公式为:

$$\alpha_L = L - 90° \tag{3.12}$$

$$\alpha_R = 270° - R \tag{3.13}$$

从以上两式可以归纳出竖直角计算的一般公式。根据竖直度盘读数计算竖直角时，首先应看清望远镜向上抬高时竖直度盘读数是增大还是减小，然后得出：

望远镜抬高时竖直度盘读数增大，则

竖直角=瞄准目标时竖直度盘读数-视线水平时竖直度盘读数　　　　　　　　　(3.14)

望远镜抬高时竖直度盘读数减小，则

竖直角=视线水平时竖直度盘读数-瞄准目标时竖直度盘读数　　　　　　　　　(3.15)

以上规定，适合任何竖直度盘注记形式和盘左、盘右观测。

三、竖盘指标差

上面的竖直角计算公式是一种理想的情况，即当视线水平，竖盘指标水准管气泡居中或自动补偿器归零时，竖盘指标处于正确位置。但实际上这个条件往往未能满足，即存在一定的指标差。竖盘指标不是恰好指在始读数上，而是与始读数相差一个 x 角的位置，当竖直度盘指标水准管气泡居中或自动补偿器归零时，指标线偏离正确位置的角度值就称为竖直度盘指标差。由于指标差的存在，使观测所得的竖直度盘读数比正确读数增大或减小了一个 x 值。

如图 3-12 所示，由于指标差存在，当竖盘指标水准管气泡居中或自动补偿器归零、视线瞄准某一目标时，竖盘盘左和盘右的读数都比正确读数大了一个 x 值，则正确的竖直角应为：

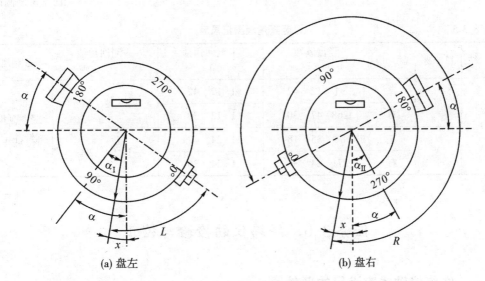

(a) 盘左　　　　　　　　　(b) 盘右

图 3-12　含有竖盘指标差的竖盘

盘左：　　　　　　　　$\alpha = \alpha_L + x = 90° - (L - x)$　　　　　　　　(3.16)

盘右：　　　　　　　　$\alpha = \alpha_R - x = (R - x) - 270°$　　　　　　　　(3.17)

将式(3.16)和式(3.17)相加得：

$$2\alpha = \alpha_L + \alpha_R = R - L - 180°$$

即　　　　　　　　　　　$\alpha = \dfrac{1}{2}(R - L - 180°)$　　　　　　　　(3.18)

由此可见，利用盘左、盘右观测竖直角并取平均值，可以消除竖盘指标差的影响。将式（3.16）和式（3.17）两式相减得：

$$x = \frac{1}{2}(L+R-360°) \tag{3.19}$$

式(3.19)即为竖盘指标差的计算公式，对于逆时针注记形式的竖盘同样适用。

竖盘指标差属于仪器误差。一般情况下，竖盘指标差的变化很小。如果观测中计算出的指标差变化较大，说明观测误差较大。有关规范规定 DJ$_6$ 级经纬仪竖盘指标差的变化范围不应超过±25″。

四、竖直角观测

将仪器安置在测站点上，按下列步骤进行观测：

（1）盘左精确瞄准目标，使十字丝的横丝与目标某部位相切。如果仪器竖盘指标为自动归零装置，则直接读取读数 L；如果是采用竖盘指标水准管，应先调整竖盘指标水准管微动螺旋使气泡居中再读数。记入记录手簿。

（2）盘右精确瞄准原目标。按步骤（1）同样的方法读取盘右读数 R，记入手簿，一测回观测结束。

（3）根据竖盘注记形式，确定竖直角计算公式，计算竖直角，表3-5为竖直角观测记录表。

任务 3.5 测试题

表 3-5　　　　　　　　　　竖直角观测记录表

测站	目标	盘位	竖盘读数 ° ′ ″	半测回角值 ° ′ ″	一测回角值 ° ′ ″	备注
O	M	左	91　12　42	+1　12　42	+1　12　36	竖盘逆时针注记
		右	268　47　30	+1　12　30		
	N	左	88　35　18	−1　24　42	−1　24　39	
		右	271　24　36	−1　24　36		

任务 3.6　经纬仪的检验与校正

一、经纬仪轴线应满足的条件

如图 3-13 所示，经纬仪的主要轴线有望远镜视准轴 CC、仪器旋转轴竖轴 VV、望远镜旋转轴横轴 HH 及水准管轴 LL。

根据角度测量原理，这些轴线之间应满足以下条件：
（1）照准部水准管轴应垂直于竖轴（$LL \perp VV$）。
（2）望远镜的视准轴应垂直于横轴（$CC \perp HH$）。
（3）横轴应垂直于竖轴（$HH \perp VV$）。

任务 3.6 课件浏览

另外，经纬仪还应满足十字丝纵丝垂直于横轴、竖盘不存在指标差、光学对中器的视准轴与竖轴重合等条件。

二、经纬仪的检验与校正

（一）照准部水准管轴垂直竖轴的检验与校正

校正目的：使照准部水准管轴垂直于仪器竖轴。

检验方法：根据照准部水准管将仪器大致整平。转动照准部使水准管轴平行于任意两脚螺旋的连线，转动该两脚螺旋使气泡居中。然后将照准部旋转180°，如果此时气泡仍居中，则说明此项条件满足要求，否则应进行校正。

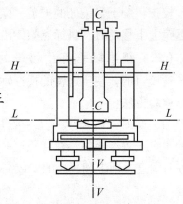

图 3-13 经纬仪轴线应满足的条件

检验如图 3-14 所示，如果照准部水准管轴与仪器的竖轴不垂直，则当气泡居中时，水准管轴水平，竖轴不在垂直位置，偏离铅垂线方向一个 α 角。仪器绕竖轴旋转180°，竖轴仍位于原来的位置，而水准管两端却交换了位置，此时水准管轴与水平线的夹角为 2α，气泡不再居中，其偏移量代表了水准管轴的倾斜角 2α。

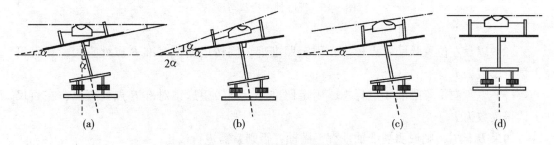

图 3-14 照准部水准管的检校

校正：根据上述检验原理，校正时，用校正针拨动水准管校正螺丝，使气泡向中央退回偏离量的一半，这时水准管轴即垂直竖轴。最后用脚螺旋使气泡向中央退回偏离量的另一半，这时竖轴处于铅直位置。此项检校必须反复进行，直到水准管位于任何位置，气泡偏离零点均不超过半格为止。

如果仪器上装有圆水准器，则应使圆水准轴平行于竖轴。检校时可用校正好的照准部水准管将仪器整平，如果此时圆水准器气泡也居中，说明条件满足，否则应校正圆水准器下面的三个校正螺丝使气泡居中。

（二）十字丝竖丝垂直横轴的检验与校正

校正目的：使十字丝竖丝在仪器整平后处于铅垂位置。

检验方法：整平仪器后，用十字丝交点精确瞄准一清晰目标点，旋紧水平制动螺旋和望远镜制动螺旋，再用望远镜微动螺旋使望远镜上下移动，若目标点始终在竖丝上移动，表明十字丝竖丝垂直横轴，否则应进行校正。

校正：旋下目镜处的护盖，微微松开十字丝环的四个压环螺丝，转动十字丝环，直至望远镜上下移动时，目标点始终沿竖丝移动，再将压环螺丝拧紧。

（三）视准轴垂直于横轴的检验与校正

检校目的：使望远镜的视准轴垂直于横轴。

检验方法：

（1）如图 3-15 所示，在一平坦的地面上，选相距 60 米左右的 A、B 两点，在 A、B 两点的中点安置经纬仪，在 A 点竖一标志，在 B 点横放一刻有毫米分划的直尺，使其与 A、B 方向垂直，标志和直尺的安放高度大致与仪器相等。

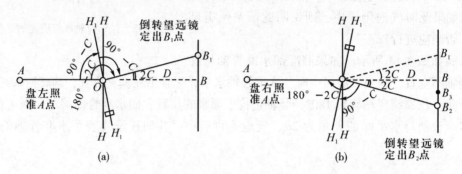

图 3-15 视准轴的检验与校正

（2）以盘左位置瞄准 A 点标志，固定照准部，倒转望远镜对准 B 点处直尺，在直尺上读得读数为 B_1。

（3）以盘右位置瞄准 A 点标志，固定照准部，倒转望远镜对准 B 点处直尺，在直尺上读得读数为 B_2。

如果 $B_1 = B_2$，则说明视准轴垂直于横轴，否则就需进行校正。

校正方法：

由 B_2 向 B_1 方向量出 B_1B_2 长度的 1/4 得 B_3 点，此时 OB_3 便垂直于横轴。打开望远镜目镜护盖，用校正针先稍松上、下的十字丝校正螺丝，再拨动左、右两个校正螺丝，一松一紧，左右移动十字丝分划板，使十字丝交点对准 B_3。此项检验与校正也要反复进行。

（四）横轴垂直于竖轴的检验与校正

检校目的：使横轴垂直于仪器竖轴。

检验方法：

（1）在距离一垂直墙面大约 20m 处安置好经纬仪，如图 3-16 所示，以盘左位置照准墙面上高处一目标点 P，固定照准部。将望远镜俯至水平位置，根据十字丝交点在墙壁上定出 P_1 点。

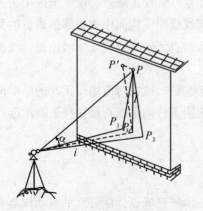

图 3-16 横轴的检验与校正

(2) 以盘右位置瞄准 P 点，固定照准部，将望远镜俯至水平位置，在墙壁上定出 P_2 点。

如果 P_1 点与 P_2 点重合，说明条件满足；否则，说明条件不满足，横轴不垂直于竖轴，需进行校正。

校正：取 P_1、P_2 两点的中点 P_M，以盘左（或盘右）位置精确照准 P_M 点，抬高望远镜，此时十字丝交点必然不再与原来的 P 点重合。打开仪器支架盖，松开横轴偏心套三颗固定螺丝，拨动偏心轴，使十字丝中心移动到 P 点，如十字丝中心与 P 点重合，说明检校正确。这项校正一般由专业维修人员进行。

任务 3.6 测试题

（五）竖盘指标差的检验与校正

检验：仪器整平后，以盘左、盘右先后瞄准同一明显目标，在竖盘指标水准管气泡居中的情况下读取竖盘盘左及盘右的读数 L 和 R。然后按式（3.19）计算竖盘指标差。

校正：计算盘右的正确读数值 $R_正 = R - x$，保持望远镜在盘右位置瞄准原目标不变，旋转竖盘指标水准管微动螺旋使竖盘读数为 $R_正$，这时竖盘指标水准管气泡不再居中，用校正针拨动竖盘指标水准管的校正螺丝使气泡居中。此项检校需反复进行，直至指标差 x 不超过限差值为止。DJ_6 级仪器限差为 $12''$。

任务 3.7　角度测量的误差分析

角度测量的误差主要包括仪器误差、观测误差和外界条件的影响三个方面。

一、仪器误差

任务 3.7 课件浏览

仪器误差是指仪器不能满足设计的理论要求而引起的误差。主要包括仪器校正后的残余误差及仪器加工不完善引起的误差。

（一）视准轴误差

视准轴误差是由于视准轴不垂直横轴引起的水平方向读数误差。由于盘左、盘右观测时该误差的符号相反，因此，可采用盘左、盘右观测取平均值的方法加以消除。

（二）横轴误差

横轴误差是由于横轴与竖轴不垂直，当仪器整平后竖轴即处于铅直位置，而横轴不水平，则引起水平方向读数存在误差。由于盘左、盘右观测同一目标时的水平方向读数误差大小相等、方向相反，所以，也可以采取盘左、盘右观测取平均值的方法加以消除。

（三）竖轴误差

竖轴误差是由于水准管轴不垂直竖轴，或水准管轴不水平而引起的误差。由于竖轴在垂直方向上偏离了一个角度，从而引起横轴倾斜及水平度盘倾斜、视准轴旋转面倾斜，产生测角误差。这种误差，不能用正、倒镜取平均值的方法消除，因此，测量前应严格检校仪器，观测时仔细整平。

（四）度盘偏心差

如图 3-17 所示，经纬仪的照准部旋转中心 O_1 与水平度盘分划中心 O 理论上应该完全重合。但由于仪器误差的影响，实际上它们不会完全重合，存在照准部偏心误差。

若 O_1 和 O 重合，瞄准 A、B 目标时正确读数为 a_L、b_L、a_R、b_R。若不重合，其读数为 a_L'，b_L'，a_R'，b_R'，与正确读数差为 x_a，x_b。由图3-15可见，在正、倒镜时，指标线在水平度盘上的读数具有对称性，因此，度盘偏心差也可用盘左、盘右观测取平均值的方法加以消除。

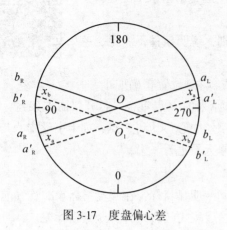

图 3-17　度盘偏心差

（五）度盘刻划不均匀误差

由于仪器度盘刻划不均匀引起的方向读数误差，可通过配置度盘各测回起始读数的方法，使读数均匀地分布在度盘各个区间而予以减小。

（六）竖盘指标差

由于竖盘指标水准管（或竖盘自动补偿装置）工作状态不正确，导致竖盘指标没有处在正确位置，产生竖盘读数误差。通过校正仪器，理论上可使竖盘指标处于正确位置，但校正会存在残余误差。可采用盘左、盘右观测取平均值的方法对竖盘指标差加以消除。

二、观测误差

（一）对中误差

对中误差是指仪器中心没有置于测站点的铅垂线上所产生的测角误差。如图 3-18 所示，O 为测站点，A、B 为目标点，O' 为仪器中心在地面上的投影，OO' 为偏心距，以 e 表示，则对中引起的测角误差 δ 的计算公式如下：

$$\beta = \beta' + (\delta_1 + \delta_2)$$

$$\delta_1 \approx \frac{e}{D_1}\rho\sin\theta$$

$$\delta_2 \approx \frac{e}{D_2}\rho\sin(\beta'-\theta)$$

$$\delta = \delta_1 + \delta_2 = e\left[\frac{\sin\theta}{D_1} + \frac{\sin(\beta'-\theta)}{D_2}\right]\rho \tag{3.20}$$

分析式（3.20）可知，对中引起的水平角观测误差 δ 与偏心距 e 成正比，与边长 D 成反比。当 $\beta' = 180°$，$\theta = 90°$ 时，δ 值最大；当 $e = 3$mm，$D_1 = D_2 = 60$m 时，计算可得对中误差为 20.6″。对中误差不能通过观测方法消除，所以要认真进行对中。短边测量时更要严格对中。

（二）目标偏心误差

目标偏心误差是指由于目标的标杆中心偏离目标的实际点位引起的误差，如图 3-19

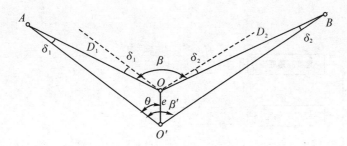

图 3-18　仪器对中误差

所示。

O 为测站点，A 为目标点，A、B 为标杆，杆长 l，标杆倾角 α，则目标偏心引起的测角误差为：

$$\delta = \frac{e}{D}\rho = \frac{l\sin\alpha}{D}\rho \quad (3.21)$$

如果 $l=1.5$ m，$\alpha=30'$，$D=100$ m，计算得 $\delta=27''$。可见，目标偏心差对水平方向的影响与 e 成正比，与边长成反比。因此观测时应尽量瞄准花杆底部，花杆要尽量竖直，在边长较短时，更应特别注意花杆垂直。

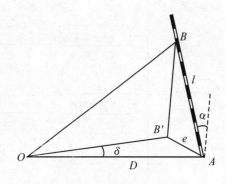

图 3-19　目标偏心误差

（三）瞄准误差

测角时由人眼通过望远镜瞄准目标产生的误差称为瞄准误差。影响瞄准误差的因素很多，如望远镜放大率、人眼分辨率、十字丝的粗细、标志形状和大小、目标影像亮度等，通常以人眼最小分辨视角（60″）和望远镜放大率 v 来估算仪器的瞄准误差。

$$m = \pm \frac{60''}{v} \quad (3.22)$$

对于 DJ_6 级经纬仪，$v=28$，$m_v=\pm 2.2''$。

（四）读数误差

读数误差主要取决于读数设备，对于采用分微尺读数系统的 DJ_6 级光学经纬仪，读数误差为分微尺最小分划的 1/10，即 6″。

三、外界条件影响

角度观测是在一定的外界条件下进行的，外界环境对测角的影响是不可避免的。如阳光照射会使气泡偏离；刮风、土质松软会影响仪器的稳定；空气透明度会影响瞄准精度等。因此观测时应采取一定的措施减小这些因素的影响，例如选择有利的观测条件和时间、打伞遮阳等，使其影响降低到最低程度。

任务 3.7　测试题

【项目小结】

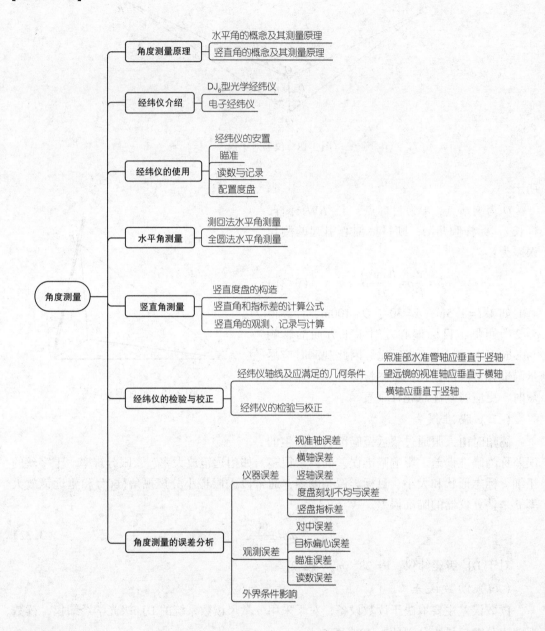

【习题】

1. 什么是水平角？在同一竖直面内瞄准不同高度的点在水平度盘上的读数是否相同？

2. 什么是竖直角？在同一竖直面内瞄准不同高度的点在竖直度盘上的读数是否相同？

3. 对中的目的是什么？整平的目的是什么？

4. 经纬仪有几条几何轴线？它们之间应满足什么关系？

5. 计算表 3-6 中测回法水平角外业观测数据。

表 3-6　　　　　　　　　　　　　　　测回法观测记录表

测站	测回	垂直度盘位置	目标	度盘读数 ° ′ ″	半测回角值 ° ′ ″	一测回角值 ° ′ ″	各测回平均角值 ° ′ ″	备注
O	1	左	A	0　00　06				
			B	152　36　24				
		右	A	180　00　12				
			B	332　36　48				
	2	左	A	90　01　06				
			B	242　37　30				
		右	A	270　01　00				
			B	62　37　36				

6. 计算表 3-7 中全圆测回法水平角外业观测记录。

表 3-7　　　　　　　　　　　　　　　全圆测回法观测记录表

测站	测回数	目标	水平度盘读数 盘左 ° ′ ″	水平度盘读数 盘右 ° ′ ″	2C	平均读数 ° ′ ″	归零方向值 ° ′ ″	各测回平均归零方向值 ° ′ ″	角值 ° ′ ″
O	1	A	0　01　00	180　01　12					
		B	62　15　24	242　15　48					
		C	107　38　42	287　39　06					
		D	185　29　06	5　29　12					
		A	0　01　06	180　01　18					
	2	A	90　01　36	270　01　42					
		B	152　15　54	332　16　06					
		C	197　39　24	17　39　30					
		D	275　29　42	95　29　48					
		A	90　01　36	270　01　48					

7. 有一台经纬仪，望远镜视线水平时，竖直度盘的读数为 90°，当望远镜上倾观测时，竖直度盘的读数增大，根据表 3-8 中的记录，计算竖直角和竖盘指标差。

表 3-8　　　　　　　　　　　　　　　竖直角和竖盘指标差的计算

测站	目标	盘位	竖盘读数 ° ′ ″	半测回角值 ° ′ ″	指标差 ″	一测回角值 ° ′ ″	备注
O	M	左	93　17　24				
		右	266　42　42				
	N	左	84　25　00				
		右	275　35　12				

项目4 距离测量

【主要内容】

直线定线的概念和方法；水平距离的概念；钢尺量距；视距量距；光电量距；全站仪使用等。

重点：直线定线；钢尺一般量距方法；全站仪的使用。

难点：钢尺精密量距。

【学习目标】

知识目标	能力目标
1. 掌握水平距离的概念； 2. 掌握钢尺量距的一般方法和精密量距； 3. 掌握直线定线的概念和方法； 4. 掌握视距测量的基本原理和施测方法； 5. 了解光电测距的基本原理； 6. 掌握光电测距仪的使用； 7. 掌握全站仪的构造和性能； 8. 掌握全站仪的基本测量功能。	1. 能根据工程实际情况选用钢尺量距方法； 2. 能根据工程实际情况选用视距量距方法； 3. 能根据工程实际情况选用视距量距方法； 4. 能根据工程实际情况选用光电量距方法； 5. 能使用全站仪进行角度测量、距离测量和坐标测量。

【思政目标】

通过学习不同的距离测量方法，培养学生精益求精的工匠精神，秉持以工匠精神成就高质量的测量成果，养成严谨细心、积极探索真知的学习态度。

任务4.1 钢尺量距

任务4.1 课件浏览

钢尺直接量距，按测量精度要求不同，测量方法也不同。

一、量距工具

直线丈量的工具通常有钢尺和皮尺。钢尺的伸缩性较小，强度较高，故丈量精度较高，但钢尺容易生锈，且易折断；皮尺容易拉长，量距较为粗略，因此量距精度不高。

（一）钢尺

钢尺，又称钢卷尺。由薄钢带制成，宽10~15mm，厚约0.4mm，尺长有20m、30m、

50m 等几种，卷放在金属架上或圆形盒内。如图 4-1 所示，钢尺的基本分划为毫米，在每米及每分米处刻有数字注记。由于尺的零点位置不同，钢尺可分为端点尺和刻线尺。端点尺是以尺环外缘作为尺子的零点，而刻线尺是以尺的前端刻线作为起点。

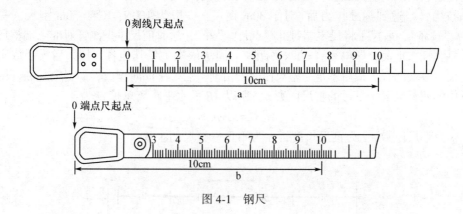

图 4-1　钢尺

（二）皮尺

皮尺是用麻线织成的带状尺子，又称布卷尺。皮尺上注有厘米分划。由于皮尺容易拉长，因此只能用于精度要求较低的地形测量和一般丈量工作。

（三）量距的辅助工具

量距的辅助工具有垂球、测钎、标杆等。垂球用于对点；测钎用于标定所量距离每尺段的起终点和计算整尺段数；标杆又称花杆，用于显示点位和标定直线方向。

二、一般量距

（一）直线定线

需要丈量的距离一般都比整尺要长，或地面起伏较大，为了便于丈量，量距前需要在两点的连线上标出若干个点，这项工作称为直线定线。直线定线一般用目估或仪器进行。对于一般精度量距，用目估法即可，对于精密量距，可用经纬仪定线。

目估法直线定线如图 4-2 所示，A、B 为待测距离的两个端点，先在 A、B 两点竖立标

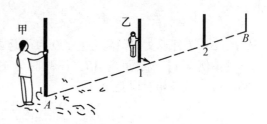

图 4-2　目估定线

杆，甲站在 A 点标杆后约 1m 处，乙持标杆目估站在 AB 线上。甲指挥乙左右移动标杆，直到甲从 A 点沿标杆看到 A、1、2、B 四支标杆在同一直线上为止，同法可以定出直线上的其他点。

用经纬仪定线的方法是：将经纬仪安置于直线起点，对中、整平后，瞄准直线的端点，制动照准部制动螺旋。望远镜上下转动瞄准标杆，观测者指挥持标杆者移动标杆至视线方向上即可。

（二）量距方法

一般量距的精度精确到厘米，丈量的基本要求是：一直、二平、三准确。

1. 平坦地面距离丈量

当地面平坦时可沿地面直接丈量水平距离，丈量距离一般需要三人，前、后尺各一人，记录一人。如图 4-3 所示，后尺手站在 A 点，手持钢尺的零端，前尺手持钢尺的末端，沿丈量方向前进，走到一整尺段处，按定线时标出的直线方向，将尺拉平。前尺手将尺拉紧，均匀增加拉力，当达到标准拉力后（对于 30m 钢尺，一般为 100N；对于 50m 钢尺，一般为 150N）喊"预备"，后尺手将尺零端对准起点且喊"好"，这时前尺手把测钎对准末端整尺段处的刻线垂直插入地面，即得 A-1 的水平距离。同法依次丈量其他各尺段，后尺手依次收集已测过尺段零端测钎。最后不足一整尺段时，由前、后尺手同时读数，即得余长 m。由于后尺手手中的测钎数等于量过的整尺段数 n，所以 AB 的水平距离总长 D 为：

$$D = nl + m \tag{4.1}$$

式中，n 为整尺段数，l 为钢尺长度，m 为不足一整尺的余长。

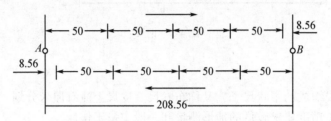

图 4-3　平坦地面距离丈量

为了防止丈量中发生错误及提高量距精度，距离要往返丈量。上述为往测，返测时，需要重新定线，最后取往返测距离的平均值作为丈量结果。往返测丈量的距离之差与最后结果之比，并将分子化为 1 的分数形式，称为相对误差，即

$$K = \frac{\Delta D}{D} = \frac{1}{\dfrac{D}{\Delta D}} = \frac{1}{M} \tag{4.2}$$

式中，ΔD 为往返丈量距离之差，D 为往返丈量的平均值。

【案例 4.1】　某距离 AB，往测时为 173.63m，返测时为 173.67m，距离平均值为 173.65m，故其相对误差为：

$$\frac{|D_{往} - D_{返}|}{D_{平均}} = \frac{|173.63 - 173.67|}{173.65} \approx \frac{1}{4300}$$

在平坦地区，钢尺量距的相对误差一般应不大于 $\dfrac{1}{3000}$；在量距困难地区，其相对误差也不应大于 $\dfrac{1}{1000}$。当量距的相对误差没有超出上述规定时，可取往返测距离的平均值作为最后结果，否则，应重测。

2. 倾斜地面距离丈量

（1）平量法。沿倾斜地面丈量距离，当地势起伏不大时，可将钢尺拉平丈量。如图 4-4 所示，丈量由 A 向 B 进行。后尺手持钢尺零端，并将零刻线对准起点 A，前尺手进行直线定线后，将尺拉在 AB 方向上并使尺子抬高水平，然后用垂球尖端将尺段的末端投于

地面上，再插以测钎。若地面倾斜较大，将钢尺抬平有困难时，可将一尺段分成几段来平量，如图4-4中1、2、3段。由于从坡下向坡上丈量困难较大，故一般采用两次独立丈量，将钢尺的一端抬高或两端同时抬高使尺子水平。

（2）斜量法。当倾斜地面的坡度均匀时，如图4-5所示，可以沿着斜坡丈量出 AB 的斜距 L，测出地面的倾斜角 α 或 AB 两点间的高差 h，然后计算 AB 的水平距离 D。显然，

$$D = L\cos\alpha \tag{4.3}$$

或

$$D = \sqrt{L^2 - h^2} \tag{4.4}$$

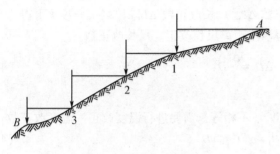

图4-4 平量法示意图

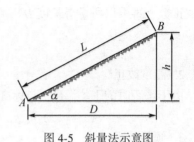

图4-5 斜量法示意图

三、精密量距

当量距精度要求在 $\dfrac{1}{10000}$ 以上时，要用钢尺精密量距。精密量距前，要对钢尺进行检定。

（一）钢尺检定

精密量距前，要对钢尺进行检定，由于钢尺的材料性质、制造误差等原因，使用时钢尺的实际长度与名义长度（钢尺尺面上标注的长度）不一样，通常在使用前对钢尺进行检定，用钢尺的尺长方程式来表示尺长。

尺长方程式为：

$$l_t = l_0 + \Delta l + \alpha(t - t_0)l_0 \tag{4.5}$$

式中：l_t 为钢尺在温度 t℃时的实际长度；l_0 为钢尺名义长度；Δl 为尺长改正数；α 为钢尺的膨胀系数，一般为 1.25×10^{-5}/℃；t 为钢尺量距时的温度；t_0 为钢尺检定时的温度（一般为20℃）。

每根钢尺都由尺长方程式才能得出实际长度，但尺长方程式中的 Δl 会发生变化，故尺子使用一段时间后必须重新检定，得出新的尺长方程式。

检定钢尺常用比长法，即将欲检定的钢尺与有尺长方程式的标准钢尺进行比较，认为它们的膨胀系数是相同的，求出尺长改正数，进一步求出欲检定的钢尺的尺长方程式。

设丈量距离的基线长度为 D，丈量结果为 D'，则尺长改正数为：

$$\Delta l = \frac{D - D'}{D'} l_0 \tag{4.6}$$

（二）丈量方法

钢尺检定后，得出在检定时拉力与温度的条件下的尺长方程式，丈量前，先用经纬仪

定线。

如果地势平坦或坡度均匀，则可测定直线两端点高差作为倾斜改正的依据；若沿线坡度变化，地面起伏，定线时应注意坡度变化处，两标志间的距离要略短于钢尺长度。丈量时根据弹簧秤对钢尺施加标准拉力，并同时用温度计测定温度。每段要丈量三次，每次丈量应略微变动尺子位置，三次读得长度之差的允许值根据不同要求而定，一般不超过 2~5mm。如在限差范围内，取三次平均值作为最后结果。

1. 尺长改正

由于钢尺的实际长度与名义长度不符，故所量距离必须施加尺长改正。根据尺长方程式，算得钢尺在检定温度 t_0 时尺长改正数 Δl，尺长改正数 Δl 除以名义长度 l 可得每米尺长改正数，再乘以所量得长度 D'，即得该段距离尺长改正。尺长改正数：

$$\Delta D_l = \frac{\Delta l}{l} D' \tag{4.7}$$

2. 温度改正

由于量距时的平均温度 t 与标准温度 t_0 不相等，需要进行温度改正。温度改正数：

$$\Delta D_t = \alpha(t-t_0)D' \tag{4.8}$$

3. 倾斜改正

设两点间高差为 h，为了将斜距 D' 改算成水平距离 D，需要加倾斜改正（高差改正）。倾斜改正数：

$$\Delta D_h = -\frac{h^2}{2D'} \tag{4.9}$$

4. 距离计算

将测得的结果 D' 加上上述三项改正，即得所量距离长度，即

$$D = D' + \Delta D_l + \Delta D_t + \Delta D_h \tag{4.10}$$

上述计算往返丈量分别进行，当量距相对误差在限差范围之内，取往返测丈量平均值作为距离丈量的最后结果。

四、钢尺量距的误差来源及注意事项

（一）钢尺量距的主要误差来源

1. 定线误差

钢尺丈量时应靠紧所量直线，准确地安放在待量距离的直线方向上，如果偏离了方向，所量的就成了折线，而不是直线，造成量距结果增大，如图 4-6 所示。设定线误差为 e，一尺段的量距误差为：

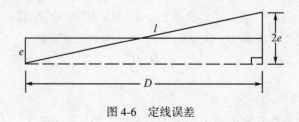

图 4-6 定线误差

$$\Delta e = l - \sqrt{l^2 - (2e)^2} \approx \frac{2e^2}{l} \qquad (4.11)$$

当 $l=30\text{m}$，$e \leqslant 0.21\text{m}$ 时，$\Delta e \leqslant 3\text{mm}$；在精密量距中，$l=30\text{m}$，$e \leqslant 0.12\text{m}$ 时，$\Delta e \leqslant 1\text{mm}$。只要仔细地用目估定线，即可达到精度要求。

2. 温度误差

钢尺的长度受温度变化会热胀冷缩。气温每变化 8.5℃，尺长将改变 1/10000，因此在一般量距中，温度在此范围内变化可以不加温度改正。在精密量距中，温度测量误差不应超出±2.5℃，而在阳光暴晒下，钢尺与环境温度可差 5℃，所以量距宜在阴天进行，最好用半导体温度计测量钢尺的自身温度。

3. 拉力误差

钢尺具有弹性，受拉会伸长。拉力的大小会影响钢尺的长度，所以钢尺丈量时应与检定时拉力相同。

4. 尺长误差

钢尺名义长度与实际长度之差产生的尺长误差对量距的影响是随着距离的增加而增加的。在一般量距中，钢尺的尺长误差不大于±3mm，即可不考虑尺长改正。在精密量距中，应加入尺长改正数，并要求钢尺尺长检定误差不大于±1mm。

5. 垂曲误差

钢尺悬空丈量时由于中间部分下垂而产生垂曲误差。消除垂曲误差主要是丈量时保持与悬空检定时的同等拉力，拉力与规定的有差异时测量数据就会产生影响。

6. 钢尺倾斜误差

钢尺量距时应使钢尺水平，否则对量距会产生影响，使距离测量值偏大。在一般量距中，用目估持平钢尺时会产生 50′ 的倾斜，30m 尺段相当于倾斜了 0.4m，对量距大约产生 +3mm 的误差，所以，在精密量距中，应使用水准仪测量尺段高差。

（二）钢尺量距的注意事项

（1）丈量时应检查钢尺，看清钢尺的零点位置。

（2）量距时定线要准确，尺子要水平，拉力要均匀。

（3）读数时要细心、精确，不要看错、念错。

任务 4.1 测试题

（4）使用钢尺时要加强对钢尺的保护，防止压、折，丈量完毕应将钢尺擦干净，并涂油防锈。

任务4.2 视距测量

视距测量是可以同时测定两点间的水平距离和高差的一种测量方法。视距测量操作简便，不受地形的限制，但测距精度较低，相对误差一般为 1/300，测高差的精度也低于水准测量，主要用于地形测量中。

一、视线水平时视距测量公式

任务 4.2 课件浏览

在经纬仪或水准仪的十字丝平面内，与横丝平行且等间距的上、下两根短丝称为视距丝，也叫上下丝（如图 4-7 所示）。在 A 点安置仪器，并使其视线水平，在 B 点竖立标尺，则视线与标尺垂直。上、下丝在尺子上的读数分别为 M、Q，上、下丝读数之差即为尺间隔 n，即 $QM=n$，物镜焦距为 f，物镜中心到仪器中心的距离为 δ，由相似三角形 $\triangle m'q'F$ 和 $\triangle MQF$ 得：

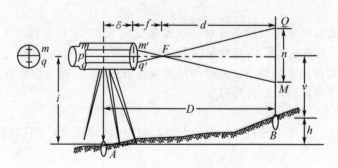

图 4-7 视线水平时视距测量原理

$$\frac{d}{f}=\frac{n}{p}$$

所以，$d=\frac{f}{p}n$。

A、B 间的水平距离为：

$$D=d+f+\delta=\frac{f}{p}n+f+\delta$$

令 $K=\frac{f}{p}$，$C=f+\delta$，则有：

$$D=Kn+C$$

式中，K 称为视距乘常数，C 称为视距加常数。

设计仪器时使 $K=100$，$C=0$，因此，当视准轴水平时，计算水平距离的公式为：

$$D=Kn \tag{4.12}$$

设十字丝中丝的读数为 v，通常称 v 为切尺，仪器的高度为 i，则测站点到立尺点的高差为：

$$h=i-v \tag{4.13}$$

如果已知测站点的高程 H_A，则立尺点 B 的高程为：

$$H_B=H_A+h=H_A+i-v \tag{4.14}$$

二、视线倾斜时视距测量公式

当地面起伏较大时，必须要经纬仪的视准轴倾斜一个竖直角 α 才能在标尺上进行视距读数，如图 4-8 所示。QM 为尺子上、下丝的尺间隔，设为 n。

虚拟一个标尺 $M'Q'$ 与视线垂直。由于通过视距丝的两条光线的夹角 φ 很小（约 $34'$），故 $\angle MM'O$ 和 $\angle QQ'O$ 可近似看成直角，此时虚拟标尺的尺间隔 n' 为：

$$n'=M'Q'=M'O+OQ'=MO\cos\alpha+OQ\cos\alpha=MQ\cos\alpha=n\cos\alpha$$

顾及式(4.12)，则倾斜距离 D' 为：

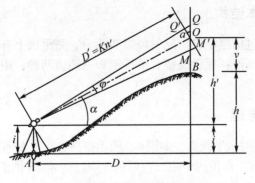

任务 4.2 测试题

图 4-8 视线倾斜时视距测量原理

$$D' = Kn' = Kn\cos\alpha$$

A、B 两点间的水平距离为：

$$D = D'\cos\alpha = Kn\cos^2\alpha \tag{4.15}$$

A、B 两点间的高差为：

$$h = D\tan\alpha + i - v \tag{4.16}$$

如果已知测站点的高程 H_A，则立尺点 B 的高程为：

$$H_B = H_A + h = H_A + D\tan\alpha + i - v \tag{4.17}$$

【案例 4.2】 设测站点 A 的高程 $H_A = 50.25\text{m}$，仪器高 $i = 1.43\text{m}$，观测竖直角时以中丝切准尺面时 $v = 1.43\text{m}$，此时上丝读数 $a = 1.684\text{m}$，下丝读数 $b = 1.132\text{m}$，竖直度盘盘左读数 $L = 88°05'36''$（竖盘为顺时针注记，竖盘指标差为 0）。计算 A 到 B 点的平距 D 及 B 点的高程 H_B。

解：$\alpha = 90° - L = 90° - 88°05'36'' = 1°54'24''$

$D = 100(a-b)\cos^2\alpha = 100(1.684-1.132)\cos^2 1°54'24'' = 55.14(\text{m})$

$h_{AB} = D\tan\alpha = 55.14 \times \tan 1°54'24'' = 1.84(\text{m})$

$H_B = H_A + h_{AB} = 50.25 + 1.84 = 52.09(\text{m})$

任务 4.3 电磁波测距简介

一、概述

电磁波测距是用电磁波（光波、微波）作为载波的测距仪器来测量两点间距离的一种方法，电磁波测距仪也称光电测距仪。它具有测距精度高、速度快、不受地形影响等优点。

电磁波测距仪按其所采用的载波可分为微波测距仪、激光测距仪、红外测距仪；按测程可分为短程（测距在 3km 以内）、中程（测距在 3~15km）、远程（测距在 15km 以上）；按光波在测段内传播的时间测定可分为脉冲法、相位法。

任务 4.3 课件浏览

微波测距仪和激光测距仪多用于远程测距，红外测距仪用于中、短程测距。在工程测量中，大多采用相位法短程红外测距仪。

二、测距仪的基本结构

电磁波测距仪主要包括测距仪、反射棱镜两部分。测距仪上有望远镜、控制面板、液晶显示窗、可充电池等部件；反射棱镜有单棱镜和三棱镜两种，用来反射来自测距仪发射的红外光。

三、相位法测距原理

欲测量 A、B 两点间的水平距离，如图 4-9 所示，在 A 点安置测距仪，B 点安置反光镜。测距仪发出一束红外光由 A 点传到 B 点，再回到 A 点，则 A、B 两点间的水平距离为：

$$D = \frac{1}{2}ct \tag{4.18}$$

式中，c 为电磁波在大气中的传播速度(m/s)，t 为电磁波在所测距离的往返传播时间(s)。

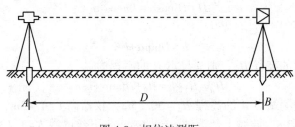

图 4-9　相位法测距

由式(4.18)可知，测距的精度取决于测定时间的精度，若要求测距精度达到 ±1cm，那么时间的精度就要达到 (6.7×10^{-11}) s，要达到这样高的计时精度是很难的。因此，为了提高测距精度，可采用间接的方法，即将距离与时间的关系转化为距离与相位的关系，从而求出所测距离。

如图 4-10 所示，测距仪在 A 点发射调制光，在 B 点安置反光镜，调制光的频率为 f，周期为 T，相位移 φ，波长的个数为 $\varphi/2\pi$，整波的波长为 λ，N 为半波长的个数。调制光从发射到接收经过了往返路程，其行程在图 4-10 上表示为 $2D$，则

$$2D = \lambda \frac{\varphi}{2\pi} = \lambda \frac{2\pi N + \Delta\varphi}{2\pi}$$

$$D = \frac{\lambda}{2}(N + \Delta N) \tag{4.19}$$

式中，N 为整尺段数，ΔN 为不足一整尺段的余长。

测距仪上的测量相位的装置，只能分辨 $0 \sim 2\pi$ 相位的变化，即只能测出 ΔN，不能测出 N 值，为了精确测距，一般采用不同频率的调制光进行测量。目前短程测距仪采用两个调制波的频率：一个频率为 15kHz，测尺长度为 10m；一个频率为 150kHz，测尺长度为 1000m。两者衔接起来，1000m 以内的测距数字就可直接显示出来。

四、测距仪的使用

(1) 在待测距离的一端(测站点)安置经纬仪和测距仪，经纬仪对中、整平，打开测

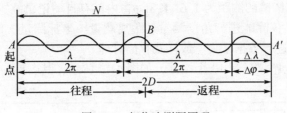

图 4-10　相位法测距原理

任务 4.3　测试题

距仪的开关，检查仪器是否正常。

（2）在待测距离的另一端安置反射棱镜，反射棱镜对中、整平后，使棱镜反射面朝向测距仪方向。

（3）在测站点上用经纬仪望远镜瞄准目标棱镜中心，按下测距仪操作面板上的测量功能键进行距离测量，显示屏即可显示测量结果。

任务 4.4　电子全站仪

全站仪是把电子经纬仪、测距仪和电子微处理器整合在一起的测量仪器。其优点是：电子经纬仪和电磁波测距仪使用共同的望远镜，测量方向和距离只需要瞄准一次。现以拓普康 GTS-211D 型全站仪为例说明该仪器的使用方法。

任务 4.4　课件浏览

一、拓普康 GTS-211D 全站仪的基本结构

拓普康 GTS-211D 全站仪外形如图 4-11 所示，有两面操作按键及显示窗，操作很方便。能自动进行水平和垂直倾斜改正，补偿范围为 ±3′。GTS-211D 全站仪的测角最小读数为 1″，测角精度为 5″，采用增量法读数；测距的最小读数为 ±(3mm±2×10^{-6})，单棱镜的测

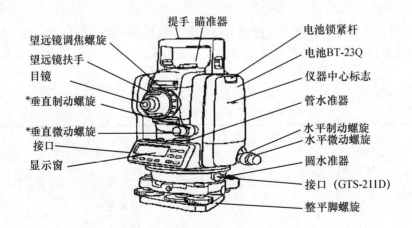

图 4-11　拓普康 GTS-211D 全站仪
（不同国家的市场垂直制动与微动螺旋的位置有所不同）

距为 1.1~1.2km，三棱镜的测距为 1.6~1.8km；内部有自动记录装置，可记录 2000 个测量点。GTS-211D 全站仪除能进行角度测量、距离测量、坐标测量、偏心测量、悬高测量和对边测量外，还能进行数据采集、放样及存储管理。

GTS-211D 系列全站仪只有 10 个按键，如图 4-12 所示，其名称与功能见表 4-1。

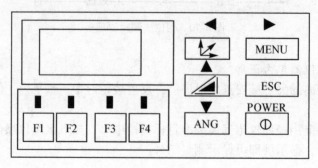

图 4-12　全站仪键盘

表 4-1　　　　　　　　　　GTS-211D 系列全站仪的按键名称及功能

键	名　称	功　能
↗	坐标测量键	坐标测量模式
◢	距离测量键	距离测量模式
ANG	角度测量键	角度测量模式
MENU	菜单键	在菜单模式和正常测量模式之间切换，在菜单模式下设置应用测量与调节方式
Esc	退出键	●返回测量模式或上一层模式 ●从正常测量模式直接进入数据采集模式或放样模式
POWER	电源键	电源开关
F1~F4	软键(功能键)	对应于显示的软键信息

GTS-211D 显示窗采用点阵式液晶显示(LCD)，可显示 4 行，每行 20 个字符。通常前三行显示测量数据，最后一行显示随测量模式变化的按键功能。前三行常用显示符号的含义见表 4-2。

表 4-2　　　　　　　　　　GTS-211D 显示窗内常用符号的含义

显示	含义	显示	含义
V	垂直角	E	东向坐标
HR	水平角(右)	Z	高程
HL	水平角(左)	*	EDN(电子测距)正在进行
HD	水平距离	M	以米为单位
VD	高差	Ft	以英尺为单位
SD	斜距	Fi	以英尺与英寸为单位
N	北向坐标		

二、拓普康 GTS-211D 全站仪的使用

使用时，将全站仪安置在测站上，按 POWER 键，即打开电源，显示器初始化约两秒后，显示零指示设置指令(OSET)、当前的棱镜常数(PSM)、大气改正值(PPM)以及电池剩余容量，纵转望远镜，使望远镜的视准轴通过水平线，即设置垂直度盘和水平度盘初始读数。

(一) 角度测量

开机设置读数指标后，即进入角度测量模式，或者按 ANG 键进入角度测量模式。

1. 水平角右角和垂直角测量

如图 4-13 所示，欲测 A、B 两方向的水平角，安置仪器后，照准目标 A，按 F1 (OSET) 键和 YES 键，可设置目标 A 的水平读数为 $0°0'0''$。旋转一起照准目标 B，直接显示目标 B 的水平角 H 和垂直角 V。

2. 水平角右角、左角的切换

水平角右角，即仪器右旋角，从上往下看水平度盘，水平读数顺时针增大；水平角左角，即左旋角，水平读数逆时针增大。在测角模式下，按 F4 (↓) 键两次转到第三页功能。每按 F2 (R/L) 一次，右角交替切换。通常使用右角模式观测。

图 4-13　角度测量

(二) 距离测量

距离测量可设为单次测量和 N 次测量。一般设为单次测量，以便节电。距离测量可区分三种测量模式，即精测模式、粗测模式、跟踪模式。一般先用精测模式观测，最小显示单位为 1mm，测量时间约 2.5s。粗测模式最小显示单位为 10mm，测量时间约 0.7s。跟踪模式用于观测移动目标，最小显示单位为 10mm，测量时间为 0.3s。

当距离测量模式和观测次数设定后，在测角模式下，照准棱镜中心，按 ◢ 键，即开始连续测量距离，显示内容从上往下分别为水平角(HR)、平距(HI)和高差(VD)。若再按 ◢ 键一次，显示内容变为水平角(HR)、垂直角(V)和斜距(SD)。当连续测量不再需要时，可按 F1 (MEAS) 键，按设定的次数进行距离测量，最后显示距离平均值。

注意，当光电测距正在工作时，HD 右边出现"＊"标志。

(三) 坐标测量

如图 4-14 所示，GTS-211D 全站仪可在坐标测量模式 ◢ 下直接测定碎部点(立棱镜点)坐标。在坐标测量之前必须将全站仪进行定向，输入测站点坐标。若测量三维坐标，还必须输入仪器高和棱镜高。具体操作如下：

在坐标测量模式下，先通过第二页的 F1 (R.. HT)，F2 (INS. HT)，F3 (OCC) 分别输入棱镜高、仪器高和测站点坐标，再在角度测量模式下，照准后向点(后视点)，设定测站点到水平度盘读数，完成全站仪的定向。然后照准立于碎部点的棱镜，按 ◢ 键，开始测量，显示碎部点坐标(N, E, Z)，即(X, Y, H)。

（四）数据采集

1. 键入控制点坐标

GTS-211D全站仪在野外采集数据时，可以先在室内将图根控制点坐标键入GTS-211D全站仪，以减轻测站安置工作量。先由主菜单中的内存管理（MEMORY MGR）进入坐标输入（COORD. INPUT）状态，依次输入文件名、点号PT#及坐标数据$N(X)$、$E(Y)$、$Z(H)$。

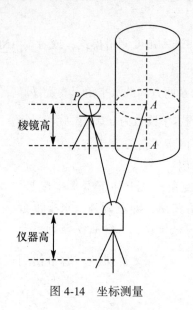

图4-14 坐标测量

2. 整置仪器

在测站点上对中、整平，按下仪器电源开关 POWER ，转动望远镜，使全站仪进入观测状态，再按 MENU 键，进入主菜单。

3. 输入数据采集文件名

在主菜单下，选择"数据采集（DATA COLLECT）"，输入数据采集文件名。这个文件名与内业输入控制点坐标的文件名相同。可以直接键入（INPUT），也可以从库里查找（LIST）。若内业没有输入控制点坐标，这时要输入便于记忆的数据采集文件名，按 ENT 键输入。

4. 输入测站点数据

在数据采集菜单1/3下，选择 F1 （OCC. PT#INPUT），分别输入测站点的点号（PT#）或坐标（N，E，Z）、测站编码（ID）、仪器高（INS. HT）。按 F4 （OCNEZ）键输入测站点点号或坐标。输入点号还是直接输入坐标，由 F3 （NEZ）切换。最后按 ENT 键输入。若采用无码作业，测站上可不输入编码（ID），单击 ▼ 键跳过去；若测平面图，仪器高（INS. HT）可不输入。

5. 输入后视点（定向点）数据

在数据采集菜单1/3下，选择 F2 （BACKSIGHT）键进入后视点（定向点）数据设置状态。按 $\boxed{F4}$(BS)键即可输入定向点坐标或定向角,通过按 $\boxed{F3}$(NE/AZ)键可使输入方法在坐标值、设置水平角和坐标点之间交替切换。另外,在后视点数据设置(BACKSIGHT)状态下,按 ▲、▼ 键,可直接输入后视点编码和目标高(棱镜高)。

6. 定向

当测站点数据和后视点输入完成后,按 $\boxed{F3}$(MEAS)键,再照准后视点,选择一种测量模式,如按 $\boxed{F2}$(SD)键,进入斜距测量;按 $\boxed{F3}$(NEZ)键,进入坐标测量。这时,水平度盘自动设置为后视点的方位角值。然后返回数据采集菜单1/3。

7. 碎部点测量

在数据采集菜单1/3下,按 $\boxed{F3}$(FS/SS)键即开始碎部点测量。照准目标(棱镜),依次输入点号、编码、目标高(镜高),选择某一测量模式(如斜距(SD)或坐标(NEZ))开始测量、记录。测完第一碎部点后,点号自动加1,照准目标,选择 $\boxed{ALL}$ 开始进行与上点相同的测量。

任务4.4 测试题

【本章小结】

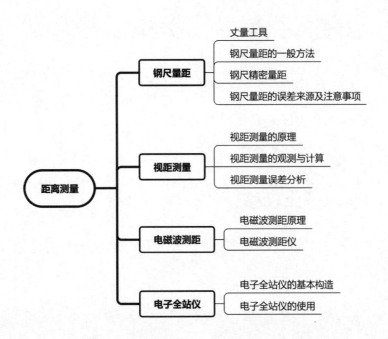

【习题】

1. 什么叫直线定线？如何进行直线定线？
2. 影响量距精度的因素有哪些？如何提高量距的精度？
3. 在平坦地面，用钢尺一般量距方法丈量 A、B 两点间的水平距离，往测为 210.251m，返测为 210.243m，则水平距离 D_{AB} 的结果如何？其相对误差是多少？
4. 用竖盘为顺时针注记的光学经纬仪（竖盘指标差忽略不计）进行视距测量，测站点高程 $H_A=56.87$m，仪器高 $i=1.45$m，视距测量结果见表 4-3，计算完成表中各项。

表 4-3　　　　　　　　　　视距测量记录

点号	上、下丝读数（m）	切尺（m）	竖盘读数 °	竖盘读数 ′	竖直角 ° ′	水平距离（m）	高差（m）	高程（m）
1	2.154 1.745	1.95	92	54				
2	1.987 1.256	1.60	90	24				
3	2.486 1.763	2.10	88	42				
4	0.985 0.489	0.70	85	30				

5. 试述红外光电测距仪采用相位测距的基本原理。

项目 5　测量误差的基本知识

【主要内容】

测量误差的概念、来源和分类；偶然误差的特性；衡量观测值精度的指标；误差传播定律及其应用。

重点：测量误差的概念、来源和分类；衡量观测值精度的指标。

难点：偶然误差的特性；误差传播定律。

【学习目标】

知识目标	能力目标
1. 了解测量误差的概念和来源； 2. 认识观测条件对观测值质量的影响； 3. 掌握测量误差的分类； 4. 理解偶然误差的特性； 5. 熟知衡量观测值精度的指标； 6. 掌握误差传播定律及其在测量中的应用。	1. 能区分系统误差和偶然误差； 2. 能计算中误差、相对误差和极限误差； 3. 能根据精度指标来衡量观测值的精度； 4. 能根据实际情况选取合适的衡量精度指标； 5. 能运用误差传播定律评定观测值函数精度。

【思政目标】

通过学习测量误差的来源、分类、特性及衡量观测值精度指标，培养学生用全面、联系、发展的眼光看问题，学会分析事物的具体联系，总结事物的发展规律。通过公式的演绎和测量数据处理的学习，培养学生树立尊重事物客观规律、注重细节、一丝不苟、精益求精的工匠精神。

任务 5.1　测量误差概述

任务 5.1　课件浏览

一、测量误差的概念

在一定的外界条件下进行观测，观测值一定会含有误差。任何一个观测量，在客观上总存在着一个能代表其真正大小的数值，这个数值称为真值，一般用 X 表示。对未知量进行测量的过程，称为观测，测量所获得的数值称为观测值，用 L_i 表示。进行观测时，观测值与真值之间的差异，称为测量误差或观测误差，用 Δ_i 表示。

$$\Delta_i = L_i - X \tag{5.1}$$

二、测量误差的来源

引起测量误差的因素有很多，概括起来主要有以下三个方面：

（一）测量仪器误差

由于测量仪器制造工艺上的局限性，仪器虽经过了校正，但残余误差仍然存在。测量结果中就不可避免地包含了这种误差。另外，不同类型的仪器有着不同的精度，使用不同精度的仪器引起误差的大小也不相同。

（二）观测者的误差

由于观测者的感觉器官鉴别能力的局限性，在仪器的安置、照准、读数等方面都会产生误差。同时，观测者的责任心和技术水平也会直接影响观测结果的质量。

（三）外界条件的影响

观测时所处的外界条件，如温度、湿度、风力、气压等因素的影响，必然使观测结果产生误差。

测量仪器、观测人员和外界条件这三方面的因素综合起来称为观测条件。观测条件与观测结果的精度有着密切的关系。在较好的观测条件下进行观测所得的观测结果的精度就会高一些；反之，观测结果的精度就会低一些。

三、测量误差的分类

根据测量误差对观测结果的影响性质不同，测量误差可分为系统误差和偶然误差两类。

（一）系统误差

在相同的观测条件下对某量进行一系列观测，如果误差的大小、符号表现出一定的规律性，这种误差称为系统误差。

系统误差是由仪器制造或校正不完善、观测人员操作习惯和测量时外界条件等原因引起的。如量距中用名义长度为30m而经检定后实际长度为30.002m的钢尺，每量一尺段就有0.002m的误差，量距越长误差积累就越大。又如某些观测者在照准目标时，总习惯于把望远镜十字丝对准于目标的某一侧，也会使观测结果带有系统误差。

系统误差对观测结果的影响具有累积性，对结果质量的影响也就特别显著。在实际测量工作时，必须采用适当的观测方法或加改正数来消除或减弱其影响。例如，在水准测量中采用前后视距相等来消除视准轴与水准管轴不平行的误差，在水平角观测中采用盘左、盘右观测来消除视准轴误差等。因此，可以采取一定的观测方法、观测手段来减小甚至消除系统误差的影响。

（二）偶然误差

在相同的观测条件下对某量进行一系列观测，如果误差的大小和符号都具有不确定性，但总体又服从于一定的统计规律性，这种误差称为偶然误差，也叫随机误差。

产生偶然误差的原因很多，如观测者感官能力的因素，望远镜的放大倍数和分辨力等因素。常见的偶然误差有估读误差、照准误差等。

对偶然误差，通常采用增加观测次数来减少其误差，从而提高观测结果的质量。消除或减少了系统误差后，我们认为观测结果中偶然误差占据了主要地位，偶然误差影响了观测结果的精确性,所以在测量误差理论中研究对象主要是偶然误差。

四、研究测量误差的目的

研究测量误差的目的是:分析测量误差产生的原因和性质;正确地处理观测结果,求出最可靠值;评定测量结果的精度;通过研究误差发生的规律,为选择合理的测量方法提供理论依据。

五、偶然误差的特性

偶然误差从表面上看似乎没有规律性,即从单个或少数几个误差的大小和符号的出现上呈偶然性,但从整体上对偶然误差加以归纳统计,则显示出一种统计规律,而且观测次数越多,这种规律性表现得越明显。

下面我们通过实例来说明这种规律。

例如,在相同观测条件下独立地观测 358 个三角形的全部内角,由于观测值中带有误差,各三角形的内角之和就不等于它的真值 180°。

现将 358 个真误差进行统计分析:取 3″ 为区间,将 358 个真误差按其大小和正负号排列,以表格的形式统计出其在各区间的分布情况,见表 5-1。

从表 5-1 中可以看出,该组误差的分布表现出如下规律:小误差比大误差出现的频率高;绝对值相等的正、负误差出现的个数和频率相近;误差都在一个小范围内,最大误差不超过 24″。

表 5-1　　　　　　　　　　　偶然误差的区间分布表

误差区间 $d\Delta$	正误差($+\Delta$)		负误差($-\Delta$)		总 数	
	个数 k	频率 k/n	个数 k	频率 k/n	个数 k	频率 k/n
0″~3″	46	0.128	45	0.126	91	0.254
3″~6″	41	0.115	40	0.112	81	0.226
6″~9″	33	0.092	33	0.092	66	0.184
9″~12″	21	0.059	23	0.064	44	0.123
12″~15″	16	0.045	17	0.047	33	0.092
15″~18″	13	0.036	13	0.036	26	0.073
18″~21″	5	0.014	6	0.017	11	0.031
21″~24″	2	0.006	4	0.011	6	0.017
>24″	0	0	0	0	0	0
Σ	177	0.495	181	0.505	358	1.000

统计大量的实验结果,总结出偶然误差具有如下特性:

(1) 有限性:在一定的观测条件下,偶然误差的绝对值不超过一定的限度。

(2)显小性：绝对值小的误差比绝对值大的误差出现的机会多。
(3)对称性：绝对值相等的正、负误差出现的机会大致相等。
(4)抵消性：当观测次数无限增多时，偶然误差的算术平均值趋近于零，即

$$\lim_{n\to\infty}\frac{[\Delta]}{n}=0 \tag{5.2}$$

式中，$[\Delta]=\Delta_1+\Delta_2+\Delta_3+\cdots+\Delta_n$。

为了更直观地表示出误差的分布情况，还可以取误差 Δ 的大小为横坐标，取误差出现于各区间的频率(相对个数)除以区间的间隔值 $d\Delta$ 为纵坐标，建立坐标系并绘图，该图称为直方图，用直方图的形式来表示误差分布情况。图 5-1 形象地表示了该组误差的分布情况。当误差个数 $n\to\infty$ 时，如果把误差间隔 $d\Delta$ 无限缩小，则图 5-1 中的各长方形顶点折线就变成了一条光滑的曲线，如图 5-2 所示。该曲线称为误差分布曲线，即正态分布曲线。图中曲线形状越陡峭，表示误差分布越密集，观测质量越高；曲线越平缓，表示误差分布越离散，观测质量越低。

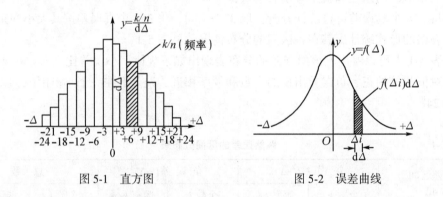

图 5-1 直方图　　　图 5-2 误差曲线

误差分布曲线的方程为：

$$f(\Delta)=\frac{1}{\sqrt{2\pi}\,\sigma}e^{-\frac{\Delta^2}{2\sigma^2}} \tag{5.3}$$

式中，π 为圆周率，e 为自然对数的底，σ 为标准偏差。

从正态分布图中可以看出，曲线中间高、两端低，表明小误差出现的可能性大，大误差出现的可能性小；曲线对称，表明绝对值相等的正、负误差出现的机会均等；曲线以横轴为渐近线，即最大误差不会超过一定限值。

任务 5.1 测试题

任务 5.2　衡量精度的指标

在测量工作中，观测质量是有优劣的，也就是精度有高有低。所谓精度，就是指误差分布的密集或离散的程度。为了衡量观测精度的高低，需要建立衡量精度的统一标准。

测量中常用的评定精度的指标有：中误差、相对中误差和极限误差(允许误差)等。

一、中误差

任务 5.2 课件浏览

在相同的观测条件下，对某量进行了 n 次观测，其观测值为 l_1, l_2, …, l_n，相应的真误差为 Δ_1, Δ_2, …, Δ_n，则各个真误差平方和的平均值的平方根，称为中误差，通常用 m 表示，即

$$m = \pm\sqrt{\frac{\Delta_1^2+\Delta_2^2+\cdots+\Delta_n^2}{n}} = \pm\sqrt{\frac{[\Delta\Delta]}{n}} \tag{5.4}$$

m 值越大，精度越低；m 值越小，则精度越高。

【案例 5.1】 对某三角形内角之和观测了 5 次，与 180°相比较其误差分别为 +5″，-2″，0″，-4″，+2″，求观测值的中误差。

解： $m = \pm\sqrt{\dfrac{[\Delta\Delta]}{n}} \pm \sqrt{\dfrac{(+5)^2+(-2)^2+0^2+(-4)^2+(+2)^2}{5}} = \pm\sqrt{\dfrac{49}{5}} = \pm 3.1''$

【案例 5.2】 对某三角形内角之和分别由两组各作了 10 次等精度观测，其真误差如下，求其中误差，并比较两组的精度。

第一组：-5″，-3″，+2″，+4″，-1″，0″，-4″，+3″，+1″，-3″；
第二组：-1″，+1″，-8″，-2″，-1″，+1″，+7″，0″，+3″，-1″。

解： $m_1 = \pm\sqrt{\dfrac{25+9+4+16+1+0+16+9+1+9}{10}} = \pm 3.0''$

$m_2 = \pm\sqrt{\dfrac{1+1+64+4+1+1+49+0+9+1}{10}} = \pm 3.6''$

因为 $m_1 < m_2$，所以第一组的观测精度高于第二组的观测精度。

二、相对中误差

当观测误差与观测值的大小有关时，单靠中误差还不能完全反映观测精度的高低。例如，用钢尺丈量了 100m 及 500m 两段距离，观测值中误差均为 ±0.02m，虽然两者的中误差相同，但就单位长度的测量精度而言，两者并不是相同的，显然前者的相对精度比后者要低。因此，在评定测距的精度时，通常是采用相对中误差。

相对中误差是观测值中误差的绝对值与观测值之比，通常化成分子为 1 的分数式：

$$K = \frac{|中误差|}{观测值} = \frac{|m|}{L} = \frac{1}{\dfrac{L}{|m|}} \tag{5.5}$$

在上述两段测距中，相对中误差分别为：

$$K_1 = \frac{1}{5000}, \quad K_2 = \frac{1}{25000}$$

显然，500m 的长度相对中误差小于 100m 长度的相对中误差，500m 段观测的精度高一些。

三、极限误差

极限误差是一定观测条件下规定的测量误差的限值,也称为允(容)许误差或限差。在测量工作中,如果观测误差绝对值小于允许误差,则认为该观测值合格;如果测量误差的绝对值大于允许误差,就认为观测值质量不合格。

任务 5.2 测试题

根据数理统计资料可知:大于一倍中误差的偶然误差出现的可能性约为32%,大于两倍中误差的偶然误差出现的可能性约为5%,大于三倍中误差的偶然误差出现的可能性约为0.3%。这个规律就是确定允许误差的依据。在实际测量工作中,测量的次数总是不会太多的,因此认为大于三倍中误差的偶然误差极少。

所以通常以三倍中误差作为偶然误差的极限值,即

$$\Delta_{\text{限}} = 3m \tag{5.6}$$

当要求较高时,也常采用两倍中误差作为极限误差,即

$$\Delta_{\text{限}} = 2m \tag{5.7}$$

任务 5.3 误差传播定律

在实际测量中,有些未知量往往不是直接测量得到的,而是通过观测其他一些相关的量后间接计算出来的。这些量称为间接观测值。间接观测值是直接观测值的函数。因为直接观测值含有误差,所以其函数也一定存在误差。阐述观测值中误差与其函数中误差之间关系的定律称误差传播定律。

下面就具体推导误差传播定律的公式形式:

一、观测值线性函数的中误差

任务 5.3 课件浏览

设有线性函数:

$$Z = k_1 x_1 \pm k_2 x_2 \pm \cdots \pm k_n x_n \tag{5.8}$$

式中,k_1,k_2,$\cdots$,k_n 为常数系数,x_1,x_2,$\cdots$,x_n 为独立观测值,其中误差分别为 m_{x_1},m_{x_2},$\cdots$,m_{x_n}。

设观测值 x_1,x_2,$\cdots$,x_n 的真误差为 Δx_1,Δx_2,$\cdots$,Δx_n,由这些真误差所引起的函数 Z 的真误差为 ΔZ,则有:

$$Z + \Delta Z = k_1(x_1 + \Delta x_1) \pm k_2(x_2 + \Delta x_2) \pm \cdots \pm k_n(x_n + \Delta x_n) \tag{5.9}$$

将式(5.8)代入式(5.9),得:

$$\Delta Z = k_1 \Delta x_1 \pm k_2 \Delta x_2 \pm \cdots \pm k_n \Delta x_n \tag{5.10}$$

如果对观测值 x_1,x_2,$\cdots$,x_n 进行了 n 次等精度观测,则有:

$$\Delta Z_1 = k_1 \Delta x_{11} \pm k_2 \Delta x_{21} \pm \cdots \pm k_n \Delta x_{n1}$$
$$\Delta Z_2 = k_1 \Delta x_{12} \pm k_2 \Delta x_{22} \pm \cdots \pm k_n \Delta x_{n2}$$
$$\vdots$$
$$\Delta Z_n = k_1 \Delta x_{1n} \pm k_2 \Delta x_{2n} \pm \cdots \pm k_n \Delta x_{nn}$$

把以上各式两边平方，相加后再除以 n 得：

$$\frac{[\Delta Z^2]}{n}=k_1^2\frac{[\Delta x_1^2]}{n}+k_2^2\frac{[\Delta x_2^2]}{n}+\cdots+k_n^2\frac{[\Delta x_n^2]}{n}\pm 2k_1k_2\frac{[\Delta x_1\Delta x_2]}{n}\pm 2k_2k_3\frac{[\Delta x_2\Delta x_3]}{n}\pm\cdots$$

根据偶然误差的第(4)个特性，上式可写成：

$$\frac{[\Delta Z^2]}{n}=k_1^2\frac{[\Delta x_1^2]}{n}+k_2^2\frac{[\Delta x_2^2]}{n}+\cdots+k_n^2\frac{[\Delta x_n^2]}{n}$$

根据中误差的定义，则有：

$$m_z^2=k_1^2m_{x_1}^2+k_2^2m_{x_2}^2+\cdots+k_n^2m_{x_n}^2$$

$$m_z=\pm\sqrt{k_1^2m_{x_1}^2+k_2^2m_{x_2}^2+\cdots+k_n^2m_{x_n}^2} \tag{5.11}$$

【案例 5.3】 在水准测量中，若水准尺上每次读数中误差为±2.0mm，则每站高差中误差是多少？

解：$h=a-b$

$$m_h=\pm\sqrt{m_a^2+m_b^2}=\pm\sqrt{2.0^2+2.0^2}=\pm 2.8(\text{mm})$$

【案例 5.4】 在1:1000地形图上，量得某段距离 $d=32.2\text{cm}$，其测量中误差 $m_d=\pm 0.1\text{cm}$，求该段距离的实际长度和中误差。

解：$D=Md=1000\times 32.2=32200(\text{cm})=322(\text{m})$

$m_D=Mm_d=\pm 1000\times 0.1=\pm 100(\text{cm})=\pm 1.0(\text{m})$

所以实际长度 $D=(322\pm 1.0)\text{m}$。

【案例 5.5】 用经纬仪观测某角四个测回，其观测值为 $L_1=60°30'36''$，$L_2=60°30'42''$，$L_3=60°30'24''$，$L_4=60°30'38''$，如果一测回测角的中误差为±6″，试求该角的中误差。

解：该角值的最后结果 β 就是四测回所测角值的算术平均值，即

$$\beta=\frac{L_1+L_2+L_3+L_4}{4}$$

则

$$m_\beta=\pm\sqrt{\frac{4\times 6^2}{4^2}}=\pm 3''$$

二、观测值非线性函数的中误差

设有函数：

$$Z=f(x_1,x_2,\cdots,x_n) \tag{5.12}$$

式中：$x_1,x_2,\cdots,x_n$ 为独立观测值，其中误差分别为 $m_{x_1},m_{x_2},\cdots,m_{x_n}$。

现要求函数 Z 的中误差，推导如下：

对函数取全微分，得

$$dZ=\frac{\partial f}{\partial x_1}dx_1+\frac{\partial f}{\partial x_2}dx_2+\cdots+\frac{\partial f}{\partial x_n}dx_n \tag{5.13}$$

设观测值 $x_1,x_2,\cdots,x_n$ 的真误差为 $\Delta x_1,\Delta x_2,\cdots,\Delta x_n$，由这些真误差所引起的函数 Z 的真误差为 ΔZ。由于真误差一般很小，式(5.13)可用下式代替，即

$$\Delta Z=\frac{\partial f}{\partial x_1}\Delta x_1+\frac{\partial f}{\partial x_2}\Delta x_2+\cdots+\frac{\partial f}{\partial x_n}\Delta x_n \tag{5.14}$$

式中：$\dfrac{\partial f}{\partial x}$ 为函数对自变量 x 的偏导数，当函数关系确定时，它们均为常数。

设 $\dfrac{\partial f}{\partial x_1}=k_1$，$\dfrac{\partial f}{\partial x_2}=k_2$，…，$\dfrac{\partial f}{\partial x_n}=k_n$，式（5.14）为线性函数的真误差关系式，则由式 (5.11) 可得

$$m_z^2 = k_1^2 m_{x_1}^2 + k_2^2 m_{x_2}^2 + \cdots + k_n^2 m_{x_n}^2$$

即

$$m_z = \pm \sqrt{\left(\dfrac{\partial f}{\partial x_1}\right)^2 m_{x_1}^2 + \left(\dfrac{\partial f}{\partial x_2}\right)^2 m_{x_2}^2 + \cdots + \left(\dfrac{\partial f}{\partial x_n}\right)^2 m_{x_n}^2} \tag{5.15}$$

通过以上推导可以看出，观测值线性函数中误差关系式是非线性函数中误差关系式的特殊形式。

【案例 5.6】 有一长方形，测得其长为 $32.41\pm0.02\mathrm{m}$，宽为 $24.36\pm0.01\mathrm{m}$。求该长方形的面积及其中误差。

解：设长为 a，宽为 b，面积为 S，则有：

$$S = ab = 32.41 \times 24.36 = 789.51(\mathrm{m}^2)$$

$$m_z = \pm \sqrt{\left(\dfrac{\partial S}{\partial a}\right)^2 m_a^2 + \left(\dfrac{\partial S}{\partial b}\right)^2 m_b^2} = \pm \sqrt{b^2 m_a^2 + a^2 m_b^2}$$

$$= \pm \sqrt{24.36^2 \times (\pm 0.02)^2 + 32.41^2 \times (\pm 0.01)^2} = \pm 0.59(\mathrm{m}^2)$$

所以，该长方形的面积为 $S=(789.51\pm0.59)\mathrm{m}^2$。

【案例 5.7】 $\Delta x = D\cos\alpha$，测得 $D=63.21\pm0.04\mathrm{m}$，$\alpha=20°30'00''\pm12''$，试求相应 Δx 的值及其中误差。

解：$\Delta x = D\cos\alpha$

$$m_{\Delta x} = \pm \sqrt{\left(\dfrac{\partial \Delta x}{\partial D}\right)^2 m_D^2 + \left(\dfrac{\partial \Delta x}{\partial \alpha}\right)^2 \left(\dfrac{m_\alpha}{\rho}\right)^2} = \pm \sqrt{\cos^2\alpha \, m_D^2 + (-D\sin\alpha)^2 \left(\dfrac{m_\alpha}{\rho}\right)^2}$$

$$= \pm \sqrt{\cos^2 20°30'00'' \times 0.04^2 + (-63.21\sin 20°30'00'')^2 \times \left(\dfrac{12}{206265}\right)^2}$$

$$= \pm 0.0375(\mathrm{m})$$

在计算中，$\dfrac{m_\alpha}{\rho}$ 是将角值化为弧度，$\rho = \dfrac{360°}{2\pi} = 57.3° = 3438' = 206265''$。

三、应用误差传播定律求观测值函数的中误差的计算步骤

（1）根据题意，列出具体的函数关系式 $Z=f(x_1,x_2,\cdots,x_n)$。

（2）如果函数是非线性的，则对各观测值求偏导数 $\dfrac{\partial f}{\partial x_1}$，$\dfrac{\partial f}{\partial x_2}$，…，$\dfrac{\partial f}{\partial x_n}$。

（3）写出函数中误差与观测值中误差的关系式：

$$m_z = \pm \sqrt{\left(\dfrac{\partial f}{\partial x_1}\right)^2 m_{x_1}^2 + \left(\dfrac{\partial f}{\partial x_2}\right)^2 m_{x_2}^2 + \cdots + \left(\dfrac{\partial f}{\partial x_n}\right)^2 m_{x_n}^2}$$

（4）代入已知数据，计算相应函数值的中误差。

任务 5.3 测试题

【项目小结】

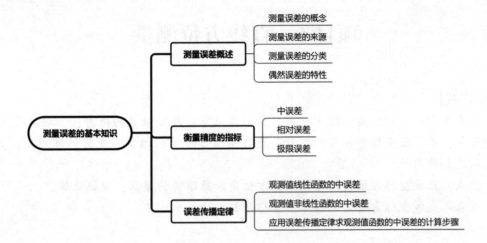

【习题】

1. 测量误差的来源有哪几个方面？
2. 系统误差和偶然误差有什么区别？偶然误差有什么特性？
3. 什么叫中误差？什么叫相对中误差？什么叫极限误差？
4. 已知一测回测角中误差为±9″，欲使测角精度达到±2″，问至少需要几个测回？
5. 用钢尺进行距离丈量，共量了5个尺段，若每尺段丈量的中误差均为±2mm，问全长的中误差是多少？
6. 设有一 n 边形，每个内角的测角中误差均为±12″，求该 n 边形内角和闭合差的中误差。
7. 已知五边形各内角的测角中误差为±18″，允许误差为中误差的两倍，求该五边形内角和闭合差的允许误差。
8. 若水准测量中每公里观测高差的精度相同，则 K km 观测高差的中误差是多少？若每测站观测高差的精度相同，则 n 个测站观测高差的中误差是多少？

项目6 直线方位测量

【主要内容】

标准方向；真方位角、磁方位角、坐标方位角以及象限角的概念；三种方位角之间的关系；正、反坐标方位角的概念；直线坐标方位角的推算；坐标计算原理；罗盘仪的构造和使用等。

重点：正反坐标方位角换算；坐标方位角和象限角的换算；坐标正算。

难点：直线坐标方位角的推算；坐标反算。

【学习目标】

知识目标	能力目标
1. 了解直线方向的表示方法； 2. 了解三种方位角之间的关系； 3. 掌握坐标方位角的推算公式； 4. 掌握坐标正、反算的基本方法； 5. 掌握罗盘仪的使用方法。	1. 能计算直线的正、反坐标方位角； 2. 能进行坐标方位角的推算； 3. 能进行坐标正算、坐标反算； 4. 会使用罗盘仪测定直线的磁方位角。

【思政目标】

通过学习坐标方位角的推算以及坐标正算和坐标反算，培养学生科学严谨、耐心细致的学习态度，明白一分一毫的坐标误差都会造成不可估量的工程建设损失，培养学生具备良好的职业素养和责任心，提升学生学习的使命感。

任务6.1 直线定向

在测量工作中常要确定地面上两点间的平面位置关系，要确定这种关系除了需要测量两点之间的水平距离以外，还必须确定该两点所连直线的方向。在测量上，直线的方向是根据某一标准方向（也称基本方向）来确定的，确定一条直线与标准方向间的关系称为直线定向。通常用直线与标准方向间的水平角来表示。

任务6.1 课件浏览

一、标准方向的种类

（一）真子午线方向

通过地球表面上某点的真子午线的切线方向称为该点的真子午线方向，真子午线方向可通过天文观测、陀螺经纬仪测量来测定。

（二）磁子午线方向

通过地球表面上某点的磁子午线的切线方向称为该点的磁子午线方向。磁针静止时所指的方向即为磁子午线方向，它是用罗盘来测定的。

（三）坐标纵轴方向

我国采用高斯平面直角坐标系，其每一投影带中央子午线的投影为坐标纵轴方向，即 X 轴方向，坐标纵轴方向处处平行于中央子午线。

测量中常用这三个方向作为直线定向的标准方向，即所谓的三北方向，如图 6-1 所示。

二、表示直线方向的方法

测量工作中，常用方位角来表示直线的方向。从标准方向的北端顺时针方向量至某直线的水平夹角，称为该直线的方位角，范围是 0°～360°。

根据标准方向的不同，方位角又分为真方位角、磁方位角和坐标方位角三种。

1. 真方位角

从真子午线方向的北端起顺时针方向量到某直线的水平角，称为该直线的真方位角，用 $A_{真}$ 表示。

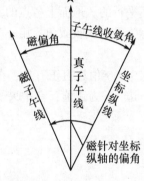

图 6-1　三北方向

2. 磁方位角

从磁子午线方向的北端起顺时针方向量到某直线的水平角，称为该直线的磁方位角，用 $A_{磁}$ 表示。

3. 坐标方位角

从坐标纵轴的北端起顺时针方向量到某直线的水平角，称为该直线的坐标方位角，一般用 α 表示（以后在不加说明的情况下，方位角均指坐标方位角）。

三、几种方位角之间的关系

（一）真方位角与磁方位角之间的关系

由于磁南北极与地球的南北极不重合，因此过地球上某点的真子午线与磁子午线不重合，同一点的磁子午线方向偏离真子午线方向某一个角度称为磁偏角，用 δ 表示，如图 6-2 所示。真方位角与磁方位角之间存在下列关系：

$$A_{真} = A_{磁} + \delta \tag{6.1}$$

式中，磁偏角 δ 值，东偏取正，西偏取负。我国的磁偏角的变化在 $-10°\sim+6°$ 之间。

（二）真方位角与坐标方位角之间的关系

赤道上各点的真子午线相互平行，地面上其他各点的真子午线都收敛于地球两极，是

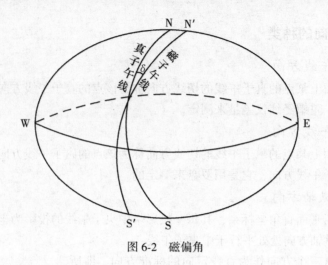

图 6-2 磁偏角

不平行的。地面上各点的真子午线北方向与坐标纵线(中央子午线)北方向之间的夹角,称为子午线收敛角,用 γ 表示。真方位角与坐标方位角的关系式如下:

$$A_{真}=\alpha+\gamma \tag{6.2}$$

式中,γ 值亦有正有负,在中央子午线以东地区,各点的坐标纵线北方向偏在真子午线的东边,γ 为正值;在中央子午线以西地区,则 γ 为负值,如图 6-3 所示。

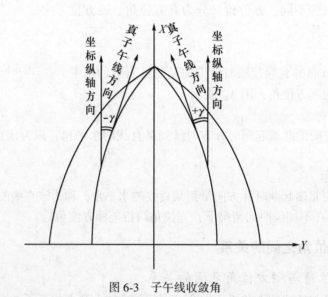

图 6-3 子午线收敛角

(三)坐标方位角与磁方位角之间的关系

已知某点的子午线收敛角 γ 和磁偏角 δ,则坐标方位角与磁方位角之间的关系为:

$$\alpha=A_{磁}+\delta-\gamma \tag{6.3}$$

任务 6.1 测试题

任务6.2 坐标方位角的推算

任务6.2 课件浏览

一、正、反坐标方位角

测量工作中的直线都是具有一定方向的，一条直线存在正、反两个方向，如图6-4所示。就直线 AB 而言，点 A 是起点，B 点是终点。通过起点 A 的坐标纵轴北方向与直线 AB 所夹的坐标方位角 α_{AB} 称为直线 AB 的正坐标方位角；过终点 B 的坐标纵轴北方向与直线 BA 所夹的坐标方位角 α_{AB}，称为直线 AB 的反坐标方位角（是直线 BA 的正坐标方位角）。正、反坐标方位角互差 180°，即

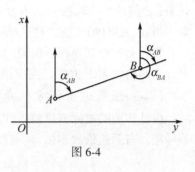

图 6-4

$$\alpha_{正} = \alpha_{反} \pm 180° \quad (6.4)$$

二、坐标方位角的推算

测量工作中并不直接测定每条直线的坐标方位角，而是通过与已知点的联测，由各相邻边构成的角度经计算求得各边的坐标方位角。如图6-5所示，通过已知坐标方位角和观测的水平角来推算出各边的坐标方位角。在推算时水平角 β 有左角和右角之分，图中沿前进方向 A→B→C→D→E 左侧的水平角称为左角，沿前进方向右侧的水平角称为右角。

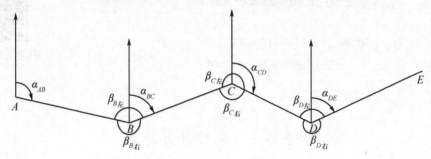

图 6-5 坐标方位角推算

（一）相邻边坐标方位角的推算

设 α_{AB} 为已知起始方位角，各转折角为左角。从图6-5中可以看出：每一边的正、反坐标方位角相差 180°，则有：

$$\alpha_{BC} = \alpha_{AB} + \beta_{B左} - 180° \quad (6.5)$$

同理有：

$$\alpha_{CD} = \alpha_{BC} + \beta_{C左} - 180° \quad (6.6)$$

$$\alpha_{DE} = \alpha_{CD} + \beta_{D左} - 180° \quad (6.7)$$

由此可知，按线路前进方向，由后一边的已知方位角和左角推算线路前一边的坐标方

位角的计算公式为：

$$\alpha_前 = \alpha_后 + \beta_左 - 180° \tag{6.8}$$

根据左右角间的关系，将 $\beta_左 = 360° - \beta_右$ 代入式(6.8)，则有：

$$\alpha_前 = \alpha_后 - \beta_右 + 180° \tag{6.9}$$

综合式(6.8)和式(6.9)可得：

$$\alpha_前 = \alpha_后 \pm \beta \pm 180° \tag{6.10}$$

式中，β 前的"±"取法为：当 β 为左角时取"+"，β 为右角时取"−"；180°前的"±"取法为：当 $\alpha_后 \pm \beta < 180°$ 时取"+"，当 $\alpha_后 \pm \beta > 180°$ 时取"−"。

实际上，根据坐标方位角的范围 0°~360°，180°前的"±"可以任意取"+"或"−"，如果计算的角值大于 360°，则应该减去 360°；如果计算的角值为负，则应该加上 360°。

（二）任意边坐标方位角的推算

由已知边的坐标方位角，推算某一边的坐标方位角，将式(6.5)、式(6.6)、式(6.7)等号左、右两边依次相加，一直加到所求的终边（将所求的边看作是终边）。可得：

$$\alpha_终 = \alpha_始 \pm \sum \beta \pm n \times 180° \tag{6.11}$$

式(6.11)即为坐标方位角计算公式的通式。式中，$\pm\beta$ 的"±"取法为：β 为左角时取"+"，β 为右角时取"−"；n 是转折角的个数，"±"可任取"+"或"−"，但要注意在最后的结果中根据方位角的范围进行加上或减去若干个 360°的计算，使方位角在 0°~360°范围内。

【案例 6.1】 在图 6-5 中，已知 $\alpha_{AB}=30°$，$\beta_{B左}=120°$，$\beta_{C左}=210°$，$\beta_{D左}=100°$，根据式(6.11)，得：

$$\alpha_{DE} = 30° + 120° + 210° + 100° + 3 \times 180° = 1000°,$$
$$\text{化为：} 1000° - 2 \times 360° = 280°$$

或

$$\alpha_{DE} = 30° + 120° + 210° + 100° - 3 \times 180° = -80°,$$
$$\text{化为：} -80° + 360° = 280°$$

所以，$\alpha_{DE} = 280°$。

任务 6.2 测试题

任务 6.3　坐标计算原理

一、坐标正算

根据直线始点的坐标、直线的水平距离及其方位角计算直线终点的坐标，称为坐标正算。如图 6-6 所示，直线 AB 的始点 A 的坐标 (X_A, Y_A) 为已知，测得 AB 直线的水平距离 D_{AB} 和方位角 α_{AB}，则终点 B 的坐标 (X_B, Y_B) 可按下列步骤计算。

由图 6-6 可以看出 A、B 两点间纵横坐标增量分别为：

$$\left. \begin{array}{l} \Delta x_{AB} = D_{AB}\cos\alpha_{AB} \\ \Delta y_{AB} = D_{AB}\sin\alpha_{AB} \end{array} \right\} \tag{6.12}$$

任务 6.3 和任务 6.4
课件浏览

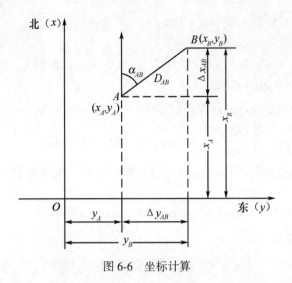

图 6-6 坐标计算

B 点的坐标计算式为：

$$\left.\begin{array}{l}x_B = x_A + \Delta x_{AB} = x_A + D_{AB}\cos\alpha_{AB} \\ y_B = y_A + \Delta y_{AB} = y_A + D_{AB}\sin\alpha_{AB}\end{array}\right\} \quad (6.13)$$

二、坐标反算

根据直线始点和终点的坐标，计算两点间的水平距离和该直线的坐标方位角，称为坐标反算。

如图 6-6 所示，A、B 两点的水平距离及方位角可按下列公式计算：

$$D_{AB} = \sqrt{\Delta x_{AB}^2 + \Delta y_{AB}^2} = \sqrt{(x_B - x_A)^2 + (y_B - y_A)^2} \quad (6.14)$$

$$\alpha_{AB} = \arctan\frac{\Delta y_{AB}}{\Delta x_{AB}} = \arctan\frac{y_B - y_A}{x_B - x_A} \quad (6.15)$$

根据式(6.15)计算所得的角值，需要进行象限的判别。

(1) 当 $\Delta x_{AB}>0$，$\Delta y_{AB}>0$ 时，α_{AB} 位于第Ⅰ象限内，在 0°~90°之间。计算的角值即为该方位角值。

(2) 当 $\Delta x_{AB}<0$，$\Delta y_{AB}>0$ 时，α_{AB} 位于第Ⅱ象限内，在 90°~180°之间。计算得到的负角值应加上 180°，即得所求方位角值。

(3) 当 $\Delta x_{AB}<0$，$\Delta y_{AB}<0$ 时，α_{AB} 位于第Ⅲ象限内，在 180°~270°之间。计算得到的正角值应加上 180°，即得所求方位角值。

(4) 当 $\Delta x_{AB}>0$，$\Delta y_{AB}<0$ 时，α_{AB} 位于第Ⅳ象限内，在 270°~360°之间。计算得到的负角值应加上 360°，即得所求方位角值。

如果先计算出坐标方位角值，也可用下式计算水平距离 D_{AB}。

$$D_{AB} = \frac{\Delta y_{AB}}{\sin\alpha_{AB}} = \frac{\Delta x_{AB}}{\cos\alpha_{AB}} \quad (6.16)$$

【案例 6.2】 已知 A 点的坐标为(541.25，685.37)，AB 边的边长为 75.25m，AB 边的坐标方位角 α_{AB} 为 50°30′，试求 B 点坐标。

解：$x_B = 541.25 + 75.25\cos 50°30' = 589.11$

$y_B = 685.37 + 75.25\sin 50°30' = 743.43$

【案例 6.3】 已知 A、B 两点的坐标为 $A(500.00, 850.87)$，$B(325.14, 983.65)$，试计算 AB 的边长及 AB 边的坐标方位角。

解：$D_{AB} = \sqrt{(325.14-500.00)^2 + (983.65-850.87)^2} = 219.56$

$\alpha_{AB} = \arctan\dfrac{983.65-850.87}{325.14-500.00} = \arctan(-0.76) = -37°14'05''$

由于 $\Delta x_{AB} < 0$，$\Delta y_{AB} > 0$，所以 α_{AB} 应为第Ⅱ象限的角，根据方位角的判别方法：

$\alpha_{AB} = -37°14'05'' + 180° = 142°45'55''$。

任务 6.3 测试题

任务 6.4　罗盘仪及其使用

一、罗盘仪的构造

罗盘仪是用来测定直线磁方位角的仪器。罗盘仪的种类很多，构造大同小异，由磁针、度盘和望远镜三部分构成。如图 6-7 所示是罗盘仪的一种。

磁针是由磁铁制成，当罗盘仪水平放置时，自由静止的磁针就指向南北极方向，即过测站点的磁子午线方向。一般在磁针的南端缠绕有细铜丝，这是因为我国位于地球的北半球，磁针的北端受磁力的影响下倾，缠绕铜丝可以保持磁针水平。罗盘仪的度盘按逆时针方向由 0°至 360°（如图 6-8 所示），每 10°有注记，最小分划为 1°或 30′，度盘 0°和 180°两

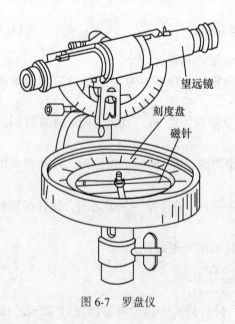

图 6-7　罗盘仪

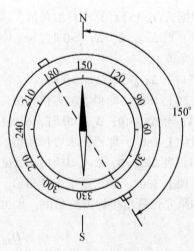

图 6-8　刻度盘

根刻划线与罗盘仪望远镜的视准轴一致。罗盘仪内装有两个相互垂直的长水准器，用于整平罗盘仪。

二、罗盘仪的使用

如图6-9所示，在直线的起点 A 安置罗盘仪，对中、整平后松开磁针固定螺丝，使磁针处于自由状态。用望远镜瞄准直线终点目标 B，待磁针静止后读取磁针北端所指的读数（图6-8中读数为150°），即为该直线的磁方位角。将罗盘仪安置在直线的另一端，按上述方法返测磁方位角进行检核，二者之差理论上应等于180°，若不超限，取平均值作为最后结果。

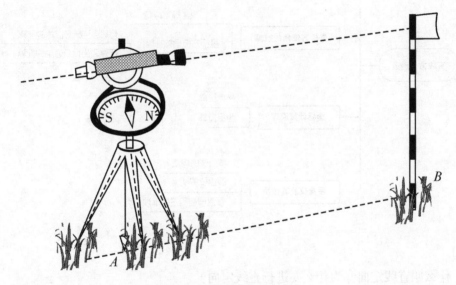

图6-9 罗盘仪测定磁方位角

三、罗盘仪使用时的注意事项

（1）罗盘仪须置平，磁针能自由转动。

（2）罗盘仪使用时应避开铁器、高压线、磁场等物质。

（3）观测结束后，必须旋紧顶起螺丝，将磁针顶起，以免磁针磨损，并保护磁针的灵活性。

任务6.4 测试题

【项目小结】

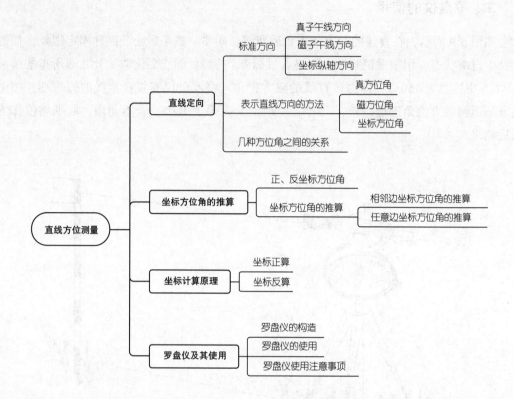

【习题】

1. 什么叫直线定向？为什么要进行直线定向？

2. 测量上作为定向依据的标准方向有几种？

3. 什么叫方位角？方位角有几种？它们之间的关系是什么？

4. 已知直线 AB 的坐标方位角为 60°30′，AB 直线的反方位角是多少？

5. 已知 A 点的坐标为 A(412.36，851.36)，AB 边的边长为 D_{AB} = 75.25m，AB 边的方位角为 α_{AB} = 120°20′，试求 B 点的坐标。

6. 已知 A 点的坐标为 A(500.25，850.74)，B 点的坐标为 B(215.45，1235.21)，试求 AB 边的边长 D_{AB} 及 AB 边的方位角 α_{AB}。

7. 怎样使用罗盘仪测定直线的磁方位角？

项目 7　小区域控制测量

【主要内容】

控制测量的概念和分类；国家基本平面控制网、城市及工程平面控制网、图根平面控制网；控制测量的常用方法；导线测量的外业工作及施测要求；导线测量内业成果计算方法；交会测量；三角高程测量等。

重点：导线测量的外业测量工作；导线测量内业计算，三角高程测量方法。

难点：闭合导线坐标计算；附合导线坐标计算；三角高程测量成果的计算。

【学习目标】

知识目标	能力目标
1. 掌握控制测量的概念和分类； 2. 了解国家平面控制网、城市和工程控制网，图根控制网； 3. 掌握导线测量外业工作的内容及施测要求； 4. 掌握导线测量内业成果计算方法； 5. 了解交会定点的基本知识； 6. 掌握三角高程测量原理； 7. 掌握三角高程测量的方法、计算及校核； 8. 理解地球曲率和大气折光对三角高程测量产生的影响。	1. 能根据工程情况选择合理的平面控制测量方法； 2. 能根据工程情况选择合理的导线布置形式； 3. 能进行导线选点布网以及外业观测； 4. 会闭合导线和附合导线的成果计算； 5. 会衡量导线测量的精度； 6. 能根据工程情况选择合理的高程控制测量方法； 7. 能进行三角高程测量的外业工作和内业计算。

【思政目标】

通过学习控制网的布设和分类，增强学生的爱国热情，深刻认识到测量工作对我国经济发展所作出的巨大贡献，形成强烈的民族自豪感；通过学习小区域控制测量的外业工作内容和内业计算方法，培养学生的团队合作意识、一丝不苟的工匠精神以及勇于面对挫折坚定必胜的信念。

任务 7.1　控制测量基本知识

任何测量工作均不可避免地存在误差，随着测量工作的开展，误差在测量数据的传递过程中不断积累，对测量成果准确性的影响越来越

任务 7.1 课件浏览

大，为了限制测量误差的传播，满足测图或施工的需要，必须遵循"从整体到局部，先控制后碎部"的原则，在测绘地形图或施工放样之前进行控制测量。

一、控制测量的基本概念

（1）控制点：在测区范围内选定一些对整体具有控制作用的点，称为控制点。

（2）控制网：将相关控制点联系起来，按一定的规律和要求构成网状几何图形，在测量上称为控制网，控制网分为平面控制网和高程控制网。

（3）控制测量：用精密仪器和严密的方法精确测定各控制点位置的工作称为控制测量。控制测量分为平面控制测量和高程控制测量。

二、国家基本控制网

我国地大物博，幅员辽阔，根据国家经济建设的需要，国家测绘部门在全国范围内进行了国家控制测量，为确定地球的形状和大小、地球重力场及地震监测等基础研究提供必要的资料、为空间科学和军事应用提供精确的点位依据，也为各种工程建设中的测量工作提供基础资料。

（一）平面控制网

建立国家平面控制网的常规方法有三角测量和精密导线测量。

三角测量是在地面上选择若干个控制点，把相邻互相通视的点连接起来组成一系列三角形（三角形的顶点称为三角点），观测三角形的三个内角，并精密测定一条或几条边（基线）的边长和方位角，应用三角公式解算出各三角形的边长，然后根据其中一点的已知坐标，计算出各三角点的坐标。三角形连接呈网状的称为三角网，如图7-1所示。连接成条状的称为三角锁，如图7-2所示。

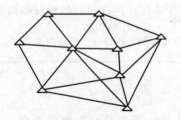

图7-1 三角网

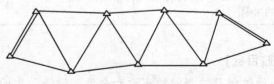

图7-2 三角锁

国家平面控制网按控制次序和施测精度分为一、二、三、四等，从高级到低级，逐级加密布置，如图7-3所示。一等三角锁是国家平面控制网的骨干；二等三角网布设在一等三角锁环内，形成国家平面控制网的全面基础；三、四等三角网作为二等三角网的进一步加密。各等级三角网的主要技术指标见表7-1。

导线测量是在地面上选择一系列控制点，将其依次连成折线（称为导线），观测各转折角（导线角）和各折线边（导线边）的边长，并测定起始边的方位角，然后根据已知点的坐标，计算各控制点（导线点）的坐标，如图7-4所示。图7-4(a)为单一导线，图7-4(b)为导线网。

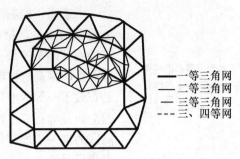

图 7-3　国家平面控制网

表 7-1　　　　　　　　　　全国三角网技术指标

等级	平均边长(km)	测角中误差(″)	三角形最大闭合差(″)	起始边相对中误差
一	20~25	±0.7	±2.5	1/350000
二	13 左右	±1.0	±3.5	1/250000
三	8 左右	±1.8	±7.0	1/150000
四	2~6	±2.5	±9.0	1/100000

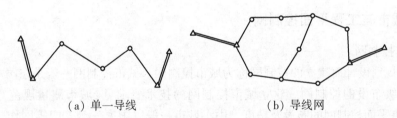

(a) 单一导线　　　　　　　　(b) 导线网

图 7-4　导线

精密导线也分为一、二、三、四共四个等级。一等导线一般沿经纬线或主要交通路线布设，纵横交叉构成较大的导线环；二等导线布设于一等导线环内；三、四等导线则是在一、二等导线的基础上加密而得。各级导线的主要技术指标见表 7-2。

表 7-2　　　　　　　　　　精密导线技术指标

等级	导线边长(km)	测角中误差(″)	导线节边数	边长测定相对中误差
一	10~30	±0.7	<7	1/250000
二	10~30	±1.0	<7	1/200000
三	7~20	±1.8	<20	1/150000
四	4~15	±2.5	<20	1/100000

（二）高程控制网

国家高程控制网是用精密的水准测量方法建立的。按其精度不同，可分为一、二、三、四共四个等级，如图7-5所示。一等水准网是国家高程控制网的骨干；二等水准网是布设于一等水准环内，是国家高程控制网的全面基础；三、四等水准网是国家高程控制网的进一步加密。各等水准测量的主要技术指标见表7-3。

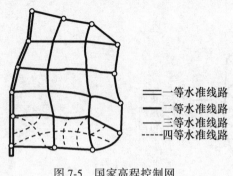

图 7-5　国家高程控制网

表 7-3　水准测量技术指标

等级	水准网环线周长（km）	附合线路长度（km）	每公里高差中数 偶然中误差（mm）	每公里高差中数 全中误差（mm）	线路闭合差（mm）
一	1000~2000		±0.5	±1.0	$±2\sqrt{L}$
二	500~750		±1.0	±2.0	$±4\sqrt{L}$
三	200	150	±3.0	±6.0	$±12\sqrt{L}$
四	100	80	±5.0	±10.0	$±20\sqrt{L}$

注：表中 L 为水准线路长度，以 km 为单位。

三、城市与工程平面控制网

1. 城市控制网

为城市规划设计而建立的控制网称为城市控制网。城市控制网一般是在国家基本控制网基础上分级布设的控制网。建立城市控制网的技术要求见《城市测量规范》(CJJ/T8—2011)。城市平面控制网的布设及精度，中小城市一般以国家三等、四等网作为首级控制网，面积较小的城市，可用四等或四等以下的小三角网或一级导线作为首级控制。城市平面控制网可布设成成三角网、精密导线网、GNSS网。三角网、边角网和GNSS网的精度等级依次为二等、三等、四等和一级、二级；导线网的精度等级依次为三等、四等和一级、二级、三级。

2. 工程控制网

为满足各类工程建设而建立的平面控制网称为工程平面控制网。建立工程控制网的技术要求见《工程测量标准》(GB 52006—2020)。

3. 图根平面控制网

直接为测图而建立的平面控制网称为图根平面控制网。组成图根控制网的控制点称为图根点。小测区建立图根控制网时，如测区内或测区外有国家控制点，应与国家控制点联测，将本测区纳入国家统一的坐标系统。如测区附近无国家控制点，或联测确有困难，可采用独立的坐标系统。

建立图根平面控制网的方法有图根导线测量和图根三角锁测量。局部地区也可采用全站仪极坐标法和交会定点法加密图根点。图根控制点的密度应根据地形条件和测图比例尺的大小而定，一般平坦开阔地区图根平面控制点的密度不宜小于表 7-4 的规定。

表 7-4　　　　　　　　　平坦开阔地区的图根点的密度

测图比例尺	1∶500	1∶1000	1∶2000	1∶5000
图根点密度(点/km²)	150	50	15	5
每幅图的控制点数	9	12	15	20

四、控制测量常用方法

平面控制测量常用的方法有三角测量、三边测量、边角测量、导线测量、GNSS 定位系统等。高程控制测量常用的方法有水准测量、三角高程测量和 GNSS 高程测量。随着科学技术的发展和现代化高新仪器设备的应用，三角测量这一传统定位技术将逐步被 GNSS 定位技术所代替。本项目主要介绍导线测量、交会定点等。GNSS 定位技术将在后续章节介绍。

任务 7.1 测试题

任务 7.2　导　线　测　量

一、导线测量概述

导线测量是平面控制测量的一种方法。其特点是布设灵活，要求通视方向少，边长直接测定，精度均匀，故常用于地物分布较复杂的城市地区或视线障碍较多的隐蔽地区和带状地区。根据测区的不同情况和要求，导线可以布设成以下三种形式。

任务 7.2 课件浏览

（一）闭合导线

如图 7-6 所示，导线从一已知高级控制点出发，经过若干未知点，仍回到原已知控制点，形成一个闭合多边形。这种布设形式，适合于方圆形地区。由于它本身具有严密的几何条件，故常用作独立测区的首级平面控制。

（二）附合导线

如图 7-7 所示，导线从一已知高级控制点出发，经过若干未知点，终止于另一已知高级控制点，组成一伸展的折线。这种布设形式，适合于具有高级控制点的带状地区。附合导线也具有检核观测成果的作用，常用于平面控制测量的加密。

（三）支导线

如图 7-8 所示，导线从一已知高级控制点出发，既不回到原已知高级控制点，又不附合到另一已知高级控制点，而形成自由延伸的折线。由于支导线缺乏检核条件，因此，其未知点数一般不得超过 2 个，并且需要往返测量，它仅用于测站点的加密。

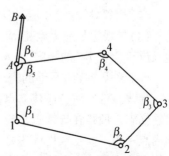

图 7-6　闭合导线

根据测区范围及精度要求，导线一般可分为一级导线、二级导线、三级导线和图根导线四个等级。各级导线测量的主要技术指标可参见表 7-5。

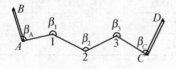

图 7-7　附合导线

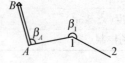

图 7-8　支导线

表 7-5　　　　　　　　　各级导线测量的主要技术指标

等级	导线长度(km)	平均边长(km)	测角中误差(″)	测回数 DJ$_6$	测回数 DJ$_2$	角度闭合差(″)	导线全长相对闭合差
一级	4	0.5	5	4	2	$10\sqrt{n}$	1/15000
二级	2.4	0.25	8	3	1	$16\sqrt{n}$	1/10000
三级	1.2	0.1	12	2	1	$24\sqrt{n}$	1/5000
图根	≤1.0M	1.5测图最大视距	20	1		$60\sqrt{n}$	1/2000

注：表中 n 为测角个数；M 为测图比例尺的分母。

二、导线测量的外业工作

导线测量的外业工作包括：踏勘选点(埋设标志)、角度测量、边长测量及导线定向。

(一)踏勘选点

在踏勘选点之前，应收集有关测量资料，包括测区和附近原有的各种比例尺地形图、控制点的坐标及高程等。然后，在已有的地形图上进行导线点位的设计，拟定布设方案。最后，到现场踏勘，按照实际情况对图上设计做必要的修改与调整，合理地选定导线点的位置。若测区内没有地形图，或测区范围较小，也可以直接到测区进行实地踏勘，直接拟定导线的路线形式及点位。

选点时，应注意下列事项：

(1)导线点应选在土质坚实、视野开阔处，便于安置仪器和地形图测绘。

(2)相邻导线点间应互相通视，便于观测水平角和测量边长。

(3)导线边长应大致相等，以减小观测水平角时望远镜因调焦而引起误差。导线平均边长应符合表 7-5 的规定。

(4)导线点应有足够的密度，分布较均匀，便于控制整个测区。

导线点选定后，应建立点位标志。导线点的标志有临时性标志和永久性标志两种。临时性标志一般是在导线点上打一木桩，桩顶钉一小钉；也可在水泥地面上用红漆圈一圆，圆内点一小点。永久性标志则是埋设混凝土桩或石柱，如图 7-9 所示，桩顶嵌入带有"十"字标志的金属；也可将标志直接嵌入水泥地面或岩石上。为了便于管理和使用，导线点要统一编号，并绘点之记，如图 7-10 所示。

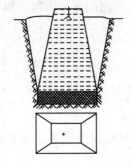

图 7-9　导线点位标志构造

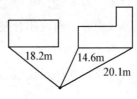

图 7-10　点之记

（二）水平角观测

导线的转折角用经纬仪按测回法观测。对于附合导线，一般观测其左角（即位于导线前进方向左侧的转折角）；对于闭合导线，常观测其内角；对于图根导线，一般用 DJ6 级经纬仪观测一个测回。盘左、盘右测得角度之差不得大于 40″，并取其平均值作为最后的角度值。

（三）边长测量

导线边长可以用钢尺丈量，也可以用光电测距仪测定。对于图根导线，如用钢尺往返丈量，其相对误差一般不得超过 1/2000，在特殊困难地区也不得超过 1/1000。

（四）导线定向

当导线与测区内已有控制点连接时，必须测出连接角（即导线边与已知边发生联系的角），如图 7-6 中的 β_0，图 7-7 中的 β_A、β_C。观测连接角时，一般应比转折角多测一个测回。如是独立导线，则可用罗盘仪测量导线起始边的磁方位角，并假定起始点的坐标作为起算数据。

三、导线测量的内业计算

导线内业计算之前，应全面检查导线测量外业记录，计算是否正确，成果是否符合要求，起算数据是否准确。同时绘制导线略图，并注明导线点点号和有关的边长、转折角、起始边方位角及已知点坐标。

由于导线角度测量和边长测量均不可避免地存在误差，使得某些量的推算值与已知值不符而产生闭合差，所以在导线内业计算中，应先计算有关闭合差，并合理地分配掉这些闭合差，最后计算出各导线点的坐标。

（一）闭合导线的内业计算

闭合导线是由导线点组成的闭合多边形，因而，它必须满足两个几何条件：一是多边形内角和条件；另一个是坐标条件。闭合导线的计算步骤如下：

1. 角度闭合差的计算和调整

由平面几何原理可知，n 边形闭合导线内角和的理论值为：

$$\sum \beta_{理} = (n-2) \times 180° \tag{7.1}$$

由于角度观测值中不可避免地含有测量误差，实测的 n 个内角之和 $\sum\beta_测$ 不一定等于其理论值 $\sum\beta_理$，而产生角度闭合差 f_β，即

$$f_\beta = \sum\beta_测 - \sum\beta_理 = \sum\beta_测 - (n-2)\times 180° \tag{7.2}$$

对于图根导线而言，角度闭合差的容许值一般为：

$$f_{\beta允} = \pm 60''\sqrt{n} \tag{7.3}$$

当 $|f_\beta| > |f_{\beta允}|$ 时，应分析、检查原始角度测量记录及计算，必要时应进行一定的重新观测。

当 $|f_\beta| \leq |f_{\beta允}|$ 时，可将角度闭合差反符号平均分配至各观测角中，每个观测角的改正数应为：

$$v_\beta = \frac{-f_\beta}{n} \tag{7.4}$$

如果 f_β 的数值不能被导线内角数整除而有余数时，可将余数人为地调整至短边的邻角上，使调整后的内角和等于 $\sum\beta_理$，而调整后的角度为：

$$\beta'_i = \beta_i + v_\beta \tag{7.5}$$

2. 导线各边坐标方位角的计算

根据已知边坐标方位角和调整后的角度，可按方位角的计算公式计算导线各边坐标方位角。

$$\alpha_前 = \alpha_后 \pm \beta \pm 180° \tag{7.6}$$

为了校核坐标方位角计算有无错误，应由最后一边的坐标方位角推算起始边的坐标方位角，其推算值应等于已知值。否则，应检查计算过程，加以纠正。

3. 坐标增量的计算

根据各边边长及坐标方位角，按坐标正算公式计算相邻两点间的纵、横坐标增量，即

$$\left.\begin{array}{l}\Delta x_{i(i+1)} = D_{i(i+1)}\cos\alpha_{i(i+1)}\\ \Delta y_{i(i+1)} = D_{i(i+1)}\sin\alpha_{i(i+1)}\end{array}\right\} \tag{7.7}$$

4. 坐标增量闭合差的计算及调整

由解析几何可知，闭合导线纵、横坐标增量代数和的理论值应等于零，即

$$\left.\begin{array}{l}\sum\Delta x_理 = 0\\ \sum\Delta y_理 = 0\end{array}\right\} \tag{7.8}$$

由于测边误差和角度闭合差调整后残余误差的影响，所计算的纵、横坐标增量的代数和 $\sum\Delta x_测$、$\sum\Delta y_测$ 不一定等于零，而产生纵、横坐标增量闭合差 f_x、f_y，即

$$\left.\begin{array}{l}f_x = \sum\Delta x_测\\ f_y = \sum\Delta y_测\end{array}\right\} \tag{7.9}$$

f_x、f_y 的存在，使得闭合导线不闭合，产生了一段距离 f_D（或 f_S）如图 7-11 所示，f_D 称为导线全长绝对闭合差。闭合导线全长绝对闭合差为：

$$f_D = \sqrt{f_x^2 + f_y^2} \qquad (7.10)$$

导线全长绝对闭合差主要是由量边误差引起，一般来说，导线愈长，全长绝对闭合差也愈大。通常，f_D 用导线全长绝对闭合差与导线全长 $\sum D$ 之比来衡量导线测量的精度，即计算导线全长相对闭合差 K。

$$K = \frac{f_D}{\sum D} = \frac{1}{\sum D / f_D} \qquad (7.11)$$

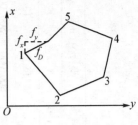

图 7-11 导线全长闭合差

若 K 值大于容许值，则说明观测成果不合格，应进行内业计算、外业观测检查，必要时要进行部分或全部重新观测。若 K 值不大于容许值，可将纵、横坐标增量闭合差反符号与边长成正比例分配到各坐标增量中。第 i、$(i+1)$ 点间的纵、横坐标增量 $\Delta x_{i(i+1)}$、$\Delta y_{i(i+1)}$ 的改正数 $v_{\Delta x_{i(i+1)}}$、$v_{\Delta y_{i(i+1)}}$ 为：

$$\left. \begin{array}{l} v_{\Delta x_{i(i+1)}} = \dfrac{-f_x}{\sum D} \times D_{i(i+1)} \\[6pt] v_{\Delta y_{i(i+1)}} = \dfrac{-f_y}{\sum D} \times D_{i(i+1)} \end{array} \right\} \qquad (7.12)$$

纵、横坐标增量改正数之和应满足下式：

$$\left. \begin{array}{l} \sum v_{\Delta x} = -f_x \\ \sum v_{\Delta y} = -f_y \end{array} \right\} \qquad (7.13)$$

而改正后的纵、横坐标增量为：

$$\left. \begin{array}{l} \Delta x'_{i(i+1)} = \Delta x_{i(i+1)} + v_{\Delta x_{i(i+1)}} \\ \Delta y'_{i(i+1)} = \Delta y_{i(i+1)} + v_{\Delta y_{i(i+1)}} \end{array} \right\} \qquad (7.14)$$

5. 导线点坐标的计算

根据起始点的已知坐标和改正后的坐标增量，按坐标正算有关公式逐点推算各导线点的坐标：

$$\left. \begin{array}{l} x_{(i+1)} = x_i + \Delta x'_{i(i+1)} \\ y_{(i+1)} = y_i + \Delta y'_{i(i+1)} \end{array} \right\} \qquad (7.15)$$

最后还应计算出起始点的坐标，其计算值应与原已知值相等，否则说明计算有误。

【案例 7.1】 图 7-12 为一独立闭合导线，已知 A 点的坐标为 $A(800.000,500.000)$，起始边坐标方位角、角度及边长观测值均标注于图中，试计算其他各导线点的坐标。

计算过程和结果详见表 7-6。

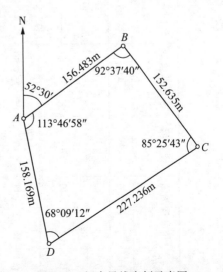

图 7-12 闭合导线案例示意图

表 7-6　　闭合导线坐标计算表

测站	角度观测值 ° ′ ″	改正值 ″	改正后角值 ° ′ ″	坐标方位角 ° ′ ″	边长 (m)	坐标增量(m)(改正数) ΔX	ΔY	改正后坐标增量(m) ΔX'	ΔY'	坐标值(m) X	Y
1	2	3	4	5	6	7	8	9	10	11	12
A										800.000	500.000
				52 30 00	156.483	−0.015 +95.261	−0.037 +124.146	+95.246	+124.109		
B	92 37 40	+7	92 37 47							895.246	624.109
				139 52 13	152.635	−0.014 −116.703	−0.036 +98.376	−116.717	+98.340		
C	85 25 43	+7	85 25 50							778.529	722.449
				234 26 23	227.236	−0.022 −132.151	−0.054 −184.857	−132.173	−184.911		
D	68 09 12	+6	68 09 18							646.356	537.538
				346 17 05	158.169	−0.015 +153.659	−0.037 −37.501	+153.644	−37.538		
A	113 46 58	+7	113 47 05							800.000	500.000
				52 30 00							
B											
∑	359 59 33	+27	360 00 00		694.523	+0.066	+0.164	0	0		

辅助计算　　$f_\beta = -27''$　　$f_{\beta容} = \pm 60''\sqrt{4} = \pm 120''$　　$\sum D = 694.523\text{m}$　　$f_x = +0.066\text{m}$　　$f_y = +0.164\text{m}$

$f = \sqrt{f_x^2 + f_y^2} = 0.177\text{m}$　　$K = \dfrac{f}{\sum D} = \dfrac{1}{3924}$

（二）附合导线的内业计算

附合导线的坐标计算步骤与闭合导线相同。由于附合导线不构成封闭的平面几何图形，其角度闭合差的计算及纵、横坐标增量闭合差的计算与闭合导线计算有所不同。下面仅介绍这两个不同部分的计算方法。

1. 角度闭合差的计算

附合导线是附合在两个已知高级控制点上的一段折线。如图 7-13 所示，A、B、C、D 均为已知控制点，其坐标方位角 α_{AB}、α_{CD} 为已知，由式（6.11）可知终边的坐标方位角 $\alpha_{CD测}$：

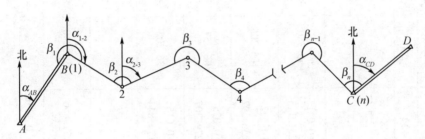

图 7-13　附合导线计算

$$\alpha_{CD测} = \alpha_{AB} \pm \sum \beta \pm n \times 180° \tag{7.16}$$

式中，n 为测角个数，计算所得的角值应减去若干个 360°。

由于角度观测值存在误差，则由角度观测值所推算的 $\alpha_{CD测}$ 与已知 α_{CD} 不相等，而产生了角度闭合差 f_β，即

$$f_\beta = \alpha_{CD测} - \alpha_{CD} = \alpha_{AB} + n \times 180° + \sum \beta - \alpha_{CD} \tag{7.17}$$

与闭合导线相同，仍规定附合导线角度闭合差的容许值如式（7.3）。若 $|f_\beta| \leq |f_{\beta允}|$，则将角度闭合差反符号平均分配给各观测角。

2. 坐标增量闭合差的计算

附合导线起点、终点均为已知高级控制点，其纵、横坐标差为：

$$\left. \begin{array}{l} \sum \Delta x_{理} = x_C - x_B \\ \sum \Delta y_{理} = y_C - y_B \end{array} \right\} \tag{7.18}$$

由于调整后的各转折角和实测的各导线边长均含有误差，其坐标增量代数和与理论坐标差不相符合，而产生纵、横坐标增量闭合差，即

$$\left. \begin{array}{l} f_x = \sum \Delta x - (x_C - x_B) \\ f_y = \sum \Delta y - (y_C - y_B) \end{array} \right\} \tag{7.19}$$

附合导线全长绝对闭合差、全长相对闭合差、容许相对闭合差以及坐标增量闭合差的调整、导线点坐标的计算与闭合导线计算相同。

【案例 7.2】　图 7-14 为一附合导线，A、B、C、D 为已知控制点，B、C 两点的坐标为 $B(1944.540, 2053.860)$，$C(2138.380, 2975.800)$，坐标方位角 α_{AB}、α_{CD} 以及其他观测数据均标注于图中，试计算其他各导线点的坐标。

项目7 小区域控制测量

表7-7　　　　　　　　　　　附合导线坐标计算表

测站	角度观测值 ° ′ ″	改正值 ″	改正后角值 ° ′ ″	方位角 ° ′ ″	边长 (m)	坐标增量(m)(改正数) ΔX	ΔY	改正后坐标增量(m) ΔX′	ΔY′	坐标值(m) X	Y
1	2	3	4	5	6	7	8	9	10	11	12
A				18 38 30							
B	237 10 38	−12	237 10 26		238.381	−0.034 +58.414	+0.021 +231.113	+58.380	+231.134	1944.540	2053.860
1	170 12 25	−11	170 12 14	75 48 56	258.943	−0.036 +105.241	+0.022 +236.592	+105.205	+236.614	2002.920	2284.994
2	190 35 31	−11	190 35 20	66 01 10	287.114	−0.040 +66.497	+0.025 +279.307	+66.457	+279.332	2108.125	2521.608
3	205 05 06	−12	205 04 54	76 36 30	178.547	−0.025 −36.177	+0.016 +174.844	−36.202	+174.860	2174.582	2800.940
C	38 20 18	−12	38 20 06	101 41 24						2138.380	2975.800
D				320 01 30							
Σ	841 23 58	−58	841 23 00		962.985	+193.975	+921.856	+193.840	+921.940		

辅助计算　$f_\beta = +58''$　　$f_{\beta容} = \pm 60''\sqrt{5} = \pm 134''$　　$\sum D = 962.985\text{m}$　　$f_x = +0.135\text{m}$　　$f_y = -0.084\text{m}$

$f = \sqrt{f_x^2 + f_y^2} = 0.159\text{m}$　　$K = \dfrac{f}{\sum D} = \dfrac{1}{6056}$

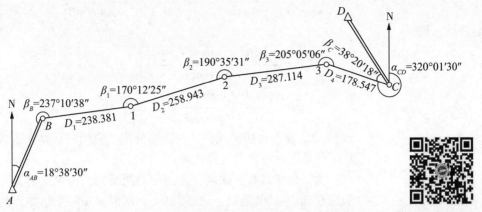

图 7-14 附合导线案例示意图

计算过程和结果详见表 7-7。

任务 7.3 交会定点

交会定点是平面控制测量中用于加密控制点的一种方法,适用于少量控制点的加密,方法主要有测角交会和测边交会。测角交会定点的方法主要有:前方交会、侧方交会和后方交会等。

一、前方交会

如图 7-15 所示,在两个已知控制点 A 和 B 上,分别安置仪器测定两水平角 α 和 β,以计算待定点 P 的坐标。这种方法称为前方交会,按坐标正算公式,有

$$\left. \begin{array}{l} x_P = x_A + D_{AP}\cos\alpha_{AP} \\ y_P = y_A + D_{AP}\sin\alpha_{AP} \end{array} \right\} \quad (7.20)$$

因为

$$\alpha_{AP} = \alpha_{AB} - \alpha$$

$$D_{AP} = \frac{D_{AB}}{\sin[180°-(\alpha+\beta)]}\sin\beta$$

则

图 7-15 前方交会

$$\left. \begin{array}{l} x_P = x_A + \dfrac{D_{AB}\sin\beta}{\sin[180°-(\alpha+\beta)]}\cos(\alpha_{AB}-\alpha) \\ y_P = y_A + \dfrac{D_{AB}\sin\beta}{\sin[180°-(\alpha+\beta)]}\sin(\alpha_{AB}-\alpha) \end{array} \right\} \quad (7.21)$$

亦即

$$x_P = x_A + \frac{D_{AB}\cos\alpha_{AB}\sin\beta\cos\alpha + D_{AB}\sin\alpha_{AB}\sin\alpha\sin\beta}{\sin\alpha\cos\beta + \cos\alpha\sin\beta} = x_A + \frac{\Delta x_{AB}\cot\alpha + \Delta y_{AB}}{\cot\alpha + \cot\beta}$$

$$y_P = y_A + \frac{D_{AB}\sin\alpha_{AB}\sin\beta\cos\alpha - D_{AB}\cos\alpha_{AB}\sin\beta\sin\alpha}{\sin\alpha\cos\beta+\cos\alpha\sin\beta} = y_A + \frac{\Delta_{AB}\cot\alpha - \Delta x_{AB}}{\cot\alpha+\cot\beta}$$

经整理后，得

$$\left. \begin{aligned} x_P &= \frac{x_A\cot\beta + x_B\cot\alpha + (y_B - y_A)}{\cot\alpha + \cot\beta} \\ y_P &= \frac{y_A\cot\beta + y_B\cot\alpha + (x_A - x_B)}{\cot\alpha + \cot\beta} \end{aligned} \right\} \quad (7.22)$$

式(7.22)称为余切公式，又叫戎格公式。应用时，要注意 A、B、P 三点是按逆时针方向排列的。

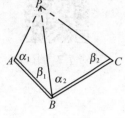

图 7-16 三点前方交会

为了便于检核，提高待定点的观测精度，待定点的交会角一般应在 30°～150° 之间，最好为 90°；同时采用三个已知点的前方交会图形，如图 7-16 所示，即在三个已知点上设站，观测两组角值 α_1、β_1 和 α_2、β_2，构成两组前方交会，分组计算待定点 P 的坐标。设两组坐标分别为 x'_P、y'_P 和 x''_P、y''_P，由于测量误差的存在，两组坐标并不相等，其纵、横坐标较差为：

$$\left. \begin{aligned} f_x &= x'_P - x''_P \\ f_y &= y'_P - y''_P \end{aligned} \right\} \quad (7.23)$$

而点位误差为：

$$f_P = \sqrt{f_x^2 + f_y^2} \quad (7.24)$$

若 f_P 不大于 $2 \times 0.1M$ mm 或 $3 \times 0.1M$ mm（M 为测图比例尺分母），则取其平均值作为 P 点的最后坐标。计算示例见表 7-8。

表 7-8 前方交会计算表

略图与公式									
已知数据	x_A	8020.40	y_A	4465.10	x_B	7885.71	y_B	4923.13
	x_B	7885.71	y_B	4923.13	x_C	7926.06	y_C	5327.21
观测值	α_1	41°36′05″	β_1	72°44′35″	α_2	85°10′00″	β_2	42°37′26″
计算与校核	x_P	8233.59	y_P	4917.85	x_P	8233.65	y_P	4917.85
	测图比例尺 1:500，$f_{允} = 0.2 \times 500 = 100$ (mm) $f = \sqrt{6^2 + 0} = 6$ (mm)，$x_P = 8233.62$m，$y_P = 4917.85$m							

二、侧方交会

如图 7-17 所示,在一已知控制点 A(或 B)和待定点 P 上分别安置仪器,观测两个水平角 α 和 β(或 γ),以计算待定点 P 的坐标,这种方法称为侧方交会。侧方交会的计算应先由两观测角解算出三角形中另一水平角,如测量 β、γ,则 $\alpha = 180° - (\beta + \gamma)$,再根据前方交会公式进行计算。

为了校核待定点坐标,一般还应在待定点 P 上对另一已知控制点 C 观测检查角 $\varepsilon_{测}$,如图 7-17 所示。先根据算得的 P 点坐标和 B、C 两点的已知坐标反算出方位角 α_{PB}、α_{PC} 及距离 D_{PC}。

角 ε 的计算值为 $\varepsilon_{算}$:

$$\varepsilon_{算} = \alpha_{PB} - \alpha_{PC} \tag{7.25}$$

而 ε 的计算值 $\varepsilon_{算}$ 与观测值 $\varepsilon_{测}$ 的较差 $\Delta\varepsilon$ 为:

$$\Delta\varepsilon = \varepsilon_{算} - \varepsilon_{测} \tag{7.26}$$

一般规定,

$$\Delta\varepsilon''_{允} = \frac{2 \times 0.1 M \text{mm}}{D_{PC}} \times \rho'' \tag{7.27}$$

式中,M 为测图比例尺分母。

侧方交会计算示例见表 7-9。

图 7-17 侧方交会

表 7-9　　　　　　　　　侧方交会计算表

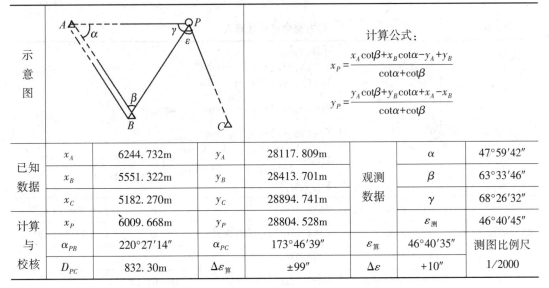

计算公式:

$$x_P = \frac{x_A \cot\beta + x_B \cot\alpha - y_A + y_B}{\cot\alpha + \cot\beta}$$

$$y_P = \frac{y_A \cot\beta + y_B \cot\alpha + x_A - x_B}{\cot\alpha + \cot\beta}$$

示意图							
已知数据	x_A	6244.732m	y_A	28117.809m	观测数据	α	47°59′42″
	x_B	5551.322m	y_B	28413.701m		β	63°33′46″
	x_C	5182.270m	y_C	28894.741m		γ	68°26′32″
计算与校核	x_P	6009.668m	y_P	28804.528m		$\varepsilon_{测}$	46°40′45″
	α_{PB}	220°27′14″	α_{PC}	173°46′39″		$\varepsilon_{算}$	46°40′35″
	D_{PC}	832.30m	$\Delta\varepsilon''_{允}$	±99″		$\Delta\varepsilon$	+10″	测图比例尺 1/2000

三、后方交会

如图 7-18 所示,在待定点 P 上安置仪器照准三个已知控制点 A、B、C,观测两个水平角 α、β,以计算待定点 P 的坐标,这种方法称为后方交会。

后方交会计算待定点坐标的公式很多,现介绍一种公式如下:

$$\tan\alpha_{CP}=\frac{N_3-N_1}{N_2-N_4} \quad (7.28)$$

$$\left.\begin{array}{l}\Delta x_{CP}=\dfrac{N_1+N_2\tan\alpha_{CP}}{1+\tan^2\alpha_{CP}}=\dfrac{N_3+N_4\tan\alpha_{CP}}{1+\tan^2\alpha_{CP}}\\ \Delta y_{CP}=\Delta x_{CP}\tan\alpha_{CP}\end{array}\right\} \quad (7.29)$$

其中,
$$\left.\begin{array}{l}N_1=(x_A-x_C)+(y_A-y_C)\cot\alpha\\ N_2=(y_A-y_C)-(x_A-x_C)\cot\alpha\\ N_3=(x_B-x_C)-(y_B-y_C)\cot\beta\\ N_4=(y_B-y_C)+(x_B-x_C)\cot\beta\end{array}\right\} \quad (7.30)$$

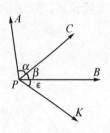

图 7-18 后方交会

而待定点 P 的坐标为:

$$\left.\begin{array}{l}x_P=x_C+\Delta x_{CP}\\ y_P=y_C+\Delta y_{CP}\end{array}\right\} \quad (7.31)$$

选择后方交会点 P 时,应避免将其刚好选在过已知点 A、B、C 组成的圆周上(测量上把该圆称为危险圆),否则 P 点位置无解,同时 P 点靠近危险圆也将使算得的坐标有很大的误差,因此作业时,一般应使 P 点离危险圆圆周的距离大于该圆直径的 1/5。

为了进行检验,须在 P 点观测第四个已知控制点 K,测得角 $\varepsilon_{测}$,同时可由 P 点坐标以及 B、K 点坐标,反算求得 α_{PB}、α_{PK} 及 D_{PK},仍计算 $\varepsilon_{算}$、$\Delta\varepsilon$,且 $\Delta\varepsilon\leqslant\dfrac{2\times0.1Mmm}{D_{PK}}\times\rho''$。

式中,M 为测图比例尺分母。后方交会计算示例见表 7-10。

表 7-10　　　　　　　　　后方交会坐标计算表

示意图	计算公式: $N_1=(x_A-x_C)+(y_A-y_C)\cot\alpha$ $N_2=(y_A-y_C)-(x_A-x_C)\cot\alpha$ $N_3=(x_B-x_C)-(y_B-y_C)\cot\beta$ $\quad\tan\alpha_{CP}=\dfrac{N_3-N_1}{N_2-N_4}$ $N_4=(y_B-y_C)+(x_B-x_C)\cot\beta$ $\Delta x_{CP}=\dfrac{N_1+N_2\tan\alpha_{CP}}{1+\tan^2\alpha_{CP}}=\dfrac{N_3+N_4\tan\alpha_{CP}}{1+\tan^2\alpha_{CP}}\ \ \begin{array}{l}x_P=x_C+\Delta x_{CP}\\ y_P=y_C+\Delta y_{CP}\end{array}$ $\Delta y_{CP}=\Delta x_{CP}\tan\alpha_{CP}$				

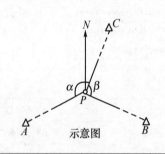

示意图

已知数据	x_A	4512.97m	y_A	5514.71m	观测数据	α	106°14′22″
	x_B	4374.87m	y_B	6564.14m		β	118°58′18″
	x_C	5144.96m	y_C	6083.07m		$\varepsilon_{测}$	
计算与校核	N_1	−474.306	Δy_{CP}	−487.22m		α_{CP}	181°01′58″
	N_2	−725.442	Δy_{CP}	−8.78m		α_{PK}	$\Delta\varepsilon=$
	N_3	−503.739	x_P	4657.74m		D_{PK}	
	N_4	+907.440	y_P	6074.29m		$\varepsilon_{算}$	

注:本例未在 P 点向第四个已知点观测检查角。

四、测边交会

如图 7-19 所示,已知 A 点坐标为 (x_A, y_A),B 点坐标为 (x_B, y_B),通过测出未知点 P 与 A、B 两点的距离 PA、PB,求出加密点 P 的坐标,这种方法称为测边交会法,简称测边交会。

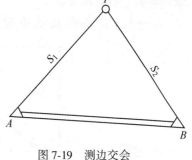

图 7-19 测边交会

(一)计算公式

(1)利用坐标反算公式计算 AB 边的坐标方位角 α_{AB} 和边长 D_{AB}:

$$\alpha_{AB} = \arctan\left(\frac{y_B - y_A}{x_B - x_A}\right)$$

$$D_{AB} = \sqrt{(y_B - y_A)^2 + (x_B - x_A)^2}$$

(2)根据余弦定理可求出:

$$\angle A = \arccos\left(\frac{D_{AB}^2 + D_{AP}^2 - D_{BP}^2}{2 D_{AB} \cdot D_{AP}}\right)$$

而

$$\alpha_{AP} = \alpha_{AB} - \angle A$$

任务 7.3 测试题

(3)根据导线推导公式计算 P 点坐标:

$$\left.\begin{array}{l} x_P = x_A + \Delta x_{AP} = x_A + D_{AP} \times \cos\alpha_{AP} \\ y_P = y_A + \Delta y_{AP} = y_A + D_{AP} \times \sin\alpha_{AP} \end{array}\right\} \quad (7.32)$$

(二)计算校核

以上是两边交会法。工程中为了检核和提高 P 点的坐标精度,通常采用三边交会法。三边交会观测三条边,分两组计算 P 点坐标进行核对,最后取其平均值。

任务 7.4 高程控制测量

小区域高程控制测量常采用的方法是水准测量或三角高程测量。

一、水准测量

在地形图测绘或一般工程测量中,确定图根点或工程控制点高程应用的水准测量主要有三、四等或图根水准测量。一般来说,低一级的水准测量应从附近高级水准点开始引测。

三、四等及图根水准测量的主要技术要求、观测方法、成果计算与校核方法请参见项目 2。

任务 7.4 课件浏览

二、三角高程测量

用水准测量方法测定控制点的高程,精度较高,但当地面起伏较大而不便于施测水准时，可采用三角高程测量方法先测定两点间的高差，再求取高程。三角高程测量是加密图根控制的一种常用方法。

（一）三角高程测量原理

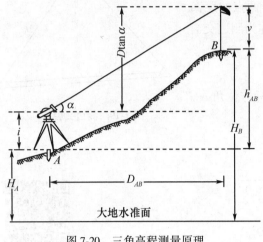

图 7-20　三角高程测量原理

三角高程测量的原理是根据地面上两点间的水平距离及测定的竖直角和量取的仪器高、目标高来计算两点之间的高差。如图 7-20 所示，在 A 点安置仪器，在 B 点设置观测标志，用仪器望远镜中丝观测标志的顶端测出竖直角 α，量取仪器高 i 和目标高 v。

若 A、B 之间的平距为 D，则 A、B 两点间高差 h_{AB} 为：

$$h_{AB} = D\tan\alpha + i - v \tag{7.33}$$

若已知 A 点高程 H_A，则 B 点高程 H_B 为：

$$H_B = H_A + h_{AB} = H_A + (D\tan\alpha + i - v) \tag{7.34}$$

若已知 B 点高程 H_B，则 A 点高程 H_A 为：

$$H_A = H_B - h_{AB} = H_B - (D\tan\alpha + i - v) \tag{7.35}$$

测量中，将由已知点向未知点观测，称为正觇（或直觇）观测；由未知点向已知点观测，称为反觇观测。

（二）地球曲率和大气折光对高差的影响

式(7.33)是在把水准面当作水平面、观测视线为直线的情况下导出的，当地面上两点间的距离小于 300m 时是适用的。而当两点间距离大于 300m 时，则要考虑地球曲率及观测视线受大气垂直折光的影响。地球曲率对高差的影响称为地球曲率差，简称球差。大气折光引起视线呈弧线的差异称为气差，以上两项合称为球气差。此时，应在式(7.33)中加上球气差改正数 f，即三角高程测量高差公式为：

$$h_{AB} = D\tan\alpha + i - v + f \tag{7.36}$$

而

$$f = 0.43 \frac{D^2}{R} \tag{7.37}$$

式中，R 为地球曲率半径，取值为 6371km。

实际三角高程测量中，一般应进行直、反观测（又称对向观测或双向观测），当取观测高差的平均值时，可以抵消或减小球气差的影响。

（三）三角高程测量实施

三角高程测量的实施步骤如下：

（1）安置仪器于测站点 A 上，并两次量取仪器高 i 及目标高 v，读数精确至 0.5cm，两次测值之差如不超过 1cm，取其平均值。

（2）用仪器瞄准目标 B 点标志顶端，按中丝法观测竖直角一测回。
（3）经检查无误后，按有关公式计算高差、高程。
三角高程测量计算示例见表 7-11。

表 7-11　　　　　　　　　　　　三角高程测量计算表

所求点	B		C	
起算点	A	A	B	B
觇法	正觇	反觇	正觇	反觇
平距(m)	1341.23	1341.23	3060.20	3060.20
竖直角 α	+14°06′30″	-13°54′04″	-1°35′43″	+1°40′11″
$D\tan\alpha$(m)	+337.10	-331.95	-85.23	89.21
仪器高 i(m)	+1.31	+1.43	+1.24	+1.48
觇标高 v(m)	-3.80	-4.00	-4.11	-3.82
球气差 f(m)	+0.11	+0.11	+0.63	+0.63
高差 h(m)	+334.72	-334.41	-87.47	+87.50
起算点高程 H(m)	879.25	879.25	1213.82	1213.82
所求点高程 H(m)	1213.97	1213.66	1126.35	1126.32
中数 H(m)	1213.82		1126.34	

如按三角高程测量方法连续测定待定控制点高程时，则应组成闭合或附合的三角高程测量路线，且三角高程测量路线应起闭于高级已知高程点，路线中相邻两点间高差均应进行对向观测。由对向观测求得的高差平均值所计算的高差闭合差应不得超过 $\pm 0.05\sqrt{\sum D^2}$ mm（D 为各边水平距离，以 km 为单位），并将高差闭合差反符号按边长成正比分配给各高差，再用调整后的高差根据起始点高程推算各待定点的高程。

任务 7.4　测试题

【项目小结】

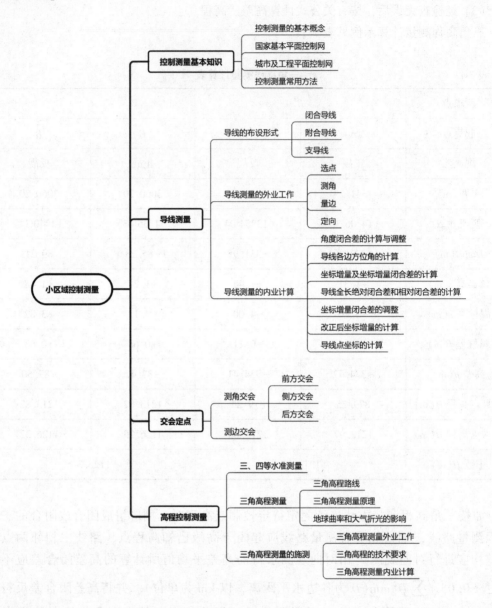

【习题】

1. 建立平面控制网的方法有哪些？
2. 导线布设有几种形式？导线测量的外业工作是什么？
3. 一闭合导线 1234（导线为逆时针编号），已知点 1 的坐标为 (589.36，1258.45)，12 边的坐标方位角为 $\alpha_{12}=56°35'16''$，测得各左角为 $\beta_1=84°32'19''$，$\beta_2=91°08'23''$，$\beta_3=101°33'47''$，$\beta_4=82°46'29''$；测得的边长为 $D_{12}=100.29\text{m}$，$D_{23}=91.96\text{m}$，$D_{34}=93.64\text{m}$，$D_{41}=113.18\text{m}$。试计算 2、3、4 点的坐标。
4. 在前方交会中，已知 A、B 点的坐标为 $A(646.36，154.68)$，$B(873.96，214.47)$，测得 $\alpha_A=65°45'32''$，$\alpha_B=57°42'08''$，试计算待定点 P 的坐标。

项目 8　地形图的基本知识

【主要内容】

地形图的概念；比例尺的概念及分类；比例尺精度；地物符号；地貌符号；地形图的图外注记；地形图的分幅与编号等。

重点：地形图的概念、地物符号、地貌符号。

难点：根据等高线识别典型地貌。

【学习目标】

知识目标	能力目标
1. 掌握地形图比例尺的概念及分类； 2. 掌握地物符号； 3. 掌握等高线的概念、种类和特性； 4. 理解地形图的图外注记； 5. 掌握地形图的分幅与编号的基本方法。	1. 能认识地形图符号； 2. 能识读地貌形态； 3. 会进行地形图的分幅和编号。

【思政目标】

通过学习地形图的基本知识以及了解我国的地物地貌和地图版图，展现新中国发展取得的巨大成就，提高学生维护国家版图完整和国家统一的意识，调动学生学习的主动性和积极性，帮助学生树立起道路自信、理论自信、制度自信和文化自信，培养学生的民族自豪感和爱国主义情怀。

任务 8.1　地形图的基本知识

任务 8.1　课件浏览

地球表面物体种类繁多，地势起伏形态各异，但总体上可分为地物和地貌两大类，凡是地面各种各样的自然物体和人工建筑均称为地物，如城市街道、房屋、道路、河流、湖泊、森林、草原以及其他各种人工建筑物等，而地球表面的高低起伏形态，如高山、深谷、陡坎、悬崖、峭壁等，则称为地貌，习惯上把地物和地貌统称为地形。

一、地形图的概念

地形图是按照一定的方法，将地面上的地物和地貌按规定的符号，并以一定的比例缩绘投影到水平面上而成的图形，地形图能比较详细地反映地表信息，在工程建设的规划、设计等各个阶段都有着重要的作用,其应用十分广泛。

二、地形图的比例尺

（一）比例尺的概念

地形图上的图上长度与地面上实际长度之比,称为地形图比例尺。

（二）比例尺的种类

1. 数字比例尺

数字比例尺一般用分子为1的分数形式表示。设图上某一线段的长度为 d,地面上相应的距离为 D,则该地形图比例尺为:

$$\frac{d}{D}=\frac{1}{\frac{D}{d}}=\frac{1}{M} \tag{8.1}$$

式中,M 为比例尺分母,当图上1mm代表地面上1m的水平长度时,该图的比例尺即为1/1000。由此可见,比例尺分母实际上就是实地水平长度缩绘到图上的缩小倍数。

2. 图示比例尺

为了用图方便及减小由于图纸伸缩而引起的误差,在绘制地形图的同时,常在图纸上绘制图示比例尺,最常见的图示比例尺为直线比例尺。图8-1为1∶10000的直线比例尺,取2cm为基本单位,从直线比例尺上可直接读得基本单位的1/10,估读到1/100。

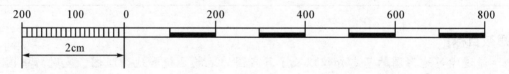

图8-1 直线比例尺

（三）比例尺的大小

比例尺的大小用比例尺的比值衡量。通常称1∶100万、1∶50万、1∶20万为小比例尺地形图;1∶10万、1∶5万、1∶2.5万、1∶1万为中比例尺地形图;1∶5000、1∶2000、1∶1000、1∶500为大比例尺地形图。工程建设中通常采用大比例尺地形图。

（四）比例尺精度

地形图上0.1mm所表示的地面实际距离称为比例尺精度。比例尺越大,表示的地物和地貌越详细、准确,其比例尺精度就越高。采用何种比例尺测图,应从工程的实际需要和经济方面综合考虑。一般水利工程中计算汇水面积、城市总体规划、大型厂址选定等使用1∶5000或1∶10000比例尺的地形图;工程施工设计阶段使用1∶500或1∶1000比例尺的地形图。

任务8.1 测试题

任务 8.2 地物的表示方法

任务 8.2 课件浏览

不同的地物，其表示的方法也不一样，地物符号是用来表示地物的类别、形状、大小和水平位置的符号，详见表 8-1，要运用好各种地物符号，就必须了解地物的性质，根据地物的特性和大小，一般将地物符号分为比例符号、非比例符号、线形符号和注记符号等四种。

一、比例符号

根据实际地物的大小，按比例缩绘到图上，如房屋、运动场、湖泊、森林等，可以用比例符号表示。一般规则的几何图形常用比例符号表示。

表 8-1　　　　　　　　　　常用地形图地物符号

编号	符号名称	图例		编号	符号名称	图例	
1	坚固房屋 4-房屋层数	坚4	1.5	7	经济作物地	0.8 3.0 蔗 10.0 10.0	
2	普通房屋 2-房屋层数	2	1.6	8	水生经济 作物地	3.0 藕 0.5	
3	窑洞 1. 住人的 2. 不住人的 3. 地面下的	1 2.5 2 2.0 3		9	水稻田	0.2 2.0 10.0 10.0	
4	台　阶	0.5 0.5 0.5		10	旱　地	1.0 2.0 10.0 10.0	
5	花　圃	1.5 1.5 10.0 10.0		11	灌木林	0.5 1.0	
6	草　地	1.5 0.8 10.0 10.0		12	菜　地	2.0 2.0 10.0 10.0	

续表

编号	符号名称	图 例	编号	符号名称	图 例
13	高压线	4.0	27	三角点 坛子岭—点名 394.468—高程	坛子岭 394.468 3.0
14	低压线	4.0			
15	电 杆	1.0	28	图根点 1. 埋石的 2. 不埋石的	1 2.0 N16/84.46 2 1.5 25/62.74 2.5
16	电线架				
17	砖、石及混凝土围墙	10.0 0.5	29	水准点	2.0 ⊗ II京石5/32.804
18	土围墙	10.0 0.5			
19	栅栏、栏杆	1.0 10.0	30	旗 杆	1.5 1.0 4.0 1.0
20	篱 笆	1.0 10.0	31	水 塔	2.0 3.0 1.0 1.2
21	活树篱笆	3.5 0.5 10.0 1.0 0.8	32	烟 囱	3.5 1.0
22	沟渠 1. 有堤岸的 2. 一般的 3. 有沟堑的	0.3	33	气象站(台)	3.0 4.0 1.2
			34	消火栓	1.5 1.5 2.0
			35	阀 门	1.5 1.5 2.0
23	公 路	0.3 沥 砾 0.3	36	水龙头	3.5 2.0 1.2
24	简易公路	8.0 2.0	37	钻 孔	3.0 ⊙ 1.0
25	大车路	0.15 碎石 0.3	38	路 灯	3.5 1.0
26	小 路	4.0 1.0 0.3			

续表

编号	符号名称	图例	编号	符号名称	图例
39	独立树 1. 阔叶 2. 针叶	1.5 1 3.0 0.7 2 3.0 0.7	43	高程点及其注记	0.5•163.2 75.4
40	岗亭、岗楼	90 3.0 1.5	44	滑坡	
41	等高线 1. 首曲线 2. 计曲线 3. 间曲线	0.15 87 1 0.3 85 2 0.15 6.0 3 1.0	45	陡崖 1. 土质的 2. 石质的	1 2
42	示坡线	0.8	46	冲沟	

二、非比例符号

有些尺寸太小的地物，不能用比例符号表示，则用一些形象的符号来表示，如三角点、水准点、独立树、里程碑、钻孔等。非比例符号不仅其形状和大小不按比例绘制，而且符号的中心位置与该地物实地的中心位置关系，也随各种地物不同而变化。

三、线形符号

对于一些带状延伸的地物，如公路、通信线路及管道等，其长度可按测图比例尺缩绘，而宽度无法按比例尺缩绘，这种长度按比例、宽度不按比例的符号，称为线形符号。线形符号的中心线即是实际地物的中心线。

四、注记符号

用文字、数字或特定的符号对地物加以说明，称为地物注记，如城镇、村庄、工厂、公路的名称，河流的流向，道路的去向等。

在地形图上，对于某个具体地物，究竟是采用比例符号还是非比例符号，主要由测图比例尺决定。测图比例尺越大，用比例符号描绘的地物就越多；测图比例尺越小，则用非比例符号表示的地物就越多。

任务 8.2 测试题

任务8.3 地貌的表示方法

地貌形态多种多样,包括山地、丘陵和平原等。在图上表示地貌的方法很多,而测量工作中通常用等高线表示地貌,因为用等高线表示地貌,不仅能表示地面的起伏形态,而且它能表示出地面的坡度和地面点的高程。

任务8.3 课件浏览

一、等高线的概念

等高线就是地面上高程相等的相邻点所连接成的闭合曲线,如图8-2所示。设有一座位于平静湖水中的小岛,小岛与湖水的交线就是等高线,而且是闭合曲线。假设水面高程为70m,则可得70m的等高线,当水位升高10m后,水面与小岛又截得一条交线,这就是高程为80m的等高线。依此类推,水位每升高10m,水面就与小岛交出一条等高线,从而得到一组高差为10m的等高线。设想把这组实地上的等高线铅直地投影到水平面上去,并按规定的比例尺缩绘到图纸上,就得到一张用等高线表示该岛地面起伏的地貌图。

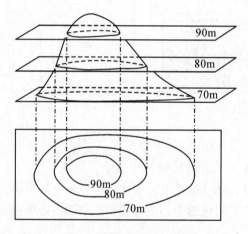

图8-2 等高线表示地貌

二、等高距与等高线平距

相邻两条等高线之间的高差,称为等高距,常以 h 表示。在同一幅图上,等高距是相同的。相邻两条等高线之间的水平距离称为等高线平距,常以 D 表示。由于等高距是固定不变的,因此随着地面坡度的变化,等高距平距随之变化,如用 i 表示坡度,则坡度、等高距和平距之间的关系可以表示为:

$$i = \frac{h}{D} \tag{8.2}$$

由上式可知,地面坡度越陡,等高线平距就越小,等高线就越密集;反之,地面坡度越平缓,等高线平距就越大,等高线就越稀疏。

三、等高线的种类

（1）首曲线：按地形图的基本等高距测绘的等高线称首曲线。

（2）计曲线：每隔四根首曲线加粗描绘一条等高线称为计曲线，计曲线主要为读图时量算高程方便。

（3）间曲线：为了显示首曲线表示不出的地貌特征，按 $h/2$ 基本等高距描绘的等高线称间曲线，又称为半距等高线，图上一般用长虚线描绘。

（4）助曲线：间曲线无法显示地貌特征时，还可以按 $h/4$ 基本等高距描绘等高线，叫作辅助等高线，简称助曲线，图上一般用短虚线描绘，如图 8-3 所示。间曲线和助曲线描绘时可不闭合。

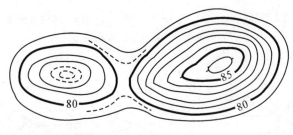

图 8-3　等高线种类

四、几种典型地貌的等高线

1. 山头与洼地

山头与洼地的等高线皆是一组封闭的曲线，如图 8-4 所示。内圈等高线的高程注记大于外圈等高线的高程注记则为山头，如图 8-4(a) 所示；内圈等高线的高程注记小于外圈等高线的高程注记则为洼地，如图 8-4(b) 所示。如等高线上没有高程注记，则需用示坡线表示之，它是一条垂直于等高线而指向下坡方向的细短线。示坡线向外的为山头，示坡线向内的为洼地。

2. 山脊与山谷

山脊是沿着一个方向延伸的高地。山脊上最高点的连线是雨水分流的界线，称为山脊线、分水线或分水岭。如图 8-5(a) 所示，S 就是山脊线。山脊的等高线表现为一组凸向低处的曲线。

山谷是沿着一个方向延伸的洼地，位于两山脊之间。山谷中最低点的连线是雨水汇集之处，称为山谷线、集水线或汇水线。如图 8-5(b) 所示，L 就是山谷线。山谷的等高线表现为一组凸向高处的曲线。

3. 鞍部

鞍部又称垭口，是相邻两个山头之间呈马鞍形的低凹部位，也是两个山脊和两个山谷会合的地方。其等高线的特点为在一组大的闭合曲线内套有两组小的闭合曲线，如图 8-6 所示。

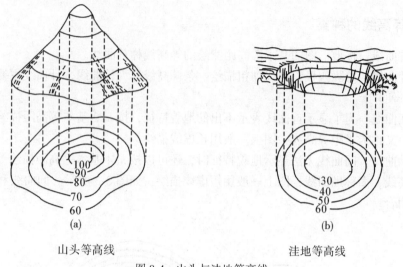

图 8-4 山头与洼地等高线

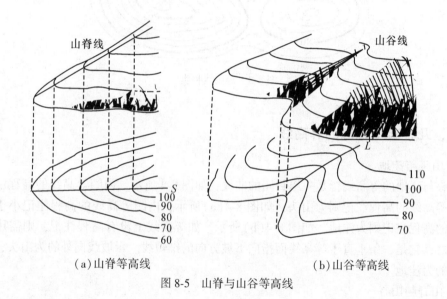

图 8-5 山脊与山谷等高线

4. 陡崖与悬崖

陡崖是坡度在 70°~90° 的陡峭崖壁；悬崖是上部突出、下部凹进的陡崖，如图 8-7 所示。

五、等高线的基本特性

（1）等高性：同一条等高线上的点在地面上的高程都相等。高程相等的各点，不一定在同一条等高线上。

（2）闭合性：等高线为连续的闭合曲线，它若不在本幅图内闭合，则必然闭合于另一图幅。凡不在本图幅内闭合的等高线，应绘至图廓线，不能在图幅内中断。

（3）非交性：除悬崖或陡崖等特殊地貌外，不同高程的等高线一般不会相交。

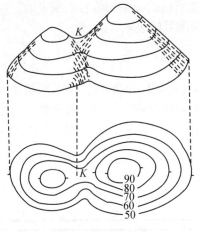

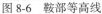

任务 8.3 测试题

图 8-6 鞍部等高线

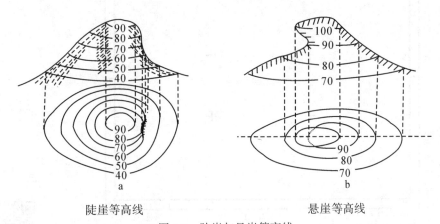

陡崖等高线　　　　　　　悬崖等高线

图 8-7 陡崖与悬崖等高线

(4) 正交性：等高线与山脊线、山谷线垂直相交。

(5) 陡缓性：等高距一定时，等高线越密的地方，地面坡度越陡；等高线越稀的地方，地面坡度越平缓；等高线平距相等则坡度相同。

任务 8.4　地形图的图外注记

为便于读图和用图，在地形图周围设置的说明性文字和图表等内容，称为地形图的图外注记。主要内容有：比例尺、坐标系统、高程系统、图名、图号、邻接图表、图廓、测图日期、测绘单位及人员等。

任务 8.4 课件浏览

一、图名和图号

图名即一幅图的名称，一般以该图幅内的主要地名或机关、企事业等单位名称来命名。图号是一幅图的编号，为了区别各幅地形图所在位置关系，每幅图上都编有图号。图号是根据地形图的分幅和编号来编定的，并把图名、图号标注在北图廓上方的中央，图 8-8 为图名和图号的表示方法。

二、接图表

接图表用来表明本图幅与相邻图幅的联系，供索取相邻图幅时用。通常是中间一格画有斜线代表本图幅，相邻的八幅图分别标注图号或图名，并绘在图廓的左上方。此外，有些地形图还把相邻图幅的图号分别注在东、西、南、北图廓线中间，进一步说明与相邻图幅的相互关系，如图 8-8 所示。

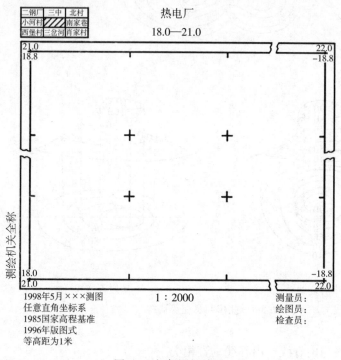

图 8-8 相邻图幅关系

任务 8.4 测试题

三、图廓

图廓由内图廓和外图廓组成。内图廓是经纬线，也就是该图廓的边界线。东西内图廓平行于纵坐标轴，南北内图廓平行于横坐标轴。外图廓为图的最外边界线，以较粗的实线绘制，主要起修饰作用，内、外图廓有规定的间距和粗细。

任务 8.5 地形图的分幅与编号

为了便于测绘、拼接、使用和保管地形图，需要将各种比例尺的地形图进行统一的分幅和编号。地形图的分幅有国际分幅(梯形分幅)和矩形分幅两种，根据采用的测图比例尺不同而异。中、小比例尺的地

任务 8.5 课件浏览

形图采用国际分幅，大比例尺地形图采用矩形分幅。

一、国际分幅与编号

（一）1∶100 万地形图的分幅和编号

我国基本比例尺地形图均以 1∶100 万地形图为基础，按规定的经差和纬差划分图幅。1∶100 万地形图的分幅采用国际 1∶100 万地形图分幅标准。从赤道起向南或向北分别按纬差 4° 分为横列，至南纬、北纬 88° 各分为 22 列，各列依次用 A，B，⋯，V 表示。经度自 180° 开始算，自西向东按经差 6° 分成纵行，全球分为 60 行，各行用 1，2，3，⋯，60 表示。每幅图的编号由该图所在的横列和纵行号组合而成。如图 8-9 所示，例如北京某地 A 位于东经 118°26′24″，北纬 38°56′30″，则其所在 1∶100 万地形图的编号为 J-50。

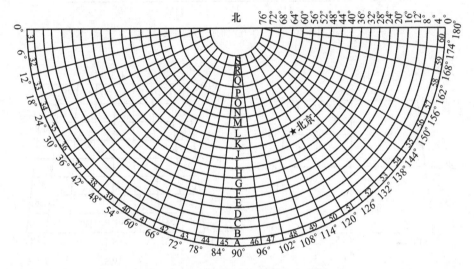

图 8-9　1∶100 万地形图分幅与编号

由于南、北半球的经度相同而纬度对称，为了区别南北半球对应图幅的编号，规定在南半球的图号前加一个 S，如 SL-50 表示南半球的图幅，而 L-50 表示北半球的图幅。

（二）1∶10 万地形图的分幅和编号

每幅 1∶100 万地形图划分为 12 行 12 列共 144 幅 1∶10 万地形图，1∶10 万地形图的范围是经差 30′、纬差 20′。如图 8-10 表示北京某地 A 在 1∶10 万图中的编号为 J-50-45。

（三）1∶5 万、1∶2.5 万、1∶1 万地形图分幅与编号

这三种比例尺的地形图是在 1∶10 万图幅的基础上分幅和编号的。如图 8-11(a) 所示，一幅 1∶10 万的地形图分成四幅 1∶5 万的地形图，分别以甲、乙、丙、丁表示。一幅 1∶5 万的地形图分成四幅 1∶2.5 万的地形图，分别以 1，2，3，4 表示。一幅 1∶10 万的地形图分为 64 幅 1∶1 万的地形图，分别以 (1)，(2)，⋯ 表示。如图 8-11(b) 所示，图中北京某地 A 所在的 1∶1 万图幅的编号为：J-50-45-(16)。

（四）1∶5000 和 1∶2000 地形图的分幅和编号

这两种比例尺的地形图是以 1∶1 万地形图的分幅和编号为基础的。每幅 1∶1 万的地

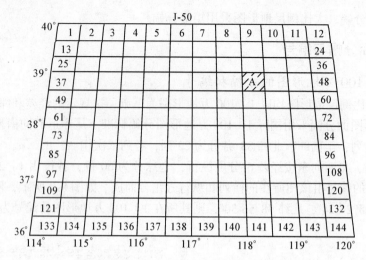

图 8-10 1∶10 万地形图分幅与编号

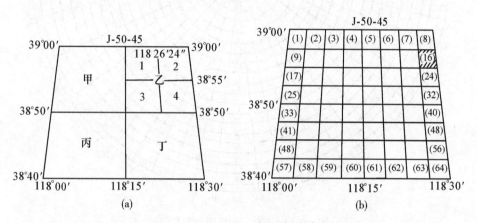

图 8-11 1∶5 万、1∶2.5 万、1∶1 万地形图分幅与编号

形图分为 4 幅 1∶5000 的图，分别在 1∶1 万地形图图号后加 a、b、c、d，即为 1∶5000 的图幅。再将 1∶5000 的地形图分成 9 幅 1∶2000 的图，在 1∶5000 地形图的编号后加 1，2，…，9 表示，就是 1∶2000 的幅编号。

二、矩形分幅与编号

（一）分幅

大比例尺地形图大多采用矩形分幅法，它是按照统一的直角坐标格网划分的。1∶500、1∶1000、1∶2000 的大比例尺地形图通常采用 50cm×50cm 正方形分幅或 40cm×50cm 的矩形分幅。1∶5000 比例尺地形图也可采用 40cm×40cm 的正方形分幅。

（二）编号

1. 图幅西南角坐标公里数编号法

一般采用图幅西南角坐标公里数编号，并以"纵坐标-横坐标"的格式表示。如某幅图西南角的坐标 $x=4530.0$km，$y=652.0$km，则其编号为 4530.0—652.0。编号时，比例尺为1∶500地形图，坐标值取至0.01km，而1∶1000和1∶2000地形图取至0.1km，1∶5000地形图取至整千米数。

2. 流水编号法

一般从左至右，由上到下用阿拉伯数字编号，如图8-12所示。

3. 横列编号法

一般由上到下为横行，从左到右为纵列，以一定的代号按先行后列的顺序编号，如图8-13所示。

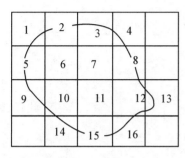

图8-12 流水编号法

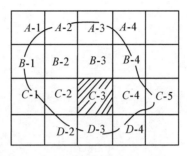

图8-13 横列编号法

任务8.5 测试题

【项目小结】

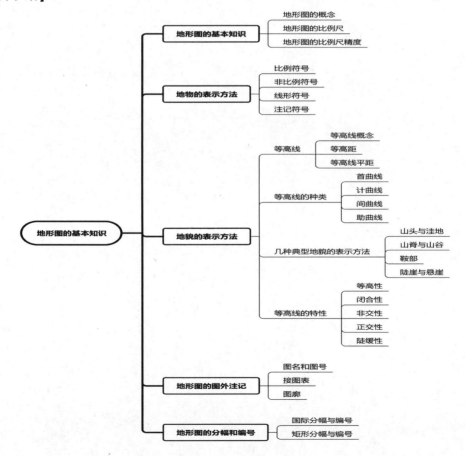

【习题】

1. 什么是比例尺？什么是比例尺精度？1∶500 地形图的比例尺精度是多少？
2. 表示地物的符号有几种？它们都在什么情况下使用？
3. 什么叫等高线？等高线有几种？
4. 等高线有哪些特性？
5. 什么是等高线平距和等高距？等高线平距、等高距和坡度三者有什么关系？
6. 某地位于东经 106°25′30″、北纬 56°38′13″，写出其所在 1∶10 万、1∶1 万地形图的分幅与编号。

项目 9　大比例尺地形图的测绘

【主要内容】

测图前的准备工作；经纬仪测图法；地物和地貌测绘的基本方法；碎部测图的一般要求；数字化测图的基本方法；地形图的拼接、检查与整饰等。

重点：经纬仪测图的步骤，地物与地貌的测绘方法；地形图的整饰和拼接，数字化测图方法。

难点：地貌特征点的选择，等高线的勾绘。

【学习目标】

知识目标	能力目标
1. 了解测图前的准备工作内容； 2. 理解经纬仪测图的作业步骤； 3. 掌握地物及地貌的测绘方法； 4. 掌握地形图的拼接、检查与整饰； 5. 掌握数字测图的基本方法。	1. 能进行地物和地貌特征点的选取； 2. 能根据测图比例尺进行地物取舍； 3. 能绘制地形图； 4. 能进行全站仪野外数据采集和数据处理； 5. 能进行基本的数字成图。

【思政目标】

通过学习大比例尺地形测绘的基本理论和工作方法，使学生认识到科技兴国的重要性，鼓励学生学习科技工作者的爱国精神、奉献精神、科技报国精神，激励学生为国家建设、民族振兴而努力学习。

任务 9.1　测图前的准备工作

任务 9.1　课件浏览

一、收集资料

测图前，需要收集测区内所有控制点的成果资料、测图规范、地形图图式，需要做好测区中地形图的分幅及编号。

二、仪器设备的准备

测图前，需要准备仪器设备，对测图使用的仪器，应进行检验、校正。

三、绘制坐标格网

地形图是根据控制点进行测绘的，测图之前应将控制点展绘到图纸上。为了能准确地展绘控制点的平面位置，首先要将图纸绘制成 10cm×10cm 的直角坐标方格网，如图 9-1 所示。方格网可以自行绘制，绘制的方法有：对角线法绘制；坐标仪或坐标网格尺等专用工具绘制；在计算机中用 AutoCAD 软件编辑好坐标格网图形，然后把图形通过绘图仪绘制在图纸上。

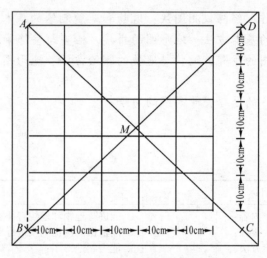

图 9-1 坐标格网绘制

对角线法绘制坐标方格网，如图 9-1 所示，先用直尺在图纸上画两条对角线，对角线的交点为 M，从 M 点起沿四个对角方向分别量取相等的长度，得 A、B、C、D 四点，依次用直线连接各点，得矩形 $ABCD$。从 A、D 点起，各沿 AB、DC 方向作 10cm 分点，再从 A、B 点起，各沿 AD、BC 方向作 10cm 分点，然后横、竖方向连接各对应分点，并将方格补齐或擦去多余部分，即得方格网。

绘制或印制好的坐标格网，在使用前必须进行检查，看是否符合精度要求。一般对方格网的要求如下：

（1）坐标格网线粗不超过 0.1mm。

（2）方格边长与理论长度（10mm）之差不超过 0.2mm，图廓边长及对角线长与理论长度之差不超过 0.3mm。

（3）纵横格网线应垂直正交，同一条对角线上各方格顶点应位于一直线上，误差不得超过 0.2mm。

超过允许值时，应将格网进行修改或重绘。

四、展绘控制点

根据测区的地形图分幅，确定各幅图纸的坐标值，并在坐标格网外边注记坐标值。展绘控制点时，首先要确定控制点所在的方格。在图 9-2 中，控制点 A 的坐标 $X_A =$

1124.28m，Y_A=646.23m，因此，确定其位于 a、b、c、d 方格内。从 a 和 d 点向上用比例尺量 24.28m，得出 m、n 两点，再从 a 和 b 两点向右量 46.23m，得出 g、p 两点，连接 mn 和 gp，其交点即为控制点 A 在图上的位置。同法展绘其他各控制点。展绘完后应进行检查，量取相邻控制点之间的图上距离与已知距离进行比较，最大误差应不超过图上 ±0.3mm，否则控制点位应重新展绘。

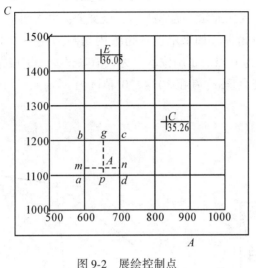

图 9-2 展绘控制点

任务 9.1 测试题

当控制点的平面位置在图纸上确定以后，还要注上点号和高程，在点的右侧画一细短线，上方标注点号，下方标注高程。

任务 9.2 碎部点平面位置测量的基本方法

测量碎部点平面位置的基本方法主要有以下几种：

一、极坐标法

如图 9-3 所示，要测定碎部点 P 的位置，可以通过测定测站点 A 至碎部点 P 方向与测站点 A 至后视点 B 方向间的水平角 β，测站点 A 至碎部点 P 的距离 d 来确定。这就是极坐标法。极坐标法是碎部测量最基本的方法。

二、直角坐标法

如图 9-4 所示，设 A、B 为控制点，碎部点 1 靠近 A、B。以 A、B 方向为 x 轴，找出碎部点 1 在 AB 上的垂足，用皮尺量出垂距 x_1、y_1，即可定出碎部点 1。同法定出 2、3 等其他各点。

任务 9.2 课件浏览

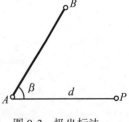

图 9-3 极坐标法

直角坐标法适用于地物距控制点较近的地区，垂线可以用钢尺等简单工具量出。

三、方向交会法

如图 9-5 所示，通过测定测点 A 至碎部点 P 方向和测站 A 至后视点 B 方向间的水平角 α；测定测站 B 至碎部点 P 方向和测站 B 至后视点 A 方向间的水平角 β，便能确定碎部点的平面位置，这就是方向交会法。当碎部点距测站较远而测距工具只有钢尺或皮尺，或遇河流、水田等测距不便时，可用此法。通常采用三点交会，由于测量误差，三根方向线不交于一点，形成一个示误三角形。如果示误三角形内切圆半径小于 1cm，最大边长小于 4cm，可取内切圆的圆心作为 P 点的正确位置。为了消除误差，三根方向线需要正、倒镜观测取平均值定出，并使交会角 α、β 在 30°~120° 范围内。

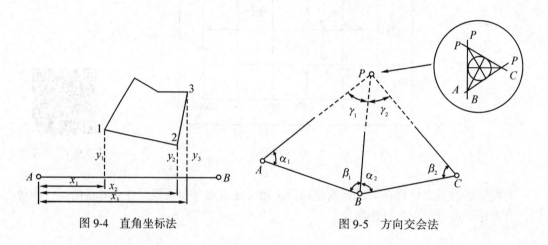

图 9-4　直角坐标法　　　　　图 9-5　方向交会法

四、距离交会法

如图 9-6 所示，通过测定已知点 A 至碎部点 P 的距离 D_{AP}，已知点 B 至 P 的距离 D_{BP}，便能确定碎部点 P 的平面位置，这就是距离交会法。此处已知点不一定是测站点，可能是已测定出平面位置的碎部点。

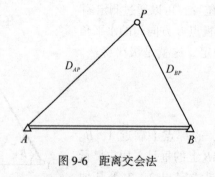

图 9-6　距离交会法

任务 9.2　测试题

任务9.3 地形测图方法

任务9.3 课件浏览

地形测图就是根据图纸上展绘的控制点,测定其附近的地物、地貌点的平面位置和高程。这些地物、地貌点称为碎部点,这项测量工作称为碎部测量或地形测量。

一、碎部点的选择

(一)碎部点的选择

地形点(碎部点)的选择对测图的质量影响很大,地形点应选在地物或地貌的特征点。地物的特征点就是地物轮廓的转折、交叉等变化处的点及独立地物的中心点。地貌特征点就是山顶、鞍部、山脊、山谷和山脚等坡度及方向变化处的点。

(二)碎部点的密度

用视距测量方法来测定测站点至碎部点的水平距离及高差时,因测量精度与距离长短有关,视距越长精度越低,所以视距长度要有一个限制。表9-1列出了几种比例尺测图的最大视距长度值。

表9-1　　　　　　　　最大视距和碎部点间距表

比例尺	最大视距(m)		碎部点最大间距(m)
	主要地物点	次要地物和地貌点	
1∶500	60	100	15
1∶1000	100	150	30
1∶2000	180	250	50
1∶5000	300	350	100

(三)跑尺的方法

跑尺员应和观测员、绘图员密切配合,拟订跑尺方案、确定跑尺规定联络信号。跑尺的质量好坏对成图质量和测图速度有直接关系。跑尺的方法很多,跑尺员应做到立点有规律,布点均匀,不漏点。

跑尺的基本方法有:

(1) 区域法:将测站范围分成几块,一块一块地分类测绘。

(2) 等高线法:沿着同一高度按"之"字形路线立点,这种跑尺方法,立尺员爬坡少些,但不容易找准山脊线、山谷线。

(3) 地性线法:即沿山脊线、山谷线、山脚线立点。这种跑尺法,图上的特征点很明显,绘制等高线时比较准确,但跑尺员消耗体力多一些,所以等高线法、地性线法跑尺员一般由两人分别承担,密切配合。

(4) 螺旋跑尺法:此法可以以测站为中心,由里圈向外围发散或由外圈向里圈收缩,一圈一圈地进行。

(5)直线法：对于线性地物多用此法，即对同一地物连续立点，便于测、绘相互配合。

二、地形图的测绘方法

按测图时所使用的仪器来分，地形图的测绘方法有经纬仪测绘法、全站仪测绘法以及我们后面将专门介绍的数字化测图等。

（一）经纬仪测绘法

经纬仪测绘法的实质是极坐标法。首先用经纬仪测出碎部点方向与起始方向的夹角，用视距测量方法测出测站到碎部点的距离及高差，然后根据水平角值及距离定出碎部点在图上的点位，并注上高程，如图9-7所示。

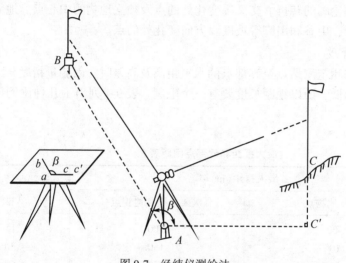

图9-7 经纬仪测绘法

任务9.3 测试题

（1）在测站 A 安置经纬仪，对中、整平后量取仪器高 i。

（2）瞄准已知控制点 B，将水平度盘读数设置为 $0°00'00''$。

（3）旋转照准部瞄准碎部点 C，读取 C 点尺子上、中、下三丝读数，读取水平角 β 和竖盘读数并计算出竖直角 α。

（4）用视距测量公式计算出 AC 两点的水平距离 D 及高差 h 并计算出 C 点的高程。

（5）用量角器在图上以 ab 方向为基准量取 β 角，定出 ac' 的方向，把实地距离 D 按测图比例尺换算成图上距离 d，在 ac' 方向上量取水平距离 d，定出 c 点的位置。

（6）在 c 点旁注上高程，即测得碎部点 C 在图上的位置。

按此方法可测绘出所有的碎部点。

（二）全站仪测绘法

这种方法与经纬仪测绘法原理相同，不同的是用光电测距取代了视距测量，全站仪不仅可以测出测站点至碎部点的距离、高差和角度，而且还可以直接测算出碎部点的坐标和高程。

全站仪测绘地形图，将全站仪安置在测点上，对中、整平后，量取仪器高，棱镜固定在专用标杆上,全站仪瞄准立于碎部点上的棱镜,直接读取水平角和水平距离,用极坐标法展绘碎部点;或直接读取碎部点的坐标,用直角坐标法展绘碎部点。

全站仪还可以连接电子手簿或便携机,采集野外数据后使用测图软件数字化成图,即后面介绍的数字化测图。

任务9.4 地形图的绘制

地形图的绘制包括地物描绘、地貌勾绘、图幅拼接、图幅检查和整饰等工作。

一、地物描绘

地物应按《地形图图式》规定的符号来描绘,测绘地物时,应随测随连,依次连接同一地物的各特征点,例如:房屋的四角点相连得到房屋的轮廓,非比例符号表示的地物,应在其点位处绘出符号。原则上,测完一个完整的地物后再测下一个,对于一测站不能测完的地物,在未测完的地物上应做好标记,以便测完后连接。

二、地貌勾绘

在测出地貌特征点后,即可勾绘等高线。勾绘等高线时,首先应用铅笔轻轻描绘出脊线、山谷线等地性线。由于等高距都是整米数或半米数,因此基本等高线通过的地面高程也都是整米数或半米数。所测地形点大多数不会正好就在等高线上,所以必须在相邻地形点间,先用目估等比内插法定出基本等高线的通过点,定点常采用"取头定尾等分中间"的方法,如图 9-8 在 A 点($H_A=52.3m$)和 B 点($H_B=57.4m$)之间,先目估定出 53m

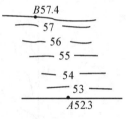

图 9-8 等比内插

和 57m 点的位置,然后再用等比内插目估法得出 54m、55m、56m 高程点的位置。这样就定出了 A、B 之间各条等高线所经过的点。按此方法定出其他点,再根据实际情况,将高程相等的点用光滑曲线进行连接,即勾绘出等高线。不能用等高线表示的地貌,如悬崖、峭壁、土堆、冲沟、雨裂等,应按图式中的标准符号表示。

图 9-9 和图 9-10 表示等比内插法勾绘的等高线。

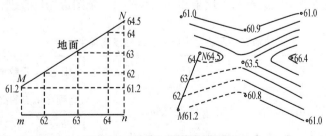

图 9-9 目估勾绘等高线原理

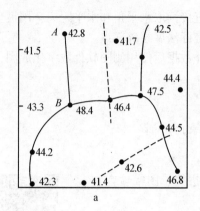 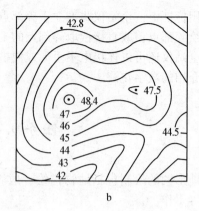

图 9-10　目估勾绘等高线

三、地形图的拼接

当测区面积较大，采用分幅测绘时，为了保证相邻图幅的正确衔接，一般要求每幅图应测出图廓外 5mm。

在相邻图幅连接处，由于测量和绘图误差的影响，无论是地物轮廓线，还是等高线往往不能完全吻合，如图 9-11 所示。施测完整个测区地形图后，相邻图幅需要进行严格的拼接。

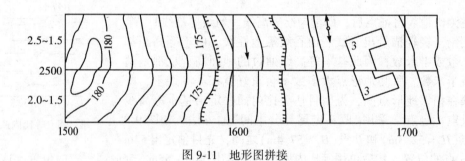

图 9-11　地形图拼接

拼接方法：当用聚酯薄膜进行测图时，不必勾绘图边，利用其自身的透明性，可将相邻两幅图的坐标格网线重叠，估算出地物及等高线的接边误差。接边误差不超过表 9-2 中规定的地物点平面位置中误差、等高线高程中误差的 $2\sqrt{2}$ 倍时，则可取其平均位置进行改正。若接边误差超过规定限差，则应分析原因，到实地测量检查，进行纠正。当用非薄膜测图时，将一幅图的图边用透明纸蒙绘下来，用于和其相邻的另一幅图边相比较进行拼接。

表 9-2　　　　　　　　　地物点平面位置中误差和地形点高程中误差

地区类别	点位中误差	高山地	山地	丘陵地	平地	铺装地面
山地、高山地	图上 0.8mm	高程注记点的高程中误差				
		h	$2h/3$	$h/2$	$h/3$	0.15m
城镇建筑区、工矿建筑区、平地、丘陵地	图上 0.6mm	高程注记点的高程中误差				
		h	h	$2h/3$	$h/2$	

四、地形图的检查

为了确保地形图的质量，除施测过程中加强检查外，在地形图测完后，必须进行全面检查。

（一）室内检查

室内检查图上地物、地貌各种符号注记是否有错；等高线与地形点的高程是否相符，有无矛盾之处；图边拼接有无问题等。如发现错误或不清晰的地方，应到野外实地检查解决。

（二）外业检查

1. 巡视检查

检查时应带图沿预定的线路巡视，将图上的地物、地貌和相应实地上的地物、地貌对照检查，查看的内容主要是图上有无遗漏的地方，名称注记是否与实地一致等，特别是应对接边时所遗留的问题和室内图面检查时发现的问题做重点检查。

2. 仪器检查

对于室内检查和野外巡视检查中发现的错误和疑点，应用仪器进行测量检查，并进行修改。如发现点位误差超限，应按正确的观测结果修正。

五、地形图的整饰

地形图经过拼接和检查后，还要进行清绘和整饰，整饰次序是先图内后图外，图内应用光滑线条描绘好地物及等高线，擦去不必要的线条、符号和数字，用工整的字体进行注记。图廓外应按图式要求书写出图名、图号、比例尺、坐标系统和高程系统、施测单位和日期等，如是地方独立坐标，还应画出正北方向。整饰后图面会更加清晰、美观。

任务 9.4 测试题

六、验收

验收时首先检查成果资料是否齐全，然后在全部成果中抽取较为重要的部分做重点检查，包括内业成果、资料和外业施测的检查，其余部分做一般性检查。通过检查鉴定各项成果是否合乎规范及有关技术指标的要求，对成果质量作出正确的评价。

任务9.5　数字化测图

一、概述

任务 9.5 课件浏览

传统的地形测量是用经纬仪或平板仪测量角度、距离和高差，通过计算处理，再模拟测量数据将地物地貌图解到图纸上，其测量的主要产品是图纸和表格。随着 GPS 和电子测量仪器的广泛应用以及计算机硬件和软件技术的迅速发展，地形测量正由传统的方法向全解析数字化地形测量方向变革。数字化地形测量的计算器是以计算机磁盘为载体，以数字形式表达地形特征点的集合形态的数字地图。数字地形测量的全过程，都是以仪器野外采集的数据作为电子信息，自动传输、记录、存储、处理、成图和绘图的。所以，原始测量数据的精度没有丝毫损失，从而可以获得与测量仪器精度相一致的高精度测量成果。尤其是数字地形的成果是可供计算机处理、远距离传输、各方共享的数字化地形图，使其成果用途更广，还可通过互联网实现地形信息的快速传送。这些都是传统测图方法不可比拟的。因此，数字化测图符合现代社会信息化的要求，是现代测绘的重要发展方向，它将成为迈向信息化时代不可缺少的地理信息系统(GIS)的重要组成部分。

（一）数字化测图的基本原理

数字化测图是通过采集地形点数据并传输给计算机，通过计算机对采集的地形信息进行识别、检索、连接和调用图式符号，并编辑生成数字地形图，再发出指令由绘图仪自动绘出地形图。数字化地形测量野外采集的每一个地形点信息，必须包括点位信息和绘图信息。点位信息是指地形点点号及其三维坐标值，可通过全站仪或 GPS 接收机(RTK)实测获取。点的绘图信息是指地形点的属性以及测点间的连接关系。地形点的属性是指地形点属于地物点还是地貌点，地物又属于哪一类，用什么图式符号表示等。测点的连接信息则是指点的点号以及连接线型。在数字化地形测量中，为了使计算机能自动识别，对地形点的属性通常采用编码方法来表示。只要知道地形点的属性编码以及连接信息，计算机就能利用绘图软件，从图式符号库中调出与该编码相对应的图式符号，连接并生成数字地形图。

（二）数字化测图的一般方法

1. 野外数字化测绘

野外数字化测图是利用全站仪或 GPS 接收机(RTK)在野外直接采集有关地形信息，并将野外采集的数据传输到电子手簿、磁卡或便携机内记录，在现场绘制地形图或在室内传输到计算机中，经过测图软件进行数据处理形成绘图数据文件，最后由数控绘图仪输出地形图，其基本系统构成如图 9-12 所示。

由于野外数字化测图的记录、传送数据以及数据处理都是自动进行的，其成品能保持原始数据的精度，所以它在几种数字化成图方法中是精度最高的一种，是当今测绘地形图、地籍图和房产分幅图的主要方法。

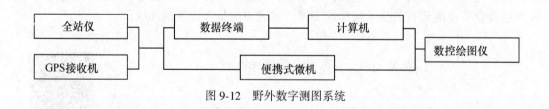

图 9-12 野外数字测图系统

2. 影像数字化成图

影像数字化成图是以航空像片或卫星像片作为数据来源，即利用摄影测量与遥感的方法获得测区的影像并构成立体像对，在解析测图仪上采集地形点并自动传输到计算机中，或直接用数字摄影测量方法进行数据采集，利用软件进行数据处理，自动生成地形图，并由数控绘图仪输出地形图，其基本系统构成如图 9-13 所示。

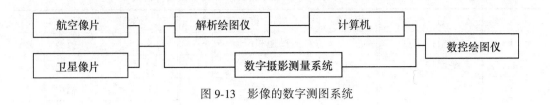

图 9-13　影像的数字测图系统

二、外业数据采集

（一）作业模式

全站仪或 GPS 接收机（RTK）数字化测图根据设备的配置和作业人员的水平，一般分为数字测记和电子平板测图两种作业模式。

数字测记模式用全站仪或 GPS 接收机测量，电子手簿记录，对复杂地形配画人工草图，在室内将测量数据由记录器传输到计算机，由计算机自动检索编辑图形文件，配合人工草图进一步编辑、修改，自动成图。该模式在测绘复杂的地形图、地籍图时，需要现场绘制包括每一碎部点的草图，但其具有测量灵活，系统硬件对地形、天气等条件的依赖性较小，可由多台全站仪配合一台计算机、一套软件生产，易形成规模化等优点。

电子平板测绘模式用全站仪测量，用加装了相应测图软件的便携机（电子平板）与全站仪通信，由便携机实现测量数据的记录、解算、建模，以及图形编辑、图形修正，实现了内外业一体化。该测图模式现场直接生成地形图，即测即显，所见即所得。但便携机在野外作业时，对阴雨天、暴晒或灰尘等条件难以适应，另外，把室内编辑图的工作放在外业完成会增加测图成本。目前，具有图数采集、处理等功能的掌上电脑取代便携机的袖珍电子平板测图系统，解决了系统硬件对外业环境要求较高的问题。

（二）数字测图的基本作业过程

1. 信息编码

地形图的图形信息包括所有与成图有关的各种资料，如测量控制点资料、解析点坐标、各种地物的位置和符号、各种地貌的形状、各种注记等。常规测图方法是随测随绘，手工逐个绘制每一个符号是一项繁重的工作。进行数字化测图时，必须对所测碎部点和其他地形信息进行编码，即先把各种符号按地形图图式的要求预先造好，并按地形编码系统建立符号库存于计算机中。使用时，只需按位置调用相应的符号，使其出现在图上指定的位置，如此进行符号注记，快速简便。信息编码按照 GB 14804-1993《1∶500、1∶1000、1∶2000 地形图要素分类与代码》进行。地形信息的编码由大类码、小类码、一级代码、二级代码四部分组成，分别用 1 位十进制数字顺序排列。第一大类码是测量控制点，又分为平面控制点、高程控制点、GPS 点和其他控制点四个小类码，编码分别为 11、12、13 和 14。小类码又分为若干一级代码，一级代码又分为若干二级代码。如小三角点是第 3 个一级代码，5″小三角点是第 1 个二级代码，则小三角点的编码是 113，5″小三角点的编码是 1131，见表 9-3。

表 9-3　　　　　1∶500、1∶1000、1∶2000 地形图要素分类与代码(部分)

代码	名称	代码	名称	……	代码	名称
1	测量控制点	2	居民地和垣栅	……	9	植被
11	平面控制点	21	普通房屋	……	91	耕地
111	三角点	211	一般房屋	……	911	稻田
1111	一等	……	……	……	……	……
……	……	214	破坏房屋	……	914	菜地
1114	四等	……	……	……	……	……
115	导线点	23	房屋附属设施	……	93	林地
1151	一级	231	廊	……	931	有林地
……	……	2311	柱廊	……	9311	用材林
1153	三级	……	……	……	……	……

2. 连接信息

　　数字化地形测量野外作业时，除采集点位信息、地形点属性信息外，还要记录编码、点号、连接点和连接线型四种信息。当测点是独立地物时，只要用地形编码来表明它的属性即可，而一个线状或面状地物，就需要明确本测点与何点相连，以何种线型相连。接线型是测点与连接点之间的连线形式，有直线、曲线、圆弧和独立点四种形式，分别用 1、2、3、0 或空白为代码。如图 9-14 所示，测量一条小路，假设小路的编码为 632，其记录格式见表 9-4，表中略去了观测值，点号同时也代表测量碎部点的顺序。

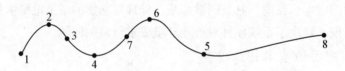

图 9-14　数字化测图的记录

表 9-4　　　　　　　　　　　数字化测图记录表

单元	点号	编码	连接点	连接线型
第一单元	1	632	1	2
	2	632		
	3	632		
	4	632		
第二单元	5	632	5	2
	6	632		
	7	632	4	
第三单元	8	632	5	1

(三) 全站仪野外数据采集

数字采集工作是数字测图的基础，全站仪野外数据采集是通过全站仪测定地形特征点的平面位置和高程，将这些点位信息自动记录和存储在电子手簿中再传输到计算机中，或直接将其记录到与全站仪相连的便携式微机中。每个地形特征点都有一个记录，包括点号、平面坐标、高程、属性编码和与其他点之间的连接关系等。

全站仪采集数据的步骤大致是：

(1) 在测点上安置全站仪并输入测站点坐标(X、Y、H)及仪器高。

(2) 照准定向点并使定向角为测站点至定向点的方位角。

(3) 在待测点立棱镜并将棱镜高由人工输入全站仪，输入一次以后，其余测点的棱镜高则由程序默认（即自动填入原值）。只有当棱镜高改变时，才需重新输入。

(4) 逐点观测。只需输入第一个测点的测量顺序号，其后测一个点，点号自动累加1，一个测区内点号是唯一的，不能重复。

(5) 输入地形点编码，并将有关数据和信息记录在全站仪的存储设备或电子手簿上(在数字测记模式下)。在电子平板测绘模式下，则由便携机实现测量数据和信息的记录。

在利用全站仪进行野外数据采集的过程中，既可以像常规测图那样，先进行图根控制，再进行碎部测量，也可以采取图根控制测量和碎部测量同时进行的方法；在通视良好、定向边较长的情况下，一个测站的测图范围可以比常规测图时大；碎部测量方法仍以极坐标法为主，在有关软件支持下也可以灵活采用其他方法；碎部点位置的选择仍和常规测图一样，选择地物、地貌的特征点，在这些地形特征点上竖立反光镜，全站仪照准反光镜观测。

(四) GPS(RTK)野外数据采集

RTK(Real-time kinematic)定位是将一台 GPS 接收机安装在已知点上对 GPS 卫星进行观测，将采集的载波相位观测量调制到基准站电台的载波上，再通过基准站电台发射出去；流动站在对 GPS 卫星进行观测并采集载波相位观测量的同时，也通过流动站电台接收由基准站电台发射的信号，经调解得到基准站的载波相位观测量；流动站的 GPS 接收机再利用 TOF(运动中求解整周模糊度)等技术由基准站及流动站的载波相位观测量来求解整周模糊度，最后求出流动站的平面坐标(X、Y)和高程(H)。所测量的点平面精度1~3cm，高程精度 1~5cm。RTK 已广泛应用于测绘、交通、农业等领域。

GPS(RTK)采集数据的步骤如下：

(1) 准备工作，包括准备测区控制点数据、工程坐标系统参数以及检查仪器设备和充电。

(2) 基准站操作，包括在基准站架设仪器(连接好电缆并开机)、建立新任务、设置坐标系统参数等。

(3) 流动站操作，包括连接仪器、校正等。

(4) 用流动站采集地形点数据(仅以 TRIMBLE RTK GPS 接收机为例)：

在"测量"菜单下选择"开始测量"并按回车键，选"测量点"，显示如图 9-15 所示。为了改变当前测量的

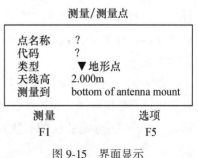

图 9-15 界面显示

一些设置(如点间自动增加的步长、测量的时间等),可以按"选项"对应的"F5"键。确定设置正确后,就可以按下"F1"键进行地形数字采集,经过3~5s(控制点),再按下"F1"键存储此点。同样的方法可以测量其他的地形点,数据采集完毕按"F1"键结束任务。(如果想立即查看所测点的坐标等信息,就可以按"ESC"或"MENU"返回主菜单,进入"文件"中的"查看当前任务"即可看到。)

三、内业成图

数字化测图的内业工作包括数据处理和绘图输出等工作。

(一)数据处理

数据处理是数字测图的中心环节,通过相应的计算机软件来完成,主要包括地图符号库、地物要素绘制、等高线绘制、文字注记、图形编辑、图形裁剪、图形接边和地形图整饰等功能。首先,将野外实测数据输入计算机,成图系统将三维坐标和编码进行初处理,形成控制点数据、地物数据和地貌数据,然后分别对这些数据分类处理,形成图形数据文件,包括带有点号和编码的所有点的坐标文件和含有所有点的连接信息文件。

因为全站仪或GPS(RTK)能实时测出点的三维坐标,在测图时某些图根点测量与碎部点测量是同步进行的,控制点数据处理软件完成对图根点的计算、绘制和注记。

地物的绘制主要是绘制符号。软件将地物数据按地形编码分类。比例符号的绘制主要依靠野外采集的信息;非比例符号的绘制利用软件中的符号库,按定位线和定位点插入符号;半比例符号的绘制则要根据定位线或朝向调用软件的专用功能。

(二)地形图的编辑与输出

绘图程序根据输入的比例尺、图廓坐标、已生成的坐标文件和连接信息文件,按编码分类,分层进入地物(如房屋、道路、水系、植被等)和地貌等各层,进行绘图处理,生成绘图命令,并在屏幕上显示所绘图形,根据实际地形地貌情况对屏幕图形进行必要的编辑、修改,生成修改后的图形文件。

数字化地形图输出形式可采用绘图机绘制地形图、显示器显示地形图、磁盘存储图形数据、打印机输出图形等,具体用何种形式应视实际需要而定。

将实地采集的地物地貌特征点的坐标和高程,经过计算机处理,自动生成不规则的三角网(TIN),建立起数字地面模型(DEM)。该模型的核心目的是用内插法求得任意已知坐标点的高程,据此可以内插绘制等高线和断面图,为水利、道路、管线等工程设计服务,还能根据需要随时调出数据,绘制任何比例尺的地形原图。

数字化测图方法的实质是用全站仪或GPS(RTK)野外采集数据,计算机进行数据处理,并建立数字立体模型和计算机辅助绘制地形图,这是一种高效率、低强度的有效方法,是对传统测绘方法的革新。

任务9.5 测试题

【项目小结】

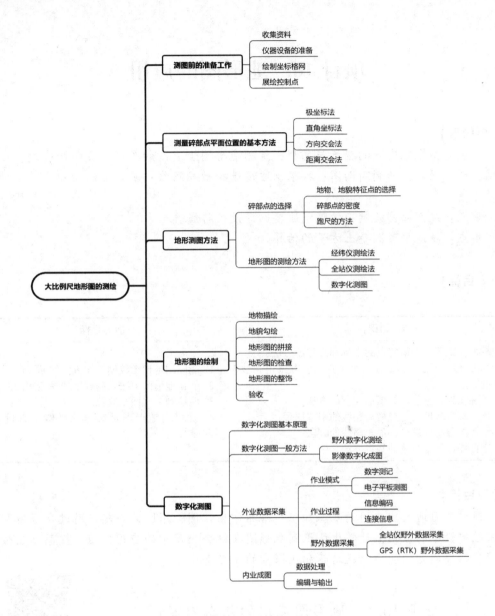

【习题】

1. 测图前的准备工作有哪些？
2. 如何展绘控制点？怎样检查展点的正确性？
3. 地形测图时，应怎样选择地物点和地貌点？
4. 测量碎部点平面位置的方法有几种？都是在什么情况下使用？
5. 地形图测绘方法有几种？比较它们的异同。
6. 试述数字化测图的基本作业过程。

项目 10 地形图的应用

【主要内容】

在地形图上确定点的坐标与高程；量测地形图上直线的长度、方向和坡度；在地形图上量算面积；绘制断面图；按限制坡度选择最短路线；确定汇水面积边界；场地平整测量。

重点：纵断面图绘制；按限制坡度选择最短路线。

难点：场地平整测量土方量的估算。

【学习目标】

知识目标	能力目标
1. 掌握在地形图上确定点的坐标和高程的方法； 2. 掌握在地形图上确定直线水平距离、方位角和坡度的方法； 3. 掌握在地形图上量算图形面积的方法； 4. 理解按限制坡度选择最短路线的基本原理； 5. 掌握按限制坡度选择最短路线的方法； 6. 掌握场地平整测量的基本方法。	1. 能应用地形图绘制已知方向的断面图； 2. 能在地形图上按限制坡度选择最短线路； 3. 能绘制汇水面积线； 4. 能应用地形图进行土地平整土方量的估算。

【思政目标】

通过学习地形图应用的基本知识，培养学生识图、用图的兴趣；通过学习地形图在工程建设中的应用，让学生认识到地形图在社会生产中的应用价值，提高学生分析问题、解决问题的能力以及培养积极探索的学习态度。

任务 10.1 地形图应用的基本内容

任务 10.1 课件浏览

一、求图上某点的坐标

如图 10-1 所示，若要求图上 A 点的坐标，可先通过 A 点作坐标网的平行线 mn、oP，然后再用测图比例尺量取 mA 和 oA 的长度，则 A 点的坐标为：

$$\begin{cases} x_A = x_0 + mA \\ y_A = y_0 + oA \end{cases} \tag{10.1}$$

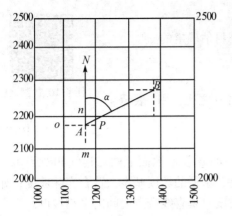

图10-1 求图上点的坐标、水平距离、方位角

式中，x_0，y_0 是 A 点所在方格西南角点的坐标。

为了提高精度，量取 mn 和 oP 的长度，对纸张伸缩变形的影响加以改正。若坐标格网的理论长度为 l，则 A 点的坐标应按下式计算：

$$\begin{cases} x_A = x_0 + \dfrac{mA}{mn}l \\ y_A = y_0 + \dfrac{oA}{oP}l \end{cases} \quad (10.2)$$

二、求图上两点间的水平距离

（一）图解法

若要求 AB 间的水平距离 D_{AB}，可用测图比例尺直接量取 D_{AB}，也可以直接量出 AB 的图上距离 d，再乘以比例尺分母 M，得：

$$D_{AB} = Md \quad (10.3)$$

（二）解析法

先在图上确定 A、B 两点的坐标，再用下式计算出 A、B 两点间的距离：

$$D_{AB} = \sqrt{(x_B - x_A)^2 + (y_B - y_A)^2} \quad (10.4)$$

三、求图上某直线的方位角

（一）图解法

若要求直线 AB 的方位角，可先通过 A 点和 B 点作坐标纵线的平行线，再量出 AB 的方位角。

（二）解析法

精确确定直线 AB 方位角的方法是解析法，量出 A、B 的坐标后，再用坐标反算公式求出直线 AB 的方位角。

$$\alpha_{AB} = \arctan \dfrac{y_B - y_A}{x_B - x_A} \quad (10.5)$$

四、求图上某点的高程

地形图上任一点的地面高程，可根据邻近的等高线及高程注记确定。如图 10-2 所示，A 点位于高程为 84m 的等高线上，故 A 点高程为 84m。若所求点不在等高线上，如图 10-2 中的 B 点，可过 B 点作一条大致垂直并相交于相邻等高线的线段 mn。分别量出 mn 的长度 d 和 mB 的长度 d_1，则 B 点的高程可按比例内插求得：

$$H_B = H_m - h_{mB} = H_m - \dfrac{d_1}{d}h \quad (10.6)$$

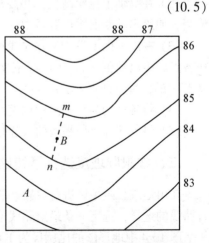

图 10-2 求图上点的高程

式中，H_m 为 m 点的高程，h 为等高距，在图 10-2

中，H_m 为 86m，h 为 1m。

实际工作中，在图上求某点的高程，通常是用目估确定的。

五、求图上某直线的坡度

直线的坡度是直线两端点的高差 h 与水平距离 D 之比，用 i 表示。

任务 10.1 测试题

$$i = \frac{h}{D} = \tan\alpha \tag{10.7}$$

坡度一般用百分率或千分率表示。式(10.7)中的 α 表示地面上两点连线相对于水平线的倾角。如果直线两端点间的各等高线平距相近，求得的坡度基本上符合实际坡度；如果直线两端点间的各等高线平距不等，则求得的坡度只是直线端点之间的平均坡度。

若确定某处两等高线间的坡度，则按下式确定：

$$i = \frac{h}{Md} \tag{10.8}$$

式中，h 为等高距，M 为比例尺分母，d 为两等高线间的图上距离。

任务 10.2　地形图在工程建设中的应用

一、按一定方向绘制断面图

在进行线路工程设计时，为了进行填挖土方量的概算及合理地确定线路的纵坡，需要较详细地了解沿线路方向上的地面的高低起伏情况，为此可以根据地形图上的等高线来绘制地面的断面图。

如图 10-3 所示，现要绘制 MN 方向的断面图，方法如下：

任务 10.2 课件浏览

（1）首先在图纸上绘制直角坐标系。以横轴表示水平距离，以纵轴表示高程。水平距离比例尺一般与地形图比例尺相同，称为水平比例尺。为了明显地表示地面的起伏状况，高程比例尺一般是水平比例尺的 10 倍或 20 倍。

（2）在纵轴上注明高程，并按基本等高距作与横轴平行的高程线。高程起始值要选择恰当，使绘出的断面图位置适中。

（3）在地形图上沿 MN 方向线量取断面与等高线的交点 a，b，c，…至 M 点的距离，按各点的距离数值，自 M 点起依次截取于直线 $M'N'$ 上，则得 a，b，c，…各点在直线 $M'N'$ 上的位置，即点 a'，b'，c'，…在地形图上读取各点的高程。

（4）将各点的高程按高程比例尺画垂线，就得到各点在断面图上的位置。

（5）将各相邻点用平滑曲线连接起来，即为 AB 方向的断面图，如图 10-3(b)所示。

二、按限制坡度选择最短路线

在山地或丘陵地区进行道路、管线等工程设计中，一般根据设计要求先在地形图上进行路线的选择，选定一条最短路线或等坡度路线。

图 10-4 中地形图的比例尺为 1∶2000，等高距为 1m，要求从 M 到 N 点选择坡度不超过 5%的最短路线。为此，先根据 5%坡度求出路线通过处的相邻两等高线间的最小平距：

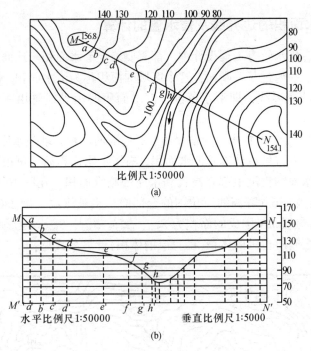

图 10-3 绘制纵断面图

$$d = \frac{1}{2000 \times 5\%} = 10(\text{mm}) \tag{10.9}$$

将分规卡成 d(10mm)长，以 M 为圆心，以 d 为半径作弧与相邻等高线交于 a 点，再以 a 点为圆心，以 d 为半径作弧与相邻等高线交于 b 点，依次定出其他各点，直到 N 点附近，即得坡度不大于5%的线路。在该地形图上，用同样的方法还可定出另一条线路 M, a', b', …, N, 作为比较方案。

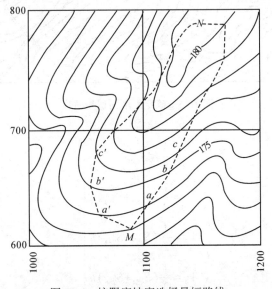

图 10-4 按限度坡度选择最短路线

三、确定汇水面积的边界线及蓄水量的计算

在水库、涵洞、排水管等工程设计中,都需要确定汇水面积。地面上某区域内雨水注入同一山谷或河流,并通过某一断面,这个区域的面积称为汇水面积。确定汇水面积首先要确定出汇水面积的边界线,即汇水范围。汇水面积的边界线是由一系列山脊线(分水线)连接而成的。

如图 10-5 所示,图中山脊线与坝轴线 MN 所包围的面积,就是水库的汇水面积。

确定了汇水范围后,可以计算其汇水面积。有了汇水面积后,可根据该地区年平均降雨量等资料,确定水库的溢洪道起点高程和水库的淹没面积。在图 10-5 中,若溢洪道起点高程为 286m,则被 286m 等高线所包围的全部面积将被淹没。设 280m、282m、284m、286m 这四条等高线与坝 MN 围成的面积为 S_{280}、S_{282}、S_{284}、S_{286}。地形图的等高距 h 是已知的,则两水平面之间所包围的体积(即每层的体积)计算公式是:

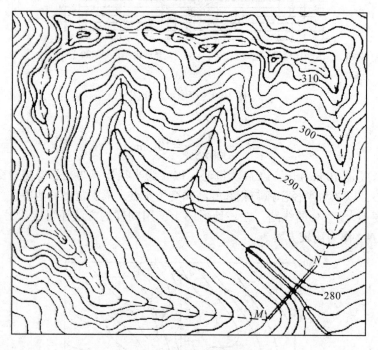

图 10-5 确定汇水面积和库容

$$\left.\begin{aligned} V_1 &= \frac{1}{3}h'S_{280} \\ V_2 &= \frac{1}{2}(S_{280}+S_{282})h \\ V_3 &= \frac{1}{2}(S_{282}+S_{284})h \\ V_4 &= \frac{1}{2}(S_{284}+S_{286})h \end{aligned}\right\} \quad (10.10)$$

那么，水库蓄水的总体积为：

$$\sum V = V_1 + V_2 + V_3 + V_4 \tag{10.11}$$

式中，h 为等高距(2m)，h' 为库底高程与最低一条等高线(280m)的高程之差。

四、在地形图上确定土坝的坡脚线

土坝的坡脚线就是土坝坡面与自然地面的交线。在地形图上可以标出土坝的坡脚线，确定清基范围(如图10-6所示)。其具体方法是：

（1）首先在地形图上画出坝轴线，再按坝顶宽度画出坝顶位置。

（2）根据坝顶高程及上、下游坝坡面的设计坡度，计算与地形图等高线相同的坝面等高线至坝顶边线的平距，然后根据平距画出与地面等高线相应的坝面等高线，它们与坝顶线平行。

（3）将高程相同的等高线与坝面等高线的交点连成光滑的曲线，即为土坝坡脚线。

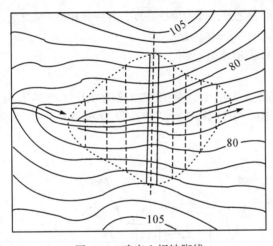

图10-6 确定土坝坡脚线

任务10.2 测试题

任务10.3 地形图在平整场地中的应用

按照工程需要，将施工场地自然地表整理成符合一定高程的水平面或一定坡度的均匀地面，称为平整场地。平整场地中常用的方法有方格网法、等高线法、断面法等。

一、平整场地的方法

（一）方格网法

方格网法适用于地形起伏不大的方圆地区，一般要求在填土和挖土的土石方基本平衡的条件下平整成水平场地，先求出水平场地的合理的设计高程，再以此高程为基准计算各点的挖、填深度和挖、填方量。其步骤如下：

任务10.3 课件浏览

1. 在地形图上绘制方格网

在地形图上平整场地的区域内绘制方格网，格网边长依地形情况和挖、填土石方计算的精度要求而定，一般为10m或20m。

2. 计算设计高程

用内插法或目估法求出各方格顶点的地面高程，并注在相应顶点的右上方。将每一方格的顶点高程取平均值（即每个方格顶点高程之和除以4），最后将所有方格的平均高程相加，再除以方格总数，即得地面设计高程。

$$H_{设} = \frac{1}{n}(H_1 + H_2 + \cdots + H_n) \tag{10.12}$$

式中，n 为方格数，H_i 为第 i 方格的平均高程。

3. 绘出填、挖分界线

根据设计高程，在图上用内插法绘出设计高程的等高线，该等高线即为填、挖分界线。

4. 计算各方格顶点的填、挖深度

各方格顶点的地面高程与设计高程之差，即为填挖高度，并注在相应顶点的左上方。即

$$h = H_{地} - H_{设} \tag{10.13}$$

式中，h 为"+"号表示挖方，"−"号表示填方。

5. 计算填、挖土石方量

由图 10-7 可以看出，有的方格全为挖土，有的方格全为填土，有的方格有填有挖。计算时，填、挖要分开计算，图 10-7 中计算得到设计高程为 64.84m。以方格 2、10、6 为例计算填、挖方量。

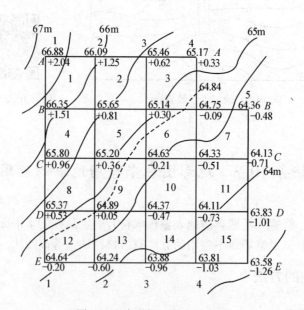

图 10-7 水平场地平整示意图

方格 2 为全挖方，方量为：

$$V_{2挖} = \frac{1}{4}(1.25 + 0.62 + 0.81 + 0.30)S_2 = 0.75S_2 \text{m}^3$$

方格 10 为全填方，方量为：

$$V_{10填} = \frac{1}{4}(-0.21-0.51-0.47-0.73)S_{10} = -0.48S_{10}\text{m}^2$$

方格 6 既有挖方，又有填方：

$$V_{6挖} = \frac{1}{3}(0.3+0+0)S_{6挖} = 0.1S_{6挖}$$

$$V_{6填} = \frac{1}{5}(0-0.09-0.51-0.21-0)S_{6填} = -0.16S_{6填}$$

式中，S_2 为方格 2 的面积，S_{10} 为方格 10 的面积，$S_{6挖}$ 为方格 6 中挖方部分的面积，$S_{6填}$ 为方格 6 中填方部分的面积。最后将各方格填、挖土方量各自累加，即得填、挖的总土方量。

（二）等高线法

如图 10-8 所示，先量出各等高线所包围的面积，相邻两等高线包围的面积平均值乘以等高距，就是两等高线间的体积（即土方量）。首先从设计高程的等高线开始，逐层求出各相邻等高线间的体积，再将其求和即为总方量。图 10-8 所示的等高距为 2m，施工场地的设计高程为 75m，图中虚线即为设计高程的等高线，分别求出 75m、76m、78m、80m、82m 五条等高线所围成的面积 S_{75}、S_{76}、S_{78}、S_{80}、S_{82}，则每一层的体积（土方量）为：

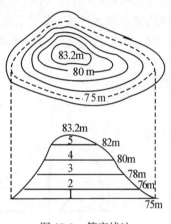

图 10-8 等高线法

$$\left.\begin{aligned}V_1 &= \frac{1}{2}(S_{75}+S_{76})\times 1 \\ V_2 &= \frac{1}{2}(S_{76}+S_{78})\times 2 \\ V_3 &= \frac{1}{2}(S_{78}+S_{80})\times 2 \\ V_4 &= \frac{1}{2}(S_{80}+S_{82})\times 2 \\ V_5 &= \frac{1}{3}S_{82}\times 1.2\end{aligned}\right\} \quad (10.14)$$

总土方量为：

$$V_总 = V_1+V_2+V_3+V_4+V_5 \quad (10.15)$$

二、将场地平整成倾斜平面

为了将自然地面平整成一定坡度 i 的倾斜场地，并保证挖填方量基本平衡，可采用方格网法按下述步骤确定挖填分界线和求得挖填方量。

（1）根据场地自然地面情况绘制方格网，如图 10-9 所示，使纵横方格网线分别与主坡倾斜方向平行和垂直。这样，横格线即为倾斜坡面水平线，纵格线即为设计坡度线。

（2）根据等高线按等比内插法求出各方格角顶的地面高程，标注在相应角顶的右上方。

（3）计算地面平均高程（重心点设计高程），方法同前。图10-9中算得地面平均高程为63.5m，标注在中心水平线下两端。

（4）计算斜平面最高点（坡顶线）和最低点（坡底线）的设计高程。

$$\left.\begin{array}{l}H_{顶}=H_{设}+iD/2\\H_{底}=H_{设}-iD/2\end{array}\right\} \tag{10.16}$$

式中，D为顶线至底线之间的距离。

在图10-9中，$i=10\%$，$D=40m$，算得$H_{顶}=65.5m$，$H_{底}=61.5m$，分别注在相应格线的下两端。

（5）确定挖填分界线。为此，由设计坡度和顶、底线的设计高程按内插法确定与地面等高线高程相同的斜平面水平线的位置，用虚线绘出这些坡面水平线，它们与地面相应等高线的交点即为挖填分界点，将其依次连接，即为挖填分界线。

（6）根据顶、底线的设计高程按内插法计算出各方格角顶的设计高程，标注在相应角顶的右下方，将原来求出的角顶地面高程减去它的设计高程，即得挖、填高度，标注在相应角顶的左上方。

（7）计算挖填方量。计算方法与平整成水平场地相同。

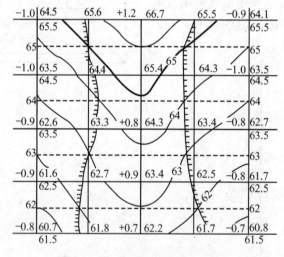

图10-9 倾斜场地平整示意图

任务10.3 测试题

任务10.4 地形图上面积量算

面积测量的方法很多，常用的有透明方格纸法、平行线法、坐标计算法、图解法和求积仪法。

一、透明方格纸法

如图 10-10 所示,要测出曲线区域的面积,先用一张透明方格纸覆盖在图形上,然后数出图内完整的小方格数,再把边缘不完整的方格凑成相当于整方格的数目,求出整个方格总数 n。根据图的比例尺确定出每一方格的实地面积 S',最后可计算出整个图形的面积 S。

任务 10.4 课件浏览

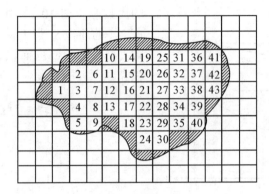

图 10-10 透明方格纸法

一般地,方格纸边长取 1mm 或 2mm。边长越大,量取精度就越低;边长越小,则量取精度就越高。

二、平行线法

如图 10-11 所示,在量算面积的图形上绘出等间距的平行线,并使平行线与图形的上下边线相切,把相邻两平行线之间所截的部分图形看成梯形,梯形的高就是平行线的间距 d。量出各梯形的底边长度 l_1,l_2,$\cdots$,l_n,则各梯形面积分别为:

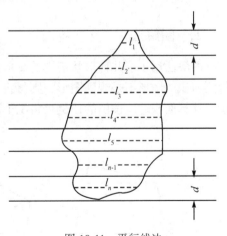

$$\left.\begin{array}{l}S_1 = \dfrac{1}{2}d(0+l_1) \\ S_2 = \dfrac{1}{2}d(l_1+l_2) \\ \vdots \\ S_{n+1} = \dfrac{1}{2}d(l_n+0)\end{array}\right\} \quad (10.17)$$

图 10-11 平行线法

图形的总面积为:

$$\sum S = S_1 + S_2 + \cdots + S_{n+1} = (l_1 + l_2 + \cdots + l_n)d \quad (10.18)$$

如果图的比例尺为 $1:M$,则该区域的实地面积为:

$$S = \sum SM^2 \quad (10.19)$$

如果图的纵方向比例尺为 $1:M_1$，横方向比例尺为 $1:M_2$，则有

$$S = \sum SM_1M_2 \tag{10.20}$$

三、坐标计算法

坐标计算法是根据多边形顶点的坐标值来计算面积。如图 10-12 所示，1、2、3、4 为多边形的顶点，这四个顶点的纵横坐标值组成了多个梯形。

多边形 1234 的面积 S 即为这些梯形面积的代数和。图 10-12 中，四边形面积为梯形 $1y_12y_2$ 的面积 S_1 加上梯形 $2y_23y_3$ 的面积 S_2 再减去梯形 $1y_14y_4$ 的面积 S_3 和梯形 $4y_43y_3$ 的面积 S_4。

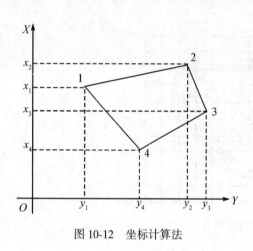

图 10-12　坐标计算法

$$\left.\begin{aligned}S_1 &= \frac{1}{2}(x_1+x_2)(y_2-y_1)\\S_2 &= \frac{1}{2}(x_2+x_3)(y_3-y_2)\\S_3 &= \frac{1}{2}(x_1+x_4)(y_4-y_1)\\S_4 &= \frac{1}{2}(x_3+x_4)(y_3-y_4)\end{aligned}\right\} \tag{10.21}$$

$$\begin{aligned}S &= S_1+S_2-S_3-S_4\\&= \frac{1}{2}[x_1(y_2-y_4)+x_2(y_3-y_1)+x_3(y_4-y_2)+x_4(y_1-y_3)]\end{aligned} \tag{10.22}$$

四、图解法

图解法用于求几何形状规则的图形面积，常用图形为三角形、矩形和梯形。如果需要量测面积的图形不是规则图形，则可将其分割成若干个规则图形进行量测，如图 10-13 所示。计算面积时应按图的比例尺将图上面积化为实地面积。

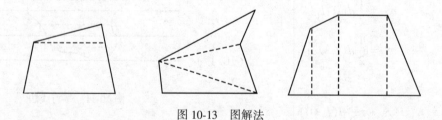

图 10-13　图解法

五、求积仪法

求积仪一般用于量测图上面积较大或图形呈曲线形状的面积。求积仪可分为机械求积仪和电子求积仪两类。这里只介绍电子求积仪。

电子求积仪也称数字求积仪。它是在机械求积仪的机械装置上加上了电子计算设备，电子求积仪测定面积的精度高、范围大，使用方便。

如图 10-14 所示为 KP-90N 型动极式电子求积仪。

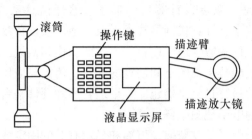

图 10-14　电子求积仪

如图 10-15 所示，使用时，先将扫描放大镜置于图形中心，使滚轴与描迹臂呈 90°的角，然后打开电源，设定单位和比例尺。先在图形边缘上选一个量算起点，将扫描放大镜对准该点后，按开始键，用扫描放大镜顺时针沿图形边界扫描一周回到起点，则显示数值即为图形实地面积。电子求积仪还可以进行重复量测同一面积取其平均值作为最后的结果，该平均值在按功能键后可自动显示。另外，在需要的时候，还可以累加测量，即可以累测两块以上的面积。电子求积仪的精度约为 2/10000。

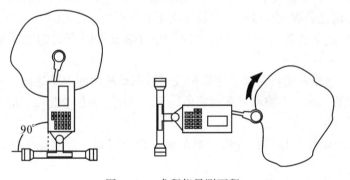

图 10-15　求积仪量测面积　　　　　　　　任务 10.4　测试题

任务 10.5　电子地图应用简介

电子地图是 20 世纪 80 年代初出现的地图新品种。它可以定义为一种可通过电脑屏幕交互阅读的、可复制、可修改，存放于数字存储介质，能提供查询、统计、分析、打印、输出等功能的地图。电子地图具有交互性、通用性及超媒体集成性等特点。电子地图的问世将地图的应用范围扩展到了更广阔的领域：从政府决策到市政建设，从知识传播到企业管理，从移动互联到电子商务等，无一能脱离基于电子地图的应用和服务。而近年来在我国逐渐兴起的导航定位、数字地方建设，则开始将电子地图的应用渗透到社会生活的方方面面。

一、电子地图应用体系的结构

任务 10.5 课件浏览

电子地图应用体系是一项涉及计算机图形学、地理信息系统、数字制图技术、多媒体技术、计算机网络技术以及其他多项现代高新技术的复合系统，其内容主要表现在硬件、软件和数字地图信息三个方面，换句话说，就是在最先进的硬件环境中，以最先进的软件实现数字地图空间信息的表达、传播与应用，以及同其他信息的集成。电子地图应用体系的最终目标是要建立一个适合多种硬件平台、摆脱时空限制、实时快捷地满足多方面需求的电子地图服务系统。

在硬件方面，一切与图形信息获取、传输和显示有关的固定或移动装置均是电子地图系统的潜在表现载体，这其中既包括传统的计算机硬件，如主机、存储器、显示器等，也包括随着信息技术的发展而出现的新设备。信息获取设备包括全球定位系统（GPS）接收机、CCD、数字相机、数字摄像机、传感器等。信息传输设备包括有线及无线网络、光盘存储器等。信息显示设备则包括个人数字助理（PDA）、导航用显示屏、手机显示屏、大型投影屏、高清晰电视（HDTV）等。它们以各自独立的技术轨迹在飞速发展。

在软件方面，应用数字制图技术、地理信息系统技术和计算机技术，实现数字地图信息在多硬件平台上的传输与显示，需要开发一整套软件解决方案。其核心内容包括数字地图信息的输入、编码、存储、压缩、传输、处理和显示，几乎涵盖了当代数字制图技术、3S 集成技术的全部内容，只是更加趋向于大众化、实用化和产业化，要求其具有更丰富的信息表达形式、更便捷的信息获取途径以及更加易于携带和使用的特性。

通过选择适当的硬件平台及具备系列软件的支持，即可形成不同形式的电子地图产品。

（1）单机或 Intranet 电子地图系统：存储于计算机或局域网系统中的电子地图，一般作为政府、城市、公安、交通、电力、旅游等部门实施决策、调度、通信、监控、应急反应等的工作平台。

（2）CD-ROM 或 DVD-ROM 电子地图：可用于城市电子地图光盘、导航电子地图光盘、资料光盘的制作。

（3）互联网电子地图：潜力最大的电子地图产品，可在国际互联网上发布电子地图，供全球网络使用者查询使用，广泛用于旅游、交通、导航等领域，可作为出版物发行的优势使其有望快速形成产业。

（4）触摸屏电子地图产品：可用于公共场所（如机场、火车站、码头、广场、宾馆大堂、商场等）公众旅游、交通等信息服务的平台，也可作为政府办公指南。

（5）手机、个人数字助理（PDA）等便携设备上的电子地图：以其携带方便，具备 GPS 实时定位导航和无线通信网络功能而显现广阔的前景。随着相关硬件价格的降低及性能的提高，市场需求正在形成。

二、电子地图应用体系的技术基础

电子地图应用体系的建立所涉及的技术众多。其中硬件技术发展非常迅速，远远超过软件技术和数据保障的发展水平。

即使在软件领域，电子地图所涉及的新技术也是十分广泛的，它们分别属于计算机图形学、地理信息系统、数字制图技术、多媒体技术、计算机网络技术及由此而产生的集成技术。其中，比较重要的包括多维信息可视化、导航电子地图、多媒体电子地图、网络电子地图、嵌入式电子地图等技术。

（一）多维信息可视化技术

数字处理技术的出现，使得传统上不可能实现或难以实现的地图表现手段成为可能，技术也在逐渐成熟。这集中体现在地图的三维化和动态化方面。三维地图是传统的二维地图表现在数字技术环境下的发展。首先表现为地形的立体化表达，其次是注记、符号等的立体化。透视三维及视差三维是地图立体化的两种形式。前者是通过透视和光影效果来达到三维效果，后者则是通过眼睛的生理视差来达到真实的立体效果，往往要借助专门的观看设备，如红绿眼镜、偏振光镜甚至是专门的虚拟现实设备等。

动态地图则是传统静态地图表现在数字技术环境下的发展。它有时间动态和空间动态两种形式。前者是区域上观察视点移动产生的动态效果，后者是同一区域在时间上的动态发展表现效果，更复杂的动态是两者的结合。

（二）导航电子地图技术

导航电子地图是在普通的电子地图上增加了 GPS 信号处理、坐标变换和移动目标显示功能。导航电子地图的特点是加入了车船等交通工具这样一种移动目标，使得电子地图表示始终围绕着交通工具的相关位置显示展开，关注区域、参考框架、比例尺乃至符号化方式都会随着交通工具位置的移动而改变，是一种动态化程度较高的电子地图。

（三）多媒体电子地图技术

多媒体技术革命使得计算机不仅能够处理数字、文字等信息，而且能够存储和展现图片、声音、动画和活动图像(视频信息)等多媒体信息。计算机存储介质和多媒体技术的发展为地图以一种新的形式进入大众生活提供了一次绝好的机会。在多媒体电子地图中，在以不同详细程度的可视化数字地图为用户提供空间参照的基础上，可表示各类空间实体的空间分布，并通过信息链接的方式同文字、声音、照片和活动图像(视频)等多媒体信息相连，从而为用户提供主体更加生动和直接的信息展现。

（四）网络电子地图技术

国际互联网的普及为数字形式的地图找到了一种快捷的传播和分发方式。网络电子地图与其说是一种新的产品模式，不如说是地图的一种新的分发和传播模式。网络地图的出现使地图能够摆脱地域和空间的限制，实现远距离的地图产品实时全球共享。由于网络电子地图本质上还是数字产品，因而使得用户在软件的支持下自己选择制图范围、制图内容以及表示方法都成为可能。

（五）嵌入式电子地图技术

嵌入式软件开发技术是基于 Window CE 等掌上型电脑操作系统的软件开发技术。基于该项技术可开发基于掌上计算机(个人数字助理 PDA)的电子地图系统。嵌入式电子地图的最大优势在于其携带的方便性，以及与现代通信及网络的紧密联系。它本身具有数据量小、占用资源少的特点，可将电子地图及其软件存储在闪卡上，亦可通过网络下载。与

GPS 结合的可能性使其具有实时定位和导航的特性，是未来大众接触电子地图非常重要的一条途径。

以上所介绍的技术只是电子地图涉及的技术组合的一部分，尚存在其他多种集成的可能性。要开发集成上述关键技术于一体、内容统一的电子地图，综合应用软件系统是最关键的环节。

任务 10.5　测试题

【项目小结】

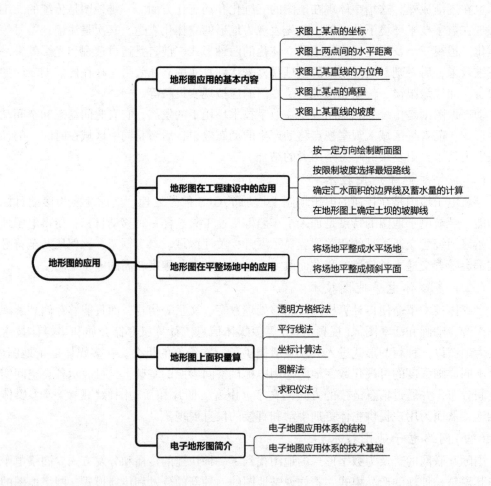

【习题】

1. 地形图应用的基本内容有哪些？它们在图上是如何进行量测的？
2. 常用的量测面积的方法有哪些？
3. 场地平整的方法有哪些？
4. 怎样用方格网法将场地平整成设计平面？
5. 面积量算的方法有哪些？
6. 在如图 10-16 所示的 1∶2000 地形图上完成以下工作：
（1）确定 A、C 两点的坐标和高程；

（2）计算 AC 的水平距离和方位角；
（3）绘出 AB 方向的断面图。

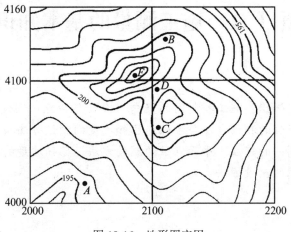

图 10-16　地形图应用

7. 图 10-17 中有 A、B、C 三点，现将此区域设计成通过 A、B、C 三点的倾斜平面，试在图上画出此倾斜平面的设计等高线（等高距为 1m），并在图上绘出填、挖分界线。

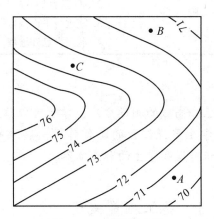

图 10-17　地形图应用

项目 11　施工测量的基本知识

【主要内容】

施工测量的基本知识；施工控制网的概念、布设与特点；测设的概念；测设的三项基本工作；平面点位的测设方法与步骤；已知坡度的测设方法与步骤等。

重点：施工控制网的建立、平面点位的测设方法、已知坡度的测设方法。

难点：平面点位的测设方法。

【学习目标】

知识目标	能力目标
1. 掌握施工控制网的概念与布设方法； 2. 掌握测设的基本工作内容； 3. 掌握平面点位的测设方法与步骤； 4. 掌握已知坡度测设的方法与步骤。	1. 能根据地形条件选择合理的施工控制网布设形式； 2. 能进行已知高程测设； 3. 能进行平面点位测设； 4. 能测设已知坡度。

【课程思政】

通过学习平面点位和已知高程的测设方法，学生可以体会到测量工作在工程建设中的重要性，有助于培养学生严谨细致的工作作风、熟练的操作能力及团队协作精神，增强学生的主人翁意识，提高学生的职业素养。

任务 11.1　施工测量概述

任务 11.1、11.2、11.3
课件浏览

一、施工测量的目的和内容

各种工程建设在施工阶段所进行的测量工作称为施工测量。施工测量的目的是把设计的建筑物或构筑物的平面位置和高程测设到地面上。施工测量的内容主要包括：施工控制网的建立；将图纸上设计好的建筑物或构筑物的平面位置和高程标定在实地上，即施工放样（测设）；工程竣工后对建筑物或构筑物的竣工测量以及在施工期间检查施工质量的变形观测等。本章主要介绍施工测量最基本的工作，即施工放样。

二、施工测量的原则

为了保证建筑物和构筑物的平面位置和高程都能满足设计要求，施工测量和测绘地形图一样，要遵循"从整体到局部""先控制后细部"的原则，即先在施工现场建立统一的平面控制网和高程控制网，然后以此为基准，测设出各个建筑物的平面位置和高程。

三、施工测量的特点

（1）施工测量的精度要求取决于建筑物和构筑物的结构、材料、大小、用途和施工方法等因素。通常，高层建筑测量精度要高于低层建筑；工业建筑物的测量精度要高于民用建筑物；钢结构建筑的测量精度要高于钢筋混凝土结构、砖石结构建筑；装配式建筑的测量精度要高于非装配式建筑等。

（2）施工放样与地形测图工作过程正好相反。测图工作是以地面控制点为基础，测算出碎部点的平面位置和高程，并绘制成地形图。放样工作则需要根据图纸上设计好的建筑物或构筑物的位置和尺寸，算出其各部分特征点至附近控制点的水平距离、水平角及高差等放样数据，然后以地面控制点为基础，将建筑物或构筑物的特征点在实地标定出来。

（3）施工测量易受施工现场的影响。由于施工现场交叉作业频繁、机械设备多，而且土石方的填挖又造成地形的变化等一些因素的影响，各种测量标志必须埋设在稳固且不易破坏的位置，并应妥善保管和经常检查，如被破坏应及时恢复。

任务 11.1 测试题

任务 11.2　施工控制网的建立

控制网根据其用途的不同分为两大类，即国家基本控制网和工程控制网。国家基本控制网的主要作用是提供全国范围内的统一参考框架，国家基本控制网的特点是控制面积大，控制点间的距离较长，点位的选择主要考虑布网是否有利，不侧重具体工程施工利用时是否有利，它一般分级布设，共分为一、二、三、四等级。工程控制网是针对某项工程而布设的专用控制网，工程控制网一般分为测图控制网、施工控制网和变形监测网。

在工程建设勘测阶段已建立了测图控制网，但是由于它是为测图而建立的，因此，控制网的密度和精度是以满足测图为目的的，不可能考虑建筑物的总体布置（当时建筑物的总体布置尚未确定），更未考虑到施工的要求，因此其控制点的分布、密度、精度都难以满足施工测量的要求。此外，平整场地时控制点大多受到破坏，因此在施工之前，必须建立专门的施工控制网。

一、施工控制网的作用及布设形式

专门为工程施工而布设的控制网称为施工控制网。施工控制网建立的目的有两个，一是为工程建设提供工程范围内统一的参考框架，为各项测量工作提供位置基准，在工程施工期间为各种建筑物的放样提供测量控制基础，是施工放样的依据。二是在工程建成后为工程在运营管理阶段的维修保养、扩建改建提供依据。

施工控制测量同样分为平面控制测量和高程控制测量。平面控制网点用来确定测设点的平面位置，高程控制网点用来进行设计点位的高程测设。

施工平面控制网的布设，应根据建筑总平面设计图和施工地区的地形条件来选择控制网的形式，确定合理的布设方法。对于起伏较大的山岭地区，如水利枢纽、桥梁、隧道等工程，过去一般采用三角测量（或边角测量）的方法建网；对于建筑物密集而且规则的大中型工业建设场地，施工平面控制网多由正方形或矩形网格组成，称为建筑方格网；在面积不大、又不十分复杂的建筑场地上，常布设一条或几条基线作为施工控制；对于地形平坦的建设场地，也可以采用导线形式布设。有时布网形式可以混合使用，如首级网采用三角网，在其下加密的控制网采用导线形式。现在，大多数已被 GPS 网所代替。对于高精度的施工控制网，则将 GPS 网与地面边角网或导线网相结合，使两者的优势互补。

高程控制网通常用水准测量方法进行。在施工期间，要求在建筑物近旁的不同高度上都必须布设临时水准点。临时水准点的密度应保证放样时只设一个测站，即能将高程传递到建筑物上。高程控制网通常分两级布设，即布满整个施工场地的基本高程控制网与根据各施工阶段放样需要而布设的加密网。基本高程控制网通常采用三等水准测量施测，加密高程控制网则用四等水准测量。

另外，对于起伏较大的山岭地区，其平面和高程控制网通常各自单独布设。对于平坦地区，平面控制点通常均联测在高程控制网中，同时作为高程控制点使用。

二、施工控制网的特点

与测图控制网相比，施工阶段的测量控制网具有以下特点：

（1）控制的范围小，控制点的密度大，精度要求高。

在工程勘测期间所布设的测量控制网的控制范围总是大于工程建设的区域，即工程施工的地区相对总是比较小的。对于水利枢纽工程、隧道工程和大型工业建设场地其控制面积约在十几平方千米到几十平方千米，一般的工业建设场地都在一平方千米以下。因此，控制网所控制的范围就比较小。

在工程建设施工场区，由于拟建的各种建（构）筑物的分布错综复杂，没有稠密的控制点，则无法满足施工放样需要，也会给后期的施工测量工作带来困难。故要求施工控制点的密度较大。

至于点位的精度要求，测量图控制网点是从满足测图要求出发提出的，而施工控制网的精度是从满足工程放样的要求确定的。这是因为施工控制网的主要作用是放样建筑物的轴线，这些轴线的位置的偏差都有一定的限制，其精度要求是相当高的。例如工业建筑施工控制网在 200m 的边长上，其相对精度应达到 1/20000 的要求；对于隧道控制网，当长度在 4000m 以下时，其相向开挖的横向贯通容许误差不应大于 10cm；大型桥梁施工时，桥墩定位的误差一般不得超过 2cm。由此可见，工程施工控制网的精度要比一般测图控制网要高。

（2）施工控制网的点位布置有特殊要求。

如前所述，施工控制网是为工程施工服务的。因此，为保证后期施工测量工作应用方便，一些工程对点位的埋设有一定的要求。如桥梁施工控制网、隧道施工控制网和水利枢纽工程施工控制网要求在梁中心线、隧道中心线和坝轴线的两端分别埋设控制点，以便准确地标定工程的位置，减小施工测量的误差。此外，在工业建筑场地，还要求施工控制网点连线与施工坐标系的坐标轴平行或垂直。而且，其坐标值尽量为米的整倍数，以利于施工放样的计算工作。

在施工过程中，需经常依据控制点进行轴线点位的投测、放样。由此，施工控制点的使用将极为频繁，这样一来，对于控制点的稳定性、使用时的方便性，以及点位在施工期间保存的可能性等，就提出了比较高的要求。

(3)控制网点使用频繁，且易受施工干扰。

一方面，大型工程建设在施工过程中，控制点常直接用于放样，而不同的工序和不同的高程上都有不同的形式和不同的尺寸，往往要频繁地进行放样，这样，随着施工层面逐步升高，施工控制网点的使用是相当频繁的。从施工初期到工程竣工乃至投入使用，这些控制点可能要用几十次。另一方面，工程的现代化施工，经常采用立体交叉作业的方法，一些建筑物拔地而起，这样使工地建筑物在不同平面的高度上施工，妨碍了控制点间的相互通视。再加上施工机械调动，施工人员来来往往，也形成了对视线的严重阻碍。因此，施工控制点的位置应分布恰当、坚固稳定、使用方便、便于保存，且密度也应较大，以便在放样时有所选择。

(4)采用独立的施工坐标系。

施工控制网的坐标轴常取平行或垂直于建筑物的主轴线。例如：水利枢纽工程通常用大坝轴线作为坐标轴；大桥用桥轴线作为坐标轴；隧道用中心线或其切线作为坐标轴。当施工控制网与测图控制网联系时，应利用公式进行坐标换算，以方便后期的施工测量工作。

任务11.2 测试题

任务11.3 测设的基本工作

一、已知水平距离的测设

已知水平距离的测设，就是由地面已知点起，沿给定的方向，测设出直线上另外一点，使得两点间的水平距离为设计的水平距离。其测设方法主要有以下几种。

(一) 钢尺测设水平距离

如图11-1所示，A 为地面上已知点，D 为设计的水平距离，要在地面给定的方向上测设出 B 点，使得 AB 两点的水平距离等于 D。

具体方法是将钢尺的零点对准 A 点，沿给定方向拉平钢尺，在尺上读数为 D 处插测钎或吊垂球，以定出一点。为了校核，将钢尺的 5 零端移动 $10\sim20\text{cm}$，同法再定出一点。当两点相对误差在容许范围($1/3000\sim1/5000$)内时，取其中点作为 B 点的位置。

(二) 全站仪(测距仪)测设水平距离

如图11-2所示，安置全站仪(或测距仪)于 A 点，瞄准已知方向，沿此方向移动棱镜位置，当显示的水平距离等于待测设的水平距离时，在地面上标定出过渡点 B'，然后，实测 AB' 的水平距离，如果测得的水平距离与设计水平距离之差符合精度要求，则定出 B 点的最后位置，如果测得的水平距离与已知水平距离之差不符合精度要求，应进行改正，直到测设的距离符合限差要求为止。

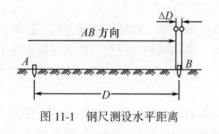

图 11-1 钢尺测设水平距离

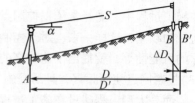

图 11-2 全站仪测设水平距离

二、已知水平角的测设

已知水平角的测设，就是根据地面上一点及给定的已知方向，定出另外一个方向，使得两方向间的水平角为设计的角值。

(一) 一般方法

如图 11-3 所示，设 AB 为地面上已知方向，要在 A 点以 AB 为起始方向，顺时针方向测设一个已知的水平角 β，定出 AC 的方向。方法是将经纬仪或全站仪安置在 A 点，用盘左瞄准 B 点，将水平度盘设置为零度，顺时针旋转照准部使读数为 β 值，在此视线上定出 C′ 点。然后用盘右位置按照上述步骤再测设一次，定出 C″ 点，取 C′、C″ 的中点 C，则 ∠BAC 即为所需测设的水平角 β，AC 边即为测设角值为 β 时的另一条边。

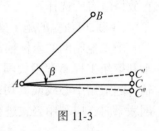

图 11-3

(二) 精密方法

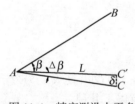

图 11-4 精密测设水平角

当水平角测设的精度要求较高时，可以采用精密的方法。如图 11-4 所示，先用一般的方法测设出 C′ 点，定 C′ 点时可仅用盘左或盘右，然后用测回法精确地测量出 ∠BAC′，设为 β'，计算 β' 与设计角值 β 的差值 $\Delta\beta$，$\Delta\beta=\beta-\beta'$，再根据 AC′ 的距离 L，用 $\Delta\beta$ 计算出改正支距 δ。

$$\delta = L \frac{\Delta\beta''}{\rho''} \tag{11.1}$$

从 C′ 作 AC′ 的垂线，以 C′ 点为始点在垂线上量取 δ，即得 C 点，则 ∠BAC=β。当 $\Delta\beta>0$ 时，应向外改化；反之，则应向内改化。

【案例 11.1】 设 $\Delta\beta=30''$，AC′=50.000m，则

$$\delta = L \frac{\Delta\beta''}{\rho''} = 50.000 \times \frac{30''}{206265''} = 0.007(\text{m}) = 7\text{mm}$$

三、已知高程的测设

(一) 地面点的高程测设

已知高程的测设，就是根据一个已知的高程点，将另一设计的高程点标定在实地上。

如图 11-5 所示，设 A 为已知高程点，高程为 H_A，B 点的设计高程为 H_B，在 A、B 两点之间安置水准仪，先在 A 点立水准尺，读得读数为 a，由此可得仪器视线高程为：

$$H_i = H_A + a \quad (11.2)$$

要使 B 点高程为设计高程 H_B，则在 B 点的水准尺上的读数应为：

$$b = H_i - H_B \quad (11.3)$$

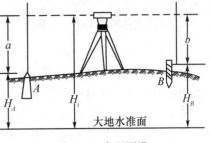

图 11-5 高程测设

将 B 点水准尺紧靠 B 桩，上、下移动尺子，当读数正好为 b 时，B 尺底部高程即为 H_B。然后在木桩上沿 B 尺底部做记号，即得设计高程的位置。

如欲使 B 点桩顶高程为 H_B，可将水准尺立于 B 桩顶上，若水准仪读数小于 b 时，逐渐将桩打入土中，使尺上读数逐渐增加到 b，这样 B 点桩顶高程就是设计高程 H_B。

【案例 11.2】 设 $H_A = 35.255\text{m}$，欲测设点 B 的高程为 $H_B = 36.000\text{m}$，将仪器架在 A、B 两点之间，A 点上水准尺的读数 $a = 1.587\text{m}$，则得仪器视线高程，即 $H_i = H_A + a = 35.255 + 1.587 = 36.842(\text{m})$，在 B 点水准尺上的读数应为：

$$b = H_i - H_B = 36.842 - 36.000 = 0.842(\text{m})$$

故当 B 尺读数为 0.842m 时，在尺底画线，此线高程为 36.000m，即设计高程点 B 的位置。

（二）空间点高程的测设

当将地面点的高程测设到深坑里或将地面点的高程测设到高层建筑物上时，测设点与已知水准点的高差过大，用上述常规的方法显然无法进行，则可同时用两台水准仪倒挂钢尺法测设。其具体方法如下：

如图 11-6 所示，已知地面水准点 A 的高程为 H_A，要测设深坑内设计点 B 的高程 H_B，在坑口设支架，自上而下悬一钢尺，尺子零点向下，尺端悬垂球浸入水桶内以防尺子抖动。观测时，采用两台水准仪分别在坑上、坑内安置，瞄准水准尺和钢尺读数，水准尺上的读数分别为 a、b，钢尺上、下端读数分别为 c、d。根据水准测量的原理有：

$$H_B = H_A + a - (c - d) - b \quad (11.4)$$

则，

$$b = H_A + a - (c - d) - H_B \quad (11.5)$$

在 B 点立尺，使水准尺贴着坑壁上下移动，当水准仪视线在尺子上的读数等于 b 时，紧靠尺底在坑壁上画线，并用木桩标定，木桩面就是设计高程 H_B 点。

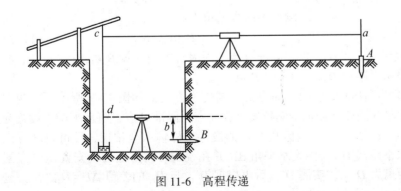

图 11-6 高程传递

任务 11.3 测试题

任务 11.4 点的平面位置的测设

任务 11.4 课件浏览

测设点的平面位置，就是根据已知控制点，在地面上标定出一些点的平面位置，使这些点的坐标为给定的设计坐标。根据施工现场具体条件和控制点布设的情况，测设点的平面位置的方法有直角坐标法、极坐标法、角度交会法和距离交会法等。测设时，应预先计算好有关的测设数据。

一、直角坐标法

直角坐标法是根据两个彼此垂直的水平距离测设点的平面位置的方法。如果施工现场的平面控制点之间布设成与坐标轴线平行或垂直的建筑方格网时，常用直角坐标法测设点位。

如图 11-7 所示，A、B、C、D 为建筑方格网点，P 为一建筑物的轴线点，设 A 点坐标为 (X_A, Y_A)，P 点的设计坐标为 (X_P, Y_P)。测设时，在 A 点安置经纬仪（或全站仪），瞄准 B 点，在 A 点沿 AB 方向测设水平距离 $\Delta Y_{AP} = Y_P - Y_A$，得 a 点，将仪器搬至 a 点，瞄准 B 点，测设 $90°$ 角，得 ac 方向，从 a 点沿 ac 方向测设水平距离 $\Delta X_{AP} = X_P - X_A$，即得 P 点。同法，可以测设出 M、N、Q 等其他各点。

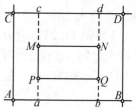

图 11-7 直角坐标法

二、极坐标法

极坐标法是根据水平角和水平距离测设地面点平面位置的方法。如图 11-8 所示，P 点为欲测设的待定点，A、B 为已知点。为将 P 点测设于地面，首先按坐标反算公式计算测设用的水平距离 D_{AP} 和坐标方位角 α_{AB}、α_{AP}。

$$D_{AP} = \sqrt{(x_P - x_A)^2 + (y_P - y_A)^2} \tag{11.6}$$

$$\alpha_{AB} = \arctan \frac{y_B - y_A}{x_B - x_A} \tag{11.7}$$

$$\alpha_{AP} = \arctan \frac{y_P - y_A}{x_P - x_A} \tag{11.8}$$

测设用的水平角为：

$$\beta = \alpha_{AP} - \alpha_{AB} \tag{11.9}$$

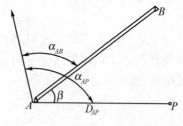

图 11-8 极坐标法

测设 P 点时，将经纬仪安置在 A 点，瞄准 B 点，顺时针方向测设 β 角，得一方向线，然后在该方向线上测设水平距离 D_{AP}，则可得 P 点。

如果用全站仪按极坐标法测设点的平面位置，则更为方便，如图 11-9 所示。要测设 P 点的平面位置，其施测方法如下：把全站仪安置在 A 点，瞄准 B 点，将水平度盘设置为 $0°00'00''$，然后将控制点 A、B 的已知坐标及 P 点的设计坐标输入全站仪，即可自动算出测设数据水平角 β 及水平距离 D_{AP}。测设水平角 β，并在视线方向上把棱镜安置在 P 点附近的 P' 点。设 AP' 的距离为 $D'_{AP'}$，实测 $D'_{AP'}$ 后再根据 $D'_{AP'}$ 与 D_{AP} 的差值 $\Delta D = D_{AP} - D'_{AP'}$ 进行改正，即得 P 点。

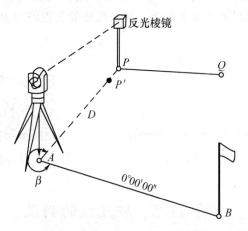

图 11-9　全站仪极坐标测设点位

三、角度交会法

角度交会法是根据测设的两个水平角值定出两直线的方向。

当需测设的点位与已知控制点相距较远或不便于量距时，可采用角度交会法。如图 11-10 所示，A、B 为已知控制点，P 为要测设的点，首先由 A、B、P 点的坐标计算测设数据 β_1、β_2，计算方法同极坐标法。

测设 P 点时，同时在 A 点及 B 点安置经纬仪，在 A 点测设 β_1 角，在 B 点测设 β_2 角，两条方向线相交即得 P 点。

当用一台经纬仪测设时，无法同时得到两条方向线，这时一般采用打骑马桩的方法。如图 11-10 所示，经纬仪架在 A 点时，得到了 AP 方向线。在大概估计 P 点位置后，沿 AP 方向离 P 点一定距离的地方，打入 A_1、A_2 两个桩，桩顶作出标志，使其位于 AP 方向线上。同理，将经纬仪搬至 B 点，可得 B_1、B_2 两桩点。在 A_1A_2 与 B_1B_2 之间各拉一根细线，两线交点即为 P 点位置。这样定出的 P 点，即使在施工过程中被破坏，恢复起来也非常方便。

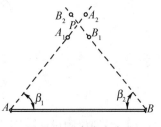

图 11-10　角度交会法

根据精度要求，只有两个方向交会，一般应重复交会，以资检核。还可采取三个控制点从三个方向交会，若三个方向不交于一点，则每个方向可用两个小木桩临时标定在地上，而形成误差三角形，若误差三角形的最大边长不超过精度规定值，则取三角形的重心作为 P 点的最终位置。

四、距离交会法

距离交会法是根据测设两个水平距离，交会出点的平面位置的方法。当需测设的点位与已知控制点相距较近，一般相距在一尺段以内且测设现场较平整时，可用距离交会法。

如图 11-11 所示，A、B 为已知控制点，P 为要测设的点，先根据坐标反算式计算测

设数据 D_{AP}、D_{BP}。

测设 P 点时，以 A 点为圆心，以 D_{AP} 为半径，用钢尺在地面上画弧，再以 B 点为圆心，以 D_{BP} 为半径，用钢尺在地面上画弧，两条弧线的交点即为 P 点。

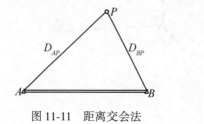

图 11-11　距离交会法

任务 11.4　测试题

任务 11.5　坡度线的测设

在公路工程和排水工程施工中，常常遇到坡度线测设。如图11-12所示，由 A 点沿 AB 方向测设一条坡度为 i 的坡度线。有两种测设方法。

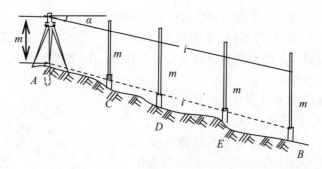

图 11-12　坡度线测设

任务 11.5　课件浏览

（1）经纬仪测设法：当已知 A 点高程 H_A，要测设的坡度为 i，可以用经纬仪测设法，具体操作如下：

根据坡度 i 计算坡度线与水平面的夹角 $\alpha = \arctan i$，在 A 点安置经纬仪，量取仪器高 m，使竖直角为 α。即望远镜的视线的坡度就是 i，分别在 C、D、E、B 点处的木桩侧面竖水准尺，上下移动水准尺，当尺上读数为仪器高 m 时，此时尺子底端位置就是坡度线在 C、D、E、B 点处的高程。即尺子底端的连线就是坡度为 i 的坡度线。

（2）水准仪测设法：当测设的坡度不大，且坡度线两端的高程 H_A 和 H_B 已知时，用水准仪测设法。具体操作步骤如下：在 A 点安置水准仪，使一个脚螺旋在 AB 方向线上，另外两个脚螺旋的连线垂直于 AB 方向线，量取仪器高 m。在 B 点上立水准尺，水准仪照准 B 点水准尺，转动 AB 方向线上的那个脚螺旋，使尺子上的读数与仪器高相同，此时视线就平行于 AB 的连线。在 C、D、E 处的木桩侧面立水准尺，上下移动水准尺，

任务 11.5　测试题

使尺上读数均等于仪器高 m，此时尺子底端的连线即为所测设的坡度线。该种方法常称为平行线法。

【项目小结】

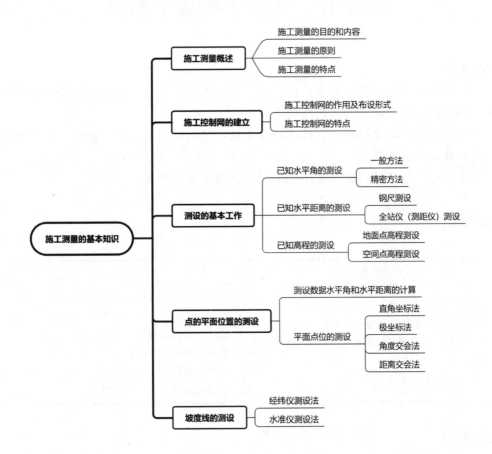

【习题】

1. 测设的基本工作有哪些？简述其测设方法。
2. 测设点的平面位置有哪些方法？
3. 简述用水准仪测设坡度的方法。
4. 已知控制点 $A(150.36, 247.15)$、$B(247.58, 154.56)$，待定点 $P(100.00, 200.00)$，试分别计算用极坐标法、角度交会法、距离交会法测设 P 点的测设数据，并简述其测设方法。
5. 设水准点 A 的高程为 25.362m，现要测设高程为 24.500m 的 B 点，仪器安置于 AB 两点之间，在 A 尺上的读数为 1.256m，则 B 尺上的读数应为多少？如欲使 B 桩的桩顶高程为 24.500m，应如何测设？
6. 要在 AB 方向上测设一条坡度为 $i=-5\%$ 的坡度线，已知 A 点的高程为 32.365m，A、B 两点间的水平距离为 100m，则 B 点的高程应为多少？

项目 12　建筑工程施工测量

【主要内容】

建筑场地上的施工控制测量；民用建筑施工测量；工业厂房施工测量；房屋建筑物的变形监测；竣工总平面图的绘制等。

重点：建筑物的定位测量；建筑物细部轴线的测设；基础施工测量；厂房柱列轴线测设；建筑物变形观测。

难点：建筑方格网测设；主体施工测量；构建安装测量。

【学习目标】

知识目标	能力目标
1. 掌握建筑场地上的施工控制测量方法； 2. 掌握民用建筑的施工测量方法； 3. 了解工业建筑的施工测量方法和房屋建筑变形监测方法； 4. 掌握竣工总平面图的绘制方法。	1. 能进行建筑基线和建筑方格网的布设； 2. 能采用正确的方法进行建筑物定位和放样； 3. 能进行建筑物细部轴线的测设； 4. 能进行基础和主体施工测量； 5. 能进行基槽水平桩测设； 6. 会进行沉降和水平位移观测。

【课程思政】

通过学习建筑场地施工控制测量方法和建筑物定位放样方法，让学生体会到施工测量在工程建设中的重要性，在实践和实习过程中获得成就感和对专业的认同感，引导学生意识到个人发展与国家发展共命运，激发他们为祖国建设而勤奋学习的热情。

任务 12.1　施工控制测量

建筑施工测量必须遵循"从整体到局部""先控制后细部"的原则，因此在施工前，需要在建筑场地上建立统一的施工控制网。施工控制网主要用于建筑物的施工放样和变形监测。

在勘测阶段所建立的测图控制网，在施工放样时仍可以使用，但勘测阶段所建立的控制网，主要是为满足测图的需要。这时建筑物的设计位置尚未确定，测图控制网无法考虑满足施工的测量要求，而且

任务 12.1　课件浏览

由于施工现场的施工，原来布置的测图控制点往往会被破坏或因建筑物的修建而无法通视，因此在施工以前，应在建筑场地重新建立施工控制网，以供建筑物施工阶段和运行管理阶段使用。

相对于测图控制网来说，施工控制网具有控制范围小、精度要求高、控制点密度大、使用频繁等特点。

施工控制网分为平面控制网和高程控制网。

一、平面控制网

施工控制网一般布设成正方形或矩形的网格，称为建筑方格网。当建筑物的结构比较简单时只需布设一条或几条基线作为平面控制，即建筑基线。当建筑物比较复杂时，可布设成导线。

（一）施工坐标系与测图坐标系的转换

施工坐标系（也称建筑坐标系）是供建筑物施工放样时使用的直角坐标系，其坐标轴与建筑物的主轴线一致或平行。当施工坐标系与测量坐标系不一致时，两者之间需要进行坐标换算。

如图 12-1 所示：设 xOy 为测量坐标系，$x'O'y'$ 为施工坐标系，x_0、y_0 为施工坐标系的原点在测量坐标系中的坐标，α 为施工坐标系的纵轴在测量坐标系中的方位角。设施工坐标系中 P 点的坐标为 $(x_P',\ y_P')$，则可按下式将其换算为测量坐标 $(x_P,\ y_P)$：

$$\left. \begin{array}{l} x_P = x_0 + x_P' \cos\alpha - y_P' \sin\alpha \\ y_P = y_0 + x_P' \sin\alpha + y_P' \cos\alpha \end{array} \right\} \quad (12.1)$$

若已知 P 点的测量坐标，则可按下式将其换算为施工坐标：

$$\left. \begin{array}{l} x_P' = (x_P - x_0)\cos\alpha + (y_P - y_0)\sin\alpha \\ y_P' = -(x_P - x_0)\sin\alpha + (y_P - y_0)\cos\alpha \end{array} \right\} \quad (12.2)$$

（二）建筑方格网

1. 建筑方格网的设计

建筑方格网的布设方案应根据建筑物设计总平面图上的建（构）筑物、道路及各种管线的布设情况，并结合现场的地形情况拟定。设计时先选定建筑方格网的主轴线，后设计其他方格点。方格网可设计成正方形或矩形，当场区面积较大时，常分两级。首级可采用"十"字形、"口"字形或"田"字形，然后再加密方格网，如图 12-2 所示。当场区面积不大时，可布置成全面网。

方格网布设时应考虑以下几点：

（1）方格网的主轴线应布设在场区的中部，并与拟建主要建筑物的基本轴线平行。主轴线的定位点应不少于 3 个，有一个应是纵、横轴线的交点。

（2）方格网的边长一般为 100~200m，并尽可能为 50m 的整数倍，边长的相对精度一般为 1/10000~1/20000。

（3）纵横轴线要正交，交角为 90°，纵、横轴线的长度以能控制整个建筑场地为度。

（4）方格网的边长应保证通视且便于测距和测角，放样后的主轴线点位应进行角度测量，检查直线度，测定交角的测角中误差，不应超过 2.5″，直线度的限差应在 180°±10″

以内。

2. 建筑方格网主轴线的测设

建筑方格网主轴线的点位是根据测图控制点来测设的。首先应将测图控制点的测量坐标换算成施工坐标。

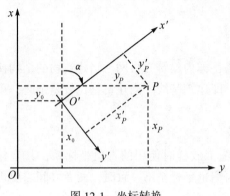

图 12-1　坐标转换

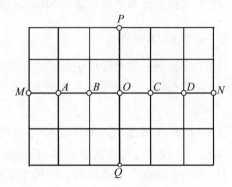

图 12-2　建筑方格网

如图 12-3 所示，M_1、M_2、M_3 为测量控制点，A、O、B 为主轴点。用坐标反算算出放样元素 β_1、d_1、β_2、d_2、β_3、d_3，然后用极坐标法放出三主点的概略位置 A'、O'、B'，并标定下来。

由于存在误差，致使三点不在同一条直线上，如图 12-4 所示，因此在中间点 O' 安置经纬仪（或全站仪），精确测定 β 角。如果它和 180°之差不超过±10″，则认为此三点成一条直线；否则，应进行调整。调整时，各主轴线点应在 A、O、B 的垂线方向移动同一改正值 δ，使三点成一条直线。

$$\delta = \frac{ab}{2(a+b)} \frac{1}{\rho}(180°-\beta) \tag{12.3}$$

式中，a 为 OA 的长度，b 为 OB 的长度。

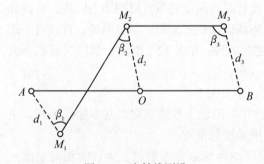

图 12-3　主轴线测设

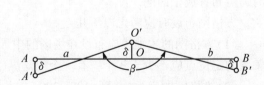

图 12-4　调整三个主点位置

定好 A、O、B 三个主点后，如图 12-5 所示，将仪器安置在 O 点，瞄准 A 点，分别向左、右转 90°，测设出另一主轴线 COD，同样定出其概略位置 C' 和 D'，再精确测出

∠AOC' 和 ∠AOD'，分别算出它们与 90°之差 ε_1 和 ε_2，并计算出改正值 l_1 和 l_2，调整 C'、D' 的位置。

$$l_i = L_i \frac{\varepsilon''}{\rho''} \qquad (12.4)$$

式中，L_i 是 OC' 或 OD' 的距离。

C、D 两点定出后，还应观测改正后的 ∠COD，它与 180°之差也应在限差范围之内。然后精密丈量出 OA、OB、OC、OD 的距离，若超过限差，应进行调整，最后标出各点点位。

3. 建筑方格网的详细测设

主轴线测设好后，分别在主轴线端点上安置仪器，均以 O 点为起始方向，分别向左、右测设

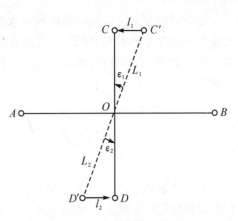

图 12-5 测设主轴线

出 90°角，这样就交会出田字形方格网点。为了进行校核，还要安置仪器于方格网点上，测量其角值是否为 90°，并测量各相邻点间的距离，看它是否与设计边长相等，误差均应在允许范围之内。此后再以基本方格网点为基础，按测角交会或导线测量的方法加密方格网中其他各点。

（三）建筑基线

建筑基线是施工控制的基准线。通常建筑基线可布置成直线形、L 字形、十字形和 T 字形，如图 12-6 所示。建筑基线应靠近建筑物并与其主要轴线平行，建筑基线主点间应相互通视，边长为 100~400m，基线点应不少于三个，点位应便于保存。建筑基线的测设方法一般采用直角坐标法。基线点间距离与设计值相比较，其不符值不应大于 1/10000，否则应进行必要的点位调整。

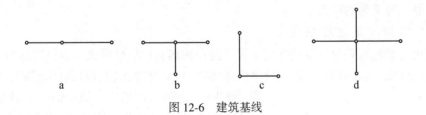

图 12-6 建筑基线

二、高程控制测量

建筑场地上的高程控制采用水准网，一般布设成两级，首级为整个场地的高程基本控制，应布设成闭合路线，尽量与国家水准点联测，水准点应布设在不受施工影响、无振动、易于永久保存的地方，并埋设成永久性标志。以首级控制为基础，布设成闭合、附合水准路线的加密控制，加密点的密度应尽可能满足安置一次仪器即可测设出所需的高程点，其点可埋设成临时标志，也可在方格网点桩面上中心点旁边设置一个突出的

任务 12.1 测试题

半球标志。

在一般情况下，首级网采用四等水准测量方法建立，而对连续生产的车间、下水管道或建筑物间高差关系要求严格的建筑场地上，则需采用三等水准测量的方法测定各水准点的高程。加密水准网根据测设精度的不同要求，可采用四等水准或图根水准的技术要求进行施测。

任务 12.2　民用建筑施工测量

民用建筑施工测量，就是按照设计要求，将民用建筑物的平面位置和高程标定在实地上的测量工作。民用建筑可分为单层、多层和高层，由于其结构特征不同，放样方法也不相同，但放样过程基本相同。

民用建筑的施工测量主要包括建筑物的定位、建筑物细部轴线测设、基础施工测量及主体施工测量。

任务 12.2　课件浏览

一、建筑物的定位测量

建筑物的定位测量就是在实地标定建筑物图廓主要轴线的工作。

根据施工现场情况及设计条件，建筑物的定位可采用以下几种方法：

（一）根据施工现场已有测量控制点测设

当建筑物附近有导线点、三角点等已知测量控制点时，可根据已知控制点和建筑物各角点的设计坐标（总平面设计图上标注或直接从总平面图上量取），用极坐标法或角度交会法测设建筑物的位置。

（二）根据建筑方格网测设

如建筑场区内布设有建筑方格网，可根据附近方格网点和建筑物角点的设计坐标用直角坐标法测设建筑物的位置。

（三）根据建筑红线测设

建筑用地要经规划部门审批并由土管部门在现场直接放样出来。建筑用地边界点的连线称为建筑红线（也叫规划红线）。各种房屋建筑必须建造在建筑红线的范围之内与建筑红线相隔一定距离的地方，放样时，也就根据实地已有的建筑用地边界线（建筑红线）来测设。

如图 12-7 所示，A、B、C 为建筑用地边界点，E、F、G、H 为拟建房屋角点，建筑物与建筑红线之间的设计距离分别为 d_1、d_2，这时就可根据 A、B、C 的已知坐标及 E、F、G、H 的设计位置用直角坐标法来测设 E、F、G、H 的实地位置。

有时，建筑红线与建筑物边线不一定平行或垂直，这时可用极坐标法、角度交会法或距离交会法来测设。

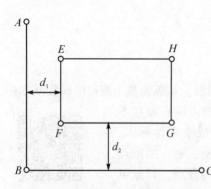

图 12-7　根据建筑红线测设建筑物

（四）根据与现有建筑物的关系测设

在建筑区进行改建、扩建建筑物或新建建筑物时，一般设计图上都绘出了所建建筑物与附近原有建筑物的相互关系。此时，可以根据两者之间的关系测设。测设方法可根据两者之间的具体情况采用极坐标法、方向线交会法和直角坐标法等。

建筑物定位后，应进行检核，并经规划部门验线，才能进行施工。

如图 12-8 所示的几个例子，图中绘有斜线的是现有建筑物，没有斜线的是新设计的建筑物。

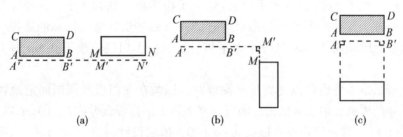

图 12-8　根据现有建筑物测设

二、建筑物细部轴线测设

建筑物细部轴线测设就是根据所测设的轴线角点桩(简称角桩)详细测设建筑物各轴线的交点桩(或称中心桩)。建筑物定位后，由于施工时基础的开挖，各角桩及中心桩均要被破坏。为恢复各轴线的位置，在挖槽前要把各轴线引测到开挖范围以外安全的地方，引测的方法一般采用龙门板法和轴线控制桩。

（一）龙门板的设置

在建筑物施工时，沿房屋四周钉立的木桩叫龙门桩。钉在龙门桩上的木板叫龙门板。龙门桩应钉设在基槽开挖以外 1.0~1.5m 处。龙门桩要钉得牢固、竖直，桩的外侧面应与基槽平行。

将建筑物室内(或室外)地坪的设计高程称为地坪标高。设计时常以建筑物底层室内地坪标高为高程起算面，也称"±0 标高"。将建筑物±0 标高线测设到每个桩上。把龙门板的顶面对准龙门桩上±0 标高线，再将其钉在桩上，龙门板的顶面高程为±0 标高。龙门板钉好后，将经纬仪安置在角桩上，瞄准另一角桩，根据视线方向将轴线投影在龙门板上，并钉小钉表示，称为轴线钉。

龙门板应注记轴线编号。龙门板使用方便，但占地面积大，在机械化施工时，一般设置控制桩。

（二）控制桩的设置

就是在轴线延长线上测设轴线控制桩。如果附近有已建的建筑物也可将轴线投设在建筑物的墙上，并用红三角"▲"来标记。

三、基础施工测量

建筑物基础是指其入土的部分，它的作用是将建筑物的总荷载传递给地基。基础的埋设深度是设计部门根据多种因素确定的。因此，基础施工测量的任务就是控制基槽的开挖深度和宽度，在基础施工结束后测量基础是否水平，其标高是否达到设计要求，检查各角是否满足设计要求等。

1. 基槽开挖深度的控制

当基槽开挖到槽底设计标高时，测量人员需要用水准仪根据地面上±0.000点，在槽壁上测设一些水平小木桩（称为水平桩）。这项工作亦称为基础抄平。一般在基槽各拐角处均应打水平桩。基础抄平可作为槽底清理和打基础垫层时掌握标高的依据。如图12-9所示，在直槽上则每隔3~4m打一个水平桩，然后拉上白线，线下0.5m即为槽底设计高程。

水平桩可以是木桩也可以是竹桩，测设时，以画在龙门板或周围固定地物的±0.000标高线为已知高程点，用水准仪进行测设，水平桩上的高程误差应在±10mm以内。

【案例12.1】 设龙门板顶面标高为±0.000，槽底设计标高为-2.1m，水平桩高于槽底0.5m，即水平桩高程为-1.6m，用水准仪后视龙门板顶面上的水准尺，读数 a = 1.286m，则水平桩上标尺的读数应为 0+1.286-(-1.6) = 2.886m。

2. 基础垫层中线的投测

基础垫层打好后，根据轴线控制桩或龙门板上的轴线钉，用经纬仪或全站仪用拉绳挂垂球的方法，把轴线投测到垫层上，如图12-10所示，并用墨线弹出墙中心线和基础边线，作为砌筑基础的依据。

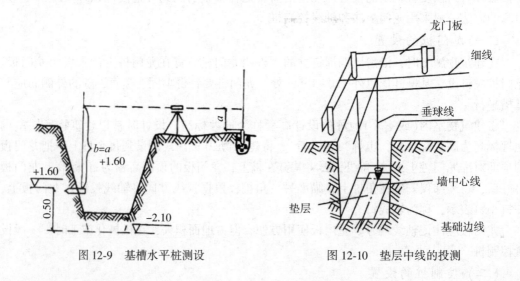

图12-9 基槽水平桩测设　　图12-10 垫层中线的投测

3. 基础墙标高控制

建筑物的基础墙是指±0.000m以下的墙体，它的标高一般是用基础"皮数杆"来控制的，皮数杆是用一根木杆做成的。如图12-11所示，在杆上事先按照设计尺寸将砖和灰缝的厚度，分别从上往下一一画出线条，并注明±0.000和防潮层的标高位置。立皮数杆时，可先在立杆处打一木桩，用水准仪在木桩侧面测设一条高于垫层设计标高某一数值(如100mm)的水平线，然后将皮数杆上标高相同的一条线与木桩上的水平线对齐，并用铁钉把皮数杆和木桩钉在一起，这样立好皮数杆后，即可作为砌筑基础墙的标高依据。对于采用钢筋混凝土的基础，可用水准仪将设计标高测设于模板上。

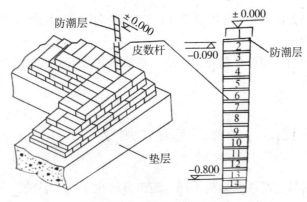

图 12-11 基础墙标高的控制

4. 基础面标高的检查

基础施工结束后，应检查基础面是否水平，各角是否为直角。

四、主体施工测量

建筑物主体施工测量的主要任务是将建筑物的轴线及标高正确地向上引测。随着高层建筑越来越多，这项测量工作显得非常重要。

（一）楼层轴线投测

建筑物轴线测设的目的是保证建筑物各层相应的轴线位于同一竖直面内。建筑物的基础工程完工后，用经纬仪将建筑物主轴线及其他中心线精确地投测到建筑物的底层。投测建筑物的主轴线时，应在建筑物的底层或墙的侧面设立轴线标志，以供上层投测之用。轴线投测方法主要有：经纬仪投测法、激光铅垂仪投测法等。

1. 经纬仪投测法

经纬仪投测法：将经纬仪安置于定位主轴线的控制桩或引桩上，用盘左、盘右位置分别照准主轴线标志，仰起望远镜，向楼板或柱边缘投测轴线，并取盘左、盘右两个盘位投测的中点为结果，即为所投测主轴线上的一点。

同法，在建筑物另一侧投测另一主轴线点，两点的连线即为楼层的定位主轴线。

2. 激光铅垂仪投测法

激光铅垂仪是将激光束导至铅垂方向用于竖向准直的一种仪器，使用时，将激光铅垂仪安置在底层辅助轴线的预埋标志上，当激光束指向铅垂方向时，只需在相应楼层的垂准孔上设置接收靶即可将轴线从底层传至高层。

利用激光铅垂仪投测高层建筑物轴线，使用较方便，且速度快、

任务 12.2 测试题

精度高。由于激光的方向性好、发散角小、亮度高等特点，激光铅垂仪在高层建筑的施工中得到了广泛的应用。

（二）楼层标高传递

楼层高程的传递通常使用水准测量法和全站仪测高法。

1. 水准测量法

水准仪传递标高方法同项目11 任务11.3"空间点高程的测设"方法。

2. 全站仪测高法

使用全站仪，利用三角高程测量的方法，将地面上已知点的高程传递到各楼层上，再测量出各楼层的标高。

任务 12.3　工业厂房施工测量

任务 12.3　课件浏览

工业厂房由于层数、跨度和结构不同，施工方法也不同。目前，使用较多的是金属结构及装配式钢筋混凝土结构单层厂房，其施工放样的主要工作包括厂房柱列轴线测设、基础施工测量、构件安装测量及设备安装测量等。

一、厂房柱列轴线的测设

对于结构简单的厂房可以采用民用建筑施工放样的方法测设，对于大型的、结构复杂的厂房一般根据厂房矩形控制网来测设。

图12-12为一单跨、六列柱子的厂房柱列平面图。测定厂房矩形控制网后，即可根据施工图上设计的柱间距和跨度，用钢尺沿矩形控制网各边采取内分法测设出各柱列轴线控制桩的位置，如图12-12所示，1—1′，2—2′，3—3′，…，E—E′，F—F′，这些轴线共同构成了厂房细部测设和施工的依据。

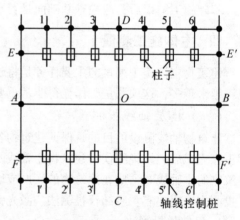

图12-12　柱列轴线测设

二、基础施工放样

（一）柱基放线

根据柱轴线控制桩定出各柱基的位置，设置基坑开挖的边线并用白灰标定出来以便开挖。

（二）基坑整平

当基坑挖到一定深度后，在坑壁四周离坑底的设计高程0.3~0.5m处设置几个水平桩作为基坑修理和清底的标高依据。并在坑底设置垫层桩，使桩顶为垫层设计高程，如图12-13所示。

三、构件安装测量

构件安装测量主要包括柱子安装测量、吊车梁安装测量、吊车轨道安装测量。

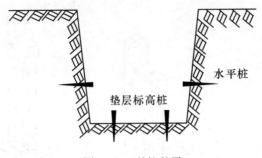

图 12-13 基坑整平

(一) 柱子安装测量

柱子安装测量的精度要求：

(1) 柱脚中心线应对准柱列轴线，其偏差不得超过±5mm。

(2) 牛腿面高程与设计高程一致，其误差不得超过±5mm。

(3) 柱子的垂直度，其偏差不得超过±3mm，当柱高大于10m时，垂直度可放宽。

在柱子吊装前，应根据轴线控制桩将柱列轴线投测到基础顶面上，并且用红油漆标出"▲"标记，如图12-14所示。同时在杯口内壁测设一条距杯底的设计高为一个整分米的标高线，并在柱子的侧面弹出柱中心线。吊装时，柱子插入基础杯口内后，使柱子上的轴线与基础上的轴线对齐，用两架经纬仪分别安置在互相垂直的两条柱列轴线附近，对柱子进行竖直校正，如图12-15所示。校正方法是：经纬仪安置在离柱子的距离约为1.5倍柱高处。先瞄准柱脚中线标志"▲"，固定照准部并逐渐抬高望远镜，若柱子上部的标志"▲"在视线上，则说明柱子在这一方向上是竖直的。否则，应进行校正，使柱子在两个方向上都满足铅直度要求。

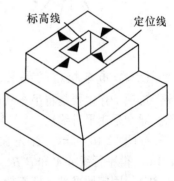

图 12-14 柱子竖直校正

在实际工作中，常把成排柱子都竖起来，这时可把经纬仪安置在柱列轴线的一侧，使得安置一次仪器就能校正。

校正用的经纬仪必须经过严格的检查和校正，照准部水准管气泡要严格居中，要避免日照影响校正精度，校正最好在阴天或早晨进行。

柱子的垂直度校正好后，要检查柱中心线是否仍对准基础定位线。

(二) 吊车梁安装测量

吊车梁安装前，先弹出吊车梁顶面中心线和两端中心线，并在一端安置经纬仪瞄准另一端，将吊车轨道中心线投测到牛腿面上，并弹以墨线。吊装时，使吊车梁端中心线与牛腿面上的中心线对齐。吊装完成后，应检查吊车梁面的标高，可先在地面上安置水准仪，将+500mm标高线测设在柱子侧面上，再用钢尺从该线起沿柱子侧面向上量出至梁顶面的高度，检查梁面标高是否正确。然后在梁下用铁板调整梁面高程，使之符合要求。

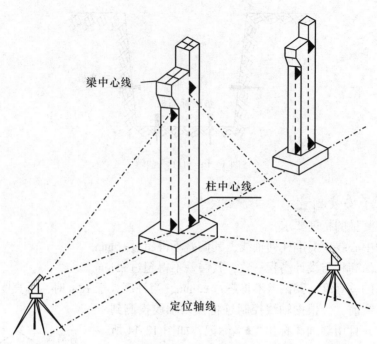

图 12-15　柱子安装测量

(三) 吊车轨道的安装测量

这项工作主要是将吊车轨道中心线投测到吊车梁上,由于在地面上看不到吊车梁的顶面,通常采用平行线法。

如图 12-16 所示,首先在地面上从吊车轨道中心线向厂房中心线方向量出长度 $a(1\mathrm{m})$,得平行线 $A''A''$ 和 $B''B''$。然后安置经纬仪于平行线的一端点 $A''(B'')$,瞄准另一端点 $A''(B'')$,固定照准部,仰起望远镜投测。此时另一人在梁上移动横放的小木尺,当 1m 刻划线对准视线时,木尺的零刻划线与梁面的中心线应该重合。如不重合应予以改正,可用撬杠移动吊车梁,使梁中心线与 $A''A''(B''B'')$ 的距离为 1m。

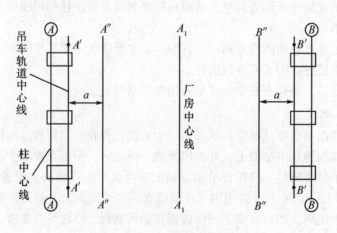

图 12-16　吊车轨道安装测量

任务 12.3　测试题

吊车轨道按中心线就位后,再将水准仪安置在吊车梁上,水准尺直接放在轨道面上,根据柱子上的标高线,每隔 3m 检测一点轨面标高,并与其设计标高比较,误差应在±3mm 以内。还要用钢尺检查两吊车轨道间的跨距,与设计跨距相比,误差不得超过±5mm。

任务 12.4 建筑物的变形观测

任务 12.4 课件浏览

为保证建筑物在施工、使用和运行中的安全,常要对建筑物进行变形观测。变形观测的目的主要是测定建筑物的变形值,监测建筑物施工和运营期间的稳定性并且根据观测的位移数据,分析其变形原因,总结变形规律,同时积累技术资料,为以后同类建筑物的设计和施工积累经验。变形观测的内容主要包括:沉降观测、水平位移观测、倾斜观测和裂缝观测等。

一、沉降观测

建筑物在垂直方向上的位移称为沉降。建筑物上能反映建筑物沉降的点称为沉降观测点(简称观测点)。测定观测点的高程随时间而变化的工作叫沉降观测。

(一)水准点和沉降观测点的布设

为了测定观测点的沉降,在建筑物附近,既便于观测,又比较稳定的地点埋设工作基点。至于工作基点本身的高程是否发生变化,要由离建筑物较远的水准基点来检测。水准基点是沉降观测的基准点,它本身应具有一定的稳定性,为了保证水准基点高程的正确性和便于检核,水准基点一般不得少于三个。水准基点必须设置在沉降范围以外,埋设在原状土层(至少在冻土层以下 0.5m)或基岩上。水准基点和观测点之间的距离应适中,相距太远会影响观测精度,相距太近又会影响水准点的稳定性,通常水准基点和观测点之间的距离以 60~100m 为宜。

进行沉降观测的建(构)筑物上应埋设沉降观测点。观测点数量和位置应能全面反映建筑物的沉降情况。建筑物的四角、柱子和设备基础、沉降缝两侧、基础形状和地质条件变化处都应设点,此外还需沿建筑物外墙每 10~15m 布设一点,或每隔 2~3 根柱子的柱基上布设一点。常见的观测点如图 12-17 所示,图 12-17(a)为墙身和柱上的观测点,图 12-17(b)为基础上的观测点。

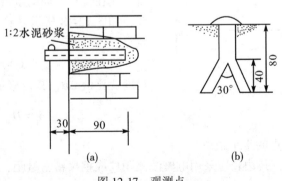

图 12-17 观测点

（二）沉降观测的一般规定

1. 观测周期

沉降观测的时间和次数应根据工程的性质、工程的进度和地基情况等决定。首次观测应在观测点埋设稳固后、建（构）筑物主体开工前进行，首次观测的高程值是以后各次观测数据的比较依据，因此，精度要求较高，一般用精密水准测定。

在建筑物主体施工过程中，一般每浇筑1~2层观测一次；建筑物竣工后，应进行连续观测，按沉降量的大小和速度确定观测周期，一般每月观测一次，如果沉降速度减缓，可改为2~3个月观测一次，以后观测周期可根据建筑物沉陷的具体情况而定。

2. 观测方法

沉降观测一般采用一、二、三等水准测量的方法。对于多层建筑物的沉降观测，可采用S_3级水准仪用普通水准测量方法进行；对于精密设备及其厂房、高层建筑物的沉降观测，则应采用二等水准测量方法进行。为了保证精度，观测时视线长度一般不超过50m，前后视距要尽量相等。

3. 沉降观测的工作要求

沉降观测是一项较长期的连续观测工作，为了保证成果的正确性，应尽可能做到固定观测人员，固定观测仪器，使用固定的水准基点，按规定的日期、方法及既定的路线、测站进行观测。

（三）沉降观测成果整理

每次观测之后，应检查记录中的数据和计算是否准确，精度是否合格，然后计算各沉降观测点的高程。最后将观测点的高程、观测日期和荷载情况记入沉降量统计表。并计算相邻两次观测之间的沉降量和累计沉降量，为了更清楚地表示建筑物的沉降情况，需要画出各沉降观测点的沉降、荷载、时间关系曲线图。

二、水平位移观测

建筑物的平面位置随着时间而移动叫建筑物的水平位移。常用观测水平位移的方法有：基准线法、极坐标法、前方交会法等。下面说明基准线法观测水平位移的基本方法。

有些建筑物只要求测定某特定方向上的位移量，如大坝在水压力方向上的位移量，这种情况可采用基准线法进行水平位移观测。观测时，先在位移方向的垂直方向上建立一条基准线，如图12-18所示，A、B为控制点，P为观测点。

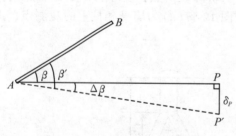

图12-18　基准线法测设水平位移

只要定期测量出观测点P与基准线AB的角度变化值$\Delta\beta$，其位移量可按下式计算：

$$\delta_P = D_{AP} \frac{\Delta\beta''}{\rho''} \qquad (12.5)$$

式中，D_{AP}为A、P两点的水平距离。

采用极坐标法时，其边长应采用电磁波测距仪或钢尺精密量距，采用测角前方交会法时，交会角应在60°~120°之间，最好采用三点交会。

三、倾斜观测

测量建筑物倾斜率随时间而变化的工作叫倾斜观测。一般在建筑物立面上设置上、下两个观测标志,通过测定两个标志的高差 h 和两个标志中心位置的水平距离 D 来计算倾斜率。即:

$$i = \frac{\Delta h}{D} \quad (12.6)$$

倾斜观测常用的方法有以下几种。

(一) 水准仪观测法

建筑物的倾斜观测可以利用在精密水准仪进行沉降观测的基础上进行,计算一段时期基础两标志点的沉降量之差 Δh,再根据两点间的距离水平 D,即可计算出基础的倾斜度 i。如果知道建筑物的高度 h,则可计算出建筑物顶部的倾斜位移值 δ 为:

$$\delta = ih = \frac{\Delta h}{D} h \quad (12.7)$$

(二) 经纬仪投点法

用经纬仪把上标志中心投影到下标志附近,量取它与下标志中心的距离,即得倾斜值。具体方法是:

如图 12-19(a) 所示,在离建筑物大于 1.5m 墙高的地方 M 点安置经纬仪,瞄准墙上观测点 A,放平望远镜,在墙面上投设出与 A 点位于同一铅垂面内的 A' 点,做好标记,并测出 AA' 的高差 h。然后将经纬仪移到与原观测方向大约成 90°角的方向上。同法,投得 A'' 点。则 $A'A''$ 即为 A 点的倾斜位移值。A'、A'' 两点连线的倾斜度为:

$$i = \frac{A'A''}{h} \quad (12.8)$$

如图 12-19(b) 所示,如果将 A 点选在建筑物某个拐角的棱上,分别在建筑物两个墙面延长线上的 M、N 两点安置经纬仪进行上述观测,以 MA' 方向为 x 轴,NA' 方向为 y 轴,则可得建筑物在这两个方向的倾斜位移值 δ_y、δ_x,若建筑物两墙面互相垂直,则建筑物该角顶部的总倾斜量 δ 为:

$$\delta = \sqrt{\delta x^2 + \delta y^2} \quad (12.9)$$

相对于 x 轴正向的倾斜方向方位角 θ 为:

$$\theta = \arctan \frac{\delta y}{\delta x} \quad (12.10)$$

若建筑物两墙面不垂直,则可根据其夹角合成总倾斜量和倾斜方向。

(三) 小角法

用经纬仪测出上、下两标志中心的水平角 β,由于倾斜值一般不会太大,所以水平角值很小,根据经纬仪到标志的水平距离 D,即可推算出经纬仪视线垂直方向的倾斜值 ΔD:

$$\Delta D = \frac{\beta}{\rho} D \quad (12.11)$$

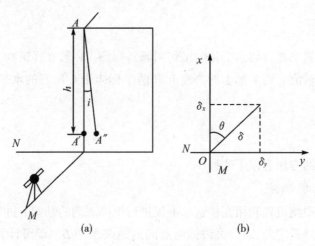

图 12-19　经纬仪投点法

（四）前方交会法

用前方交会法测量上、下两处水平截面中心的坐标,从而推算独立建筑物在两个坐标轴方向的倾斜值。这种方法常用于水塔、烟囱和高耸建筑物的倾斜观测。

四、裂缝观测

测定建筑物上裂缝的长度、宽度、深度的观测叫裂缝观测。为了观测裂缝的发展变化,需要在裂缝处设置标志,常用的标志有石膏板标志和白铁片标志。

下面介绍白铁片标志的裂缝观测方法。具体方法是：用两块大小不同的矩形白铁皮,使其边缘相互平行,部分重叠地分别固定在裂缝两侧。固定后,将白铁皮的端线相互投到另一块的表面上,用红油漆画成"▲"标记,如图 12-20 所示。如果裂缝继续发展,则白铁皮端线与"▲"标记逐渐分离,定期量取两组端线与标记之间的距离,并取其平均值,即为裂缝在某段时间内的发展情况。

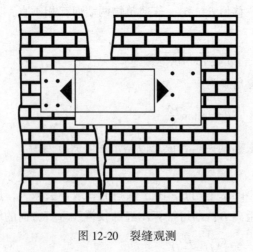

图 12-20　裂缝观测

任务 12.4　测试题

任务12.5 竣工测量

任务12.5 课件浏览

由于建(构)筑物在施工过程中设计的变更等原因,设计总平面图与竣工总平面图一般不会完全一致。为了确切地反映工程竣工后的现状,为工程验收和以后的管理、维修、扩建、改建及事故处理提供依据,需要及时进行竣工测量并编绘竣工总平面图。

一、竣工测量

在每项工程完成后,必须由施工单位进行竣工测量,提供工程的竣工测量成果,作为编制竣工总平面图的依据。竣工测量主要是测定许多细部点的坐标和高程,因此图根点的布设密度要大一些,细部点的测量精度要高一些,一般应精确到厘米。

竣工测量时,应采用与原设计总平面图相同的平面坐标系统和高程系统,竣工测量的内容应满足编制竣工总平面图的要求。

二、竣工总平面图的编绘

（一）绘制前的准备工作

(1) 编绘竣工总平面图前,应收集汇编相关的重要资料,如设计总平面图、施工图及其说明、设计变更资料、施工放样资料、施工检查测量及竣工测量资料等。

(2) 竣工总平面图的比例尺、图幅大小、图例符号及注记应与原设计图一致,原设计图没有的图例符号,可使用新的图例符号。

(3) 绘制图底坐标方格网：为能长期保存竣工资料,应采用质量较好的聚酯薄膜等优质图纸,在图纸上精确地绘出坐标方格网或购买印制好的方格网,按"测图前的准备工作"中的要求进行检查,合格后方可使用。

(4) 展绘控制点：以图底上绘出的坐标方格网为依据,将施工控制网点按坐标展绘在图上。相邻控制点间距离与其实际距离之差,应不超过图上0.3mm。

(5) 展绘设计总平面图：在编绘竣工总平面图之前,应根据坐标格网,先将设计总平面图的图面内容按其设计坐标,用铅笔展绘于图纸上,作为底图。

（二）竣工总平面图的编绘

竣工测量后,应提供该工程的竣工测量成果。若竣工测量成果与设计值之差不超过所规定的定位容许误差,则按设计值编绘;否则应按竣工测量资料编绘。

编绘时,将设计总平面图上的内容按设计坐标用铅笔展绘在图纸上,以此作为底图,并用红色数字在图上表示出设计数据。每项工程竣工后,根据竣工测量成果用黑色绘出该工程的实际形状,并将其坐标和高程标注在图上,黑色与红色之差即为施工与设计之差。随着施工的进展,逐步在底图上将铅笔线绘成黑色线。经过整饰和清绘,即成为完整的竣工总平面图。

三、竣工总平面图的附件

为了全面反映竣工成果,便于管理、维修和日后的扩建或改建,下列与竣工总平面图有关的一切资料，应分类装订成册，作为竣工总平面图的附件保存。

(1) 建筑场地及其附近的测量控制点布置图及坐标与高程一览表；
(2) 建筑物或构筑物沉降及变形观测资料；
(3) 建筑场地原始地形图及设计变更文件资料；
(4) 工程定位、检查及竣工测量资料。

任务 12.5 测试题

【项目小结】

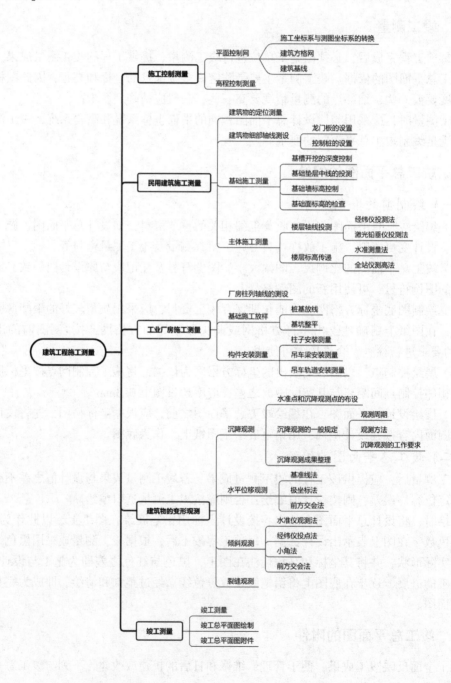

【习题】

1. 为什么要建立施工控制网？
2. 施工坐标系的坐标与测量坐标系的坐标应如何进行换算？
3. 施工平面控制测量有几种形式？布设建筑方格网时应遵循什么原则？
4. 建筑物的定位测量有几种方法？简述其各种方法。
5. 设置龙门板的作用是什么？如何设置？
6. 建筑物变形观测的目的是什么？
7. 建筑物变形观测的内容有哪些？
8. 沉降观测的一般规定是什么？
9. 简述倾斜观测的几种方法。
10. 为什么要进行竣工测量？
11. 如何编绘竣工总平面图？

项目 13　水工建筑物施工测量

【主要内容】

土坝施工放样的内容和方法；水闸施工放样的内容和方法；隧洞施工放样的内容和方法。

重点：土坝施工放样；水闸施工放样。

难点：隧洞施工放样。

【学习目标】

知识目标	能力目标
1. 掌握土坝施工测量的方法； 2. 掌握水闸施工测量的方法； 3. 掌握隧洞施工测量的方法。	1. 能进行土坝的清基开挖线和坝体边坡放样； 2. 能测设土坝的坝轴线和坡脚线； 3. 能进行水闸闸墩和闸底板的放样； 4. 能进行溢流面的测设； 5. 能进行隧洞控制测量； 6. 能进行隧洞中线和坡度的放样。

【课程思政】

通过学习水坝、水闸、隧洞等常见水工建筑物的施工测量方法，学生能够深刻认识到测量工作在国家基础设施建设中起到举足轻重的作用，进而培养学生热爱专业、立志学好专业、服务社会、报效国家的专业精神，激发学生的专业自豪感和荣誉感。

任务 13.1　土坝的施工放样

任务 13.1　课件浏览

土坝属于重力坝型，它具有就地取材、施工简便的特点，一般中型、小型水坝常修筑成土坝。土坝施工放样的主要内容包括：坝轴线的测设、坝身控制测量、清基开挖线的放样、坡脚线的放样和坝体边坡线的放样等。

一、坝轴线的测设

土坝的坝轴线就是坝顶中心线，如图 13-1 所示，一般由设计部门根据坝址的具体条件选定。为了在实地标出它的位置，首先根据设计图上坝轴线端点的坐标及坝址附近的测图控制点坐标计算放样数据，由于放样方法的不同，放样数据可以是水平角、水平距离（极坐标法），也可以是坐标增量（直角坐标法）等，然后放样出坝轴线的端点位置。放样时，除了放样出坝轴线端点的位置外，还需放样出轴线中间一点。

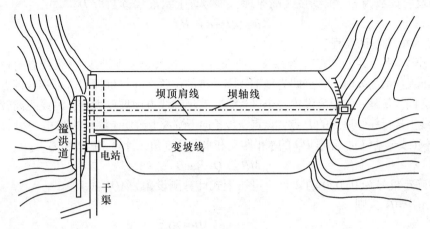

图 13-1　坝轴线测设

二、坝身控制测量

坝轴线是土坝施工放样的主要依据，但是，在进行整个坝体细部点的施工放样时，只有一条坝轴线是不能满足施工需要的，还必须建立坝身控制测量，为细部点的测设提供依据。

（一）平面控制测量

1. 平行于坝轴线的直线测设

在图 13-2 中，M、N 是坝轴线的两个端点，将经纬仪（或全站仪）安置在 M 点，照准 N 点，固定照准部，用望远镜向河床两岸投设 A、B 两点。然后，分别在 A（及 B）点安置仪器，照准坝轴线端点 M（或 N）点后，仪器旋转 90°，定出坝轴线的两条垂线 PQ 和 RS，在垂线上按所需间距（一般每隔 5m、10m 或 20m）测设距离，定出 a、b、c 和 d、e、f 等点，那么 ad、be、cf 等直线就是坝轴线的平行线。为了施工放样，还应将仪器分别安置在 a、b、c 和 d、e、f 等点，将各条平行线投测到施工范围外的河床两岸，并打桩标定。

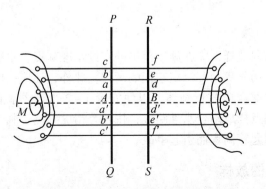

图 13-2　平行于坝轴线的直线测设

2. 垂直于坝轴线的直线

将坝轴线上与坝顶设计高程一致的地面点作为坝轴线里程桩的起点，称为零号桩。测设零号桩的方法如图 13-3 所示：将水准仪安置在坝轴线的 M 点附近，后视一已知水准点上的水准尺，读数为 a，根据视线高原理，零号桩上水准尺读数应为：

$$b = (H_a + a) - H_0 \tag{13.1}$$

式中，H_0 为坝顶设计高程。

在坝轴线的另一端点 N 安置经纬仪，照准 M 点，扶尺员在坝轴线上（视线方向）移动水准尺，当水准尺读数为 b 时，该点即为坝轴线零号桩的位置，并打桩标定。以零号桩点为起点，沿坝轴线方向，每隔一定距离设置一个里程桩，若坝轴线方向坡度太陡，测设距离较为困难，可在坝轴线上选择一个适当的 P 点，该点应位于向下游或上游便于测距的地方。然后，在 P 点安置经纬仪（或全站仪），测量 PQ 的水平距离和水平角 β 角，计算 MP 的距离为：

$$MP = PQ \cdot \tan\beta \tag{13.2}$$

若要确定桩号为 0+020 的 A 点，可按下式计算测设角 $\angle AQP$：

设 $\angle AQP = \beta_1$，则

$$\beta_1 = \arctan\frac{MP - 20}{PQ} \tag{13.3}$$

将两台经纬仪，分别安置于 M 和 Q 点。M 点的仪器以坝轴线定向，固定照准部；Q 点的仪器测设 β_1 角，两台仪器视线的交点即为 0+020 点。其他里程桩可按上述方法测设。

最后是在各里程桩上测设坝轴线的垂线，在各里程桩上分别安置仪器，照准坝轴线上较远的一个端点 M 或 N，照准部旋转 90° 角，即可得到一系列与坝轴线垂直的直线。将这些垂线也投测到围堰上或山坡上并用木桩或混凝土桩标志各垂直线的端点。

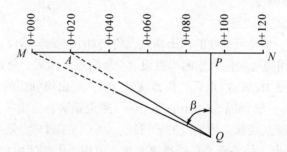

图 13-3　垂直于坝轴线的直线测设

（二）高程控制测量

为了进行坝体的高程放样，需在施工范围外布设水准基点，水准基点要埋设永久性标志，并构成环形路线，用三等精度测定它们的高程。此外，还应在施工范围内设置临时性水准点，这些临时性水准点应靠近坝体，以便安置 1~2 次仪器就能放出需要的高程点。临时水准点应与水准基点构成附合水准路线，按四等精度施测。临时水准点一般不采用闭合路线施测，以免用错起算高程而引起事故。

三、清基开挖线的放样

清基开挖线就是坝体与自然地面的交线，亦即自然地表面上的坝脚线。为了使坝体与地

面紧密结合,增强大坝的稳定性,必须清除坝基自然表面的松散土壤、树根等杂物。在清理基础时,测量人员应根据设计图纸放出清基开挖线,以确定施工范围。具体方法如下:

(1) 图解量取放样数据。如图 13-4 所示,P 点在坝轴线上的里程为 0+100,A、B 两点为 0+100 桩坝体的设计断面与地面上、下游的交点,在设计图纸上量取图上 PA、PB 的水平距离为 d_1、d_2,即为放样数据。

(2) 在 P 点安置经纬仪(或全站仪),照准坝轴线的一个端点,照准部旋转 90°定出横断面方向,从 P 点分别向上、下游方向测设 d_1、d_2,标出清基开挖点 A、B 两点。同法定出各断面的清基开挖点,各开挖点的连线,即为清基开挖线,如图 13-5 所示。

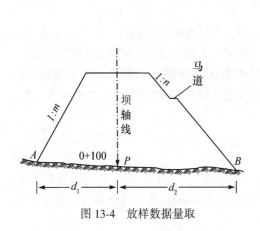

图 13-4 放样数据量取

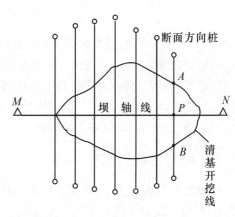

图 13-5 清基开挖线放样

由于清基开挖有一定的深度和坡度,所以,应按估算的放坡宽度确定清基开挖线。当从断面图上量取 d_i 时,应根据施工现场的具体情况按深度和坡度加上一定的放坡长度。

四、坡脚线的放样

基础清理完工后,坝体与地面的交线称为坡脚线(亦称起坡线)。坡脚线是填注土石和浇注混凝土的边界线。坡脚线的测设常用以下方法:

(一) 逐渐趋近法

清基完工后,首先恢复坝轴线上各里程桩的位置,并测定各里程桩的地面高程。然后将经纬仪(或全站仪)分别安置在各里程桩上,以坝轴线端点为起点定出各断面方向,然后根据设计断面估算距离,沿断面方向测定坡脚线上点的轴距 d'(里程桩至坡脚点的水平距离)及高程 H_A'。如图 13-6 所示,图中里程桩 P 点到坡脚线上 A 点的轴距 d 为:

$$d = \frac{b}{2} + m(H_0 - H_A') \quad (13.4)$$

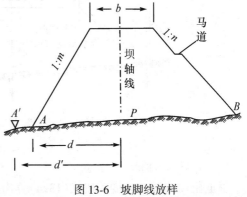

图 13-6 坡脚线放样

式中,b 为坝顶设计宽度;m 为坝坡面设计坡度的分母;H_0 为坝顶设计高程;H_A' 为立尺

点 A' 的高程。

若实测的轴距 d' 与计算的轴距 d 不相等,说明立尺点 A' 不是该断面设计的坡脚点 A,则应沿断面方向移动立尺点的位置,反复试测,直至实测的轴距与计算的轴距之差在容许范围内为止,这时的立尺点即为设计的坡脚点。同法测得其他断面的坡脚点,用白灰线将各坡脚点连接起来,即成为坝体的坡脚线。

(二) 平行线法

前面通过坝身控制测量设置了一些平行于坝轴线的直线,这些直线与坝坡面相交处的高程为:

$$H_i = H_0 - \frac{1}{m}(d_i - \frac{b}{2}) \tag{13.5}$$

式中, H_i 为第 i 条平行线与坝坡面相交处的高程; H_0 为坝顶的设计高程; d_i 为第 i 条平行线与坝轴线之间的距离,即轴距; b 为坝顶的设计宽度; m 为坡面设计坡度的比例尺分母。

计算出 H_i 后,即在各平行线上,用高程放样的方法测设 H_i 的坡脚点。各个坡脚点的连线,即为坝体的坡脚线。一般坡脚处填土的位置应比现场标定的坡脚线范围要大一些,以便坡面碾压结实,确保施工的质量。

五、坝体边坡的放样

坝体坡脚线标定后,即可在标定范围内填土(上料),填土要分层进行,每层厚约 0.5m,每填一层都要进行碾压,测量人员在碾压后要及时确定填土的边界,即边坡。土坝边坡通常采用坡度尺法或轴距杆法放样。

(一) 坡度尺法

按设计坝面坡度 $1:m$ 特制一个直角三角板,使两直角边的长度分别为 1m 和 mm。在长为 mm 的直角边上安一个水准管。放样时,将绳子的一头系于坡脚桩上,另一头系在坝体横断面方向的竖杆上,将三角板斜边靠着绳子,当绳子拉到水准气泡居中时,绳子的坡度即等于应放样的坡度,如图 13-7 所示。

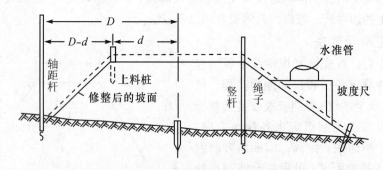

图 13-7 坡度尺法和轴距杆法放样边坡

(二) 轴距杆法

根据土坝的设计坡度,按式(13.4)算出不同层坝坡面点的轴距 d,由于坝轴线里程桩不便保存,必须以填土范围之外的坝轴线的平行线为依据进行量距。为此,在这条平行线上设置一排轴距杆,如图 13-7 所示。设平行线的轴距为 D,则填土上料桩(坡面点)离轴距杆的距离为 $D-d$,以此即可定出上料桩的位置。随着坝体的增高,轴距杆可逐渐向坝轴线移近。

任务 13.1 测试题

上料桩的轴距是按设计坝面坡度计算的,实际填土时应超出上料位置,即应留出碾压和修整的余地,图 13-7 中用虚线表示。

六、土坝修坡桩的测定

土坝碾压后进行修整,使坡面与设计要求相符,修整后用草皮或石块护坡。修坡常用水准仪法和经纬仪法。

(一) 水准仪法

在坝坡面上按一定间距布设一些与坝轴线平行的坝面平行线,根据式(13.5)计算各平行线的高程,然后用水准测量测定平行线上各点的高程,所测高程与所算高程之差即为修坡厚度。

(二) 经纬仪法

用经纬仪测定,首先要根据坡面的设计坡度计算出坡面的倾角,即

$$\alpha = \arctan \frac{1}{m} \tag{13.6}$$

将经纬仪安置在坝顶边缘位置,量取仪器高 i,望远镜视线下倾 α 角,固定望远镜,则视线方向即与设计坡面平行。然后,在视线方向的标尺上读取中丝读数 v,该立尺点的修坡厚度即为

$$\Delta d = i - v \tag{13.7}$$

任务 13.2　水闸的放样

水闸是由闸门、闸墩、闸底板、两边侧墙、闸室上游防冲板和下游溢流面组成的。图13-8为三孔水闸平面布置示意图。

水闸的施工放样包括水闸轴线的测设、闸底板范围的确定、闸墩中线的测设以及下游溢流面的放样等。

任务 13.2 课件浏览

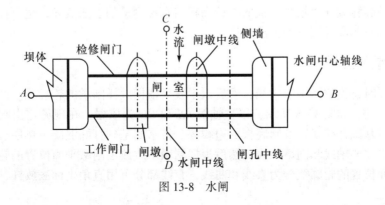

图 13-8　水闸

一、水闸主要轴线的测设

水闸主要轴线的测设，就是在施工现场标定水闸轴线端点的位置。首先，从水闸设计图上量出轴线端点的坐标，根据所采用的放样方法、轴线端点的坐标及邻近测图控制点的坐标计算所需放样数据，计算时要注意进行坐标系的换算，然后将仪器安置在测图控制点上进行放样。先放样出相互垂直的两条主轴线，两条主轴线确定后，还应在其交点安置仪器检测两线的垂直度，若误差超限，应以闸室为基准，重新测设一条与其垂直的直线作为纵向主轴线。主轴线测定后，应向两端延长至施工范围外，并埋设标志以示方向。

二、闸底板的放样

闸底板的放样目前大多采用比较简单的全站仪测距法。如图 13-9 所示，在主轴线的交点 O 安置全站仪，根据闸底板设计尺寸，在轴线 CD 上分别向上、下游各测设底板长度的一半，得 G、H 两点。在 G、H 点分别安置仪器，以轴线 CD 定向，测设与 CD 轴线相垂直的两条方向线，两方向线分别与边墩中线交于 E、F、P、Q 点，这四个点即为闸底板的四个角点。

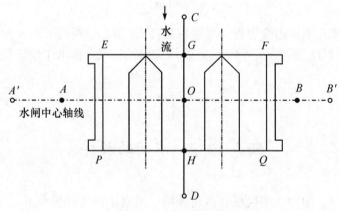

图 13-9 闸底板放样

闸底板平面位置的放样也可根据实际情况，采用前方交会法、极坐标法等其他方法进行测设。

闸底板的高程放样可根据底板的设计高程用水准测量的方法放样，也可在放样平面位置时用全站仪三角高程测量的方法放样。

三、闸墩的放样

闸墩放样时首先放出闸墩中线，然后以中线为依据放样闸墩的轮廓线。闸墩中线是根据主轴线测设的，如图 13-8 所示，以主轴线 AB 和 CD 为依据，在现场定出闸孔中线、闸墩中线、闸墩基础开挖线以及闸底板的边线等。待水闸基础打好混凝土垫层后，在垫层上再精确地放出主要轴线和闸墩中线，然后根据闸墩中线放出闸墩平面位置的轮廓线。

闸墩平面位置的轮廓线分为直线和曲线，直线部分可用直角坐标法放样，闸墩上游一一般设计成椭圆曲线，放样前，应根据椭圆方程式计算放样数据，然后根据极坐标法放样。

闸墩各部位的高程的测设，可根据施工现场布设的临时水准点，按高程放样方法在模板内侧标出高程点。但随着墩体的增高，有些部位的高程不能用水准测量法放样时，可用钢卷尺从已浇筑的混凝土高程点上直接丈量放出设计高程。

四、下游溢流面的放样

闸室下游的溢流面通常设计成抛物线，目的是减小水流通过闸室的能量，以降低水流对闸室的冲击力，如图 13-10 所示。

放样步骤如下：

（1）以闸室下游水平方向为 x 轴，闸室底板下游高程为溢流面的起点（变坡点），也就是坐标系的原点，通过原点的铅垂方向为 y 轴建立坐标系。

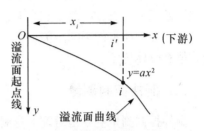

图 13-10 溢流面放样

（2）由于溢流面的纵剖面是抛物线，所以溢流面上各点的设计高程是不同的。根据设计的抛物线方程式和放样点至溢流面起点的水平距离计算剖面上相应点的高程，即

$$H_i = H_0 - y_i \tag{13.8}$$

式中，H_i 为 i 点的设计高程；H_0 为下游溢流面的起始高程，由设计部门给定；y_i 为与坐标原点 O 相距水平距离为 x_i 的 y 值，图中可见，y 值即为高差，并且

$$y_i = ax^2 \tag{13.9}$$

（3）在闸室下游两侧设置垂直的样板架，根据选定的水平距离，在两侧样板架上作垂线，再用水准仪按放样已知高程点的方法，在各垂线上标出相应点的位置。

（4）将各高程标志点连接起来，即为设计的抛物面与样板架的交线，该交线就是抛物线。

任务 13.2 测试题

任务 13.3 隧洞施工放样

一、隧洞施工放样的内容

在水利工程施工中，导流隧洞和引水隧洞施工是一项重要的工作内容，在公路、铁路和一些地下工程的建设中，隧洞也是重要的组成部分。隧洞施工测量主要包括以下几个方面：

（1）洞外控制测量：在隧洞开挖之前建立洞外平面和高程控制网。

（2）洞内外联系测量：将洞外的坐标、方向和高程传递到洞内，建立洞内外统一坐标系统。

（3）洞内控制测量：隧洞开挖以后建立与洞外测量系统一致的洞内平面与高程控制。

（4）隧洞施工测量：根据隧洞设计要求进行放样、指导开挖以及测设衬砌中线及高程测量。

任务 13.3 课件浏览

二、隧洞贯通误差

在隧洞施工中，通常采用两个或多个相向或同向的掘进工作面分段掘进隧洞，使其按设计要求在预定地点彼此接通，称为隧洞贯通。由于测量中各项误差的影响，使隧洞在贯通面处产生偏差，称为贯通误差。贯通误差在隧洞中线方向的投影长度称为纵向贯通误差；在垂直于中线方向的投影长度称为横向误差；在高程方向的投影长度称为高程误差。纵向误差只对贯通在距离上有影响，高程误差对坡度有影响。横向误差直接影响隧洞能否贯通，对隧洞质量的影响至关重要，所以应严格控制横向误差。不同的工程对贯通误差的容许值有具体规定。

三、洞外控制测量

洞外控制测量主要是对施工隧洞进行定位、定向和控制，平面控制通常采用导线测量的方法，高程控制测量一般采用水准测量的方法。

（一）洞外导线测量

在直线隧洞中，为了减少导线量距误差对隧洞横向贯通偏差的影响，应尽可能将导线沿着隧洞中线布设；导线点数应尽可能少，以减少测角误差对横向贯通偏差的影响。对于曲线隧洞，应沿曲线的切线方向布设，并将曲线的起、终点以及曲线切线上的两点也作为导线点。这样曲线转折点上的总偏角可以根据导线测量结果来计算。导线点应考虑横洞、斜井、竖井的位置，导线点应经过这些洞口，以减少洞口投点。为了增加校验条件，提高导线测量的精度，应尽量布设成闭合或附合导线，也可采用主、副导线闭合环，副导线只测角，这样既减少工作量，又增加了检核条件。

由于 GNSS 定位技术的普及，隧洞洞外平面控制测量中也越来越多地采用 GNSS 定位技术。

（二）洞外水准测量

洞外高程控制测量通常采用水准测量。水准测量的等级，取决于隧洞的长度、隧洞地段的地形情况等，但一般采用三、四等水准测量即可满足精度要求。布设水准点时，在每个洞口至少应埋设两个水准点，水准点之间的高差以安置一次仪器即可联测为宜。水准路线应构成环，或者敷设两条相互独立的水准路线（由已知水准点从洞口一端测至另一端）。

四、洞内外联系测量

为了加快工程进度，隧洞施工中一般增加掘进工作面，通常是在隧洞中线上开凿竖井，将整个隧洞分成几段进行对向开挖。经过竖井将洞内、洞外控制网联系在同一坐标和高程系统所进行的测量工作，称作竖井联系测量，简称联系测量。联系测量包括平面联系测量和高程联系测量。

（一）平面联系测量

平面联系测量的任务是通过竖井将洞外控制网的坐标和方位角传递到洞内（也叫竖井定向测量或竖井定向），主要有以下两种方法：

1. 穿线法定向

如图 13-11 所示，在竖井井筒中吊两根垂线 A、B，在洞外地面上定出 BA 的延长线，在延长线上定出一点 C，在洞内定出 AB 延长线上一点 C'，C、A、B、C' 共线。分别在 C、C' 安置经纬仪（或全站仪），测出连接角 φ、φ' 及 CA、AB、BC' 的长度。然后根据洞外点 C 的坐标和 DC 的方位角推算洞内点 C' 的坐标和 $C'D'$ 边的方位角。

穿线法操作简单、计算方便，一般适用于精度要求不高的竖井定向。

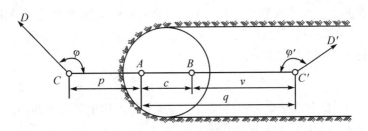

图 13-11　穿线法定向

2. 一井定向

如图 13-12（a）所示，在井筒内，以垂球自由悬挂两根钢丝 A、B 到开挖工作面，由于垂球线 A、B 处不能安置仪器，因此，选定井上、井下两个连接点 C 和 C' 安置仪器，从而在井上、井下形成了以 AB 为公共边的狭长三角形 ABC 和 ABC'，一般把这样的三角形称为连接三角形。图 13-12（b）所示的便是井上、井下连接三角形的平面投影。由图中可看出，当已知 D 的坐标及 DE 的方位角时，在地面观测联系角 δ、φ 以及联系三角形 ABC 的一个内角 γ，丈量地面三角形的边长 a、b、c，则可计算出 α、β 角，从而推算出 A、B 点的坐标及 AB 边的方位角。

同样在地下观测联系角 δ'、φ' 以及联系三角形 ABC' 的一个内角 γ'，丈量地下三角形的边长 a'、b'、c'，从而推算出地下控制点 D' 点的坐标及起始边 $D'E'$ 的方位角。

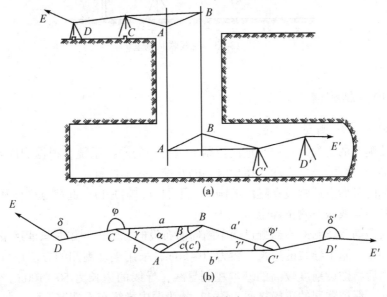

图 13-12　一井定向

(二) 高程联系测量

高程联系测量是经过竖井将地面控制点的高程传递到地下坑道的测量工作。

对于斜井可采用测距仪三角高程测量或水准测量方法引入高程；而对于竖井，当井深较浅时可采用长钢尺（或钢丝）引入高程。

如图 13-13 所示，钢尺下端挂上一个垂球以拉直钢尺使其处于自由悬挂状态，待钢尺稳定后，分别在井上、井下安置水准仪，在 A、B 两点所立的水准尺上分别读取读数 a、b，然后将水准仪照准钢尺同时读取读数 m、n，并测定井上、井下温度 t_1、t_2，依据上述测量数据，可得 A、B 两点之高差为：

$$h = (m - n) + (b - a) + \sum \Delta l \tag{13.10}$$

式中，$\sum \Delta l$ 为钢尺的总改正数，包括尺长、温度、拉力和钢尺自重四项改正数，在无长钢尺时，可将数个短钢尺接起来作为长钢尺使用。

高程联系测量需独立进行两次，加入各项改正数后两次引入高程之差不得超过 $l/8000$（l 为井深）。

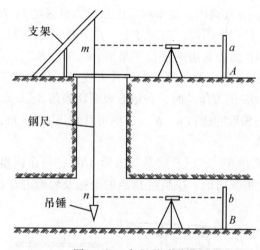

图 13-13　高程联系测量

五、洞内控制测量

（一）洞内导线测量

洞内导线测量的目的是建立与地面控制测量统一的坐标系统，根据洞内导线的坐标，就可以标定隧洞中线的开挖方向，指导隧洞的开挖及衬砌位置。

洞内导线的起始点通常设在隧洞的洞口、平洞口、斜井口。起始点坐标和起始边方位角由地面控制测量或联系测量确定。

洞内导线是随着隧洞的不断掘进而不断向前布设的，所以开始时只能逐段敷设精度较低的施工支导线，施工导线的边长一般为 20~50m，采用重复观测的方法进行检核。当掘进到一定距离后再敷设精度较高的基本控制导线，导线的边长为 50~100m，基本导线以检查掘进方向，保证隧洞的正确贯通。图 13-14 为洞内导线布设情况。

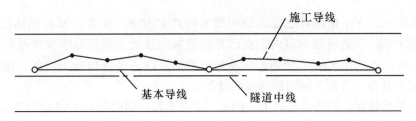

图 13-14 洞内导线示意图

（二）洞内水准测量

洞内水准测量以洞口水准点的高程作为起始数据，随开挖面的进展而向前延伸不断建立新的水准点。以保证隧洞底部达到设计坡度，在竖向正确贯通。

洞内水准路线与洞内导线相同，在隧洞贯通前，洞内水准路线均为支线，需进行往返观测。一般先布设较低精度的临时水准点，其后再布设较高精度的永久水准点。永久水准点最好按组设置，每组应不少于两个点。各组之间的距离一般为 300~800m。洞内水准测量可采用三、四等水准测量进行观测。由于隧洞内通视条件差，应把仪器到水准尺的距离控制在 50m 以内。水准尺可直接立于导线点上，以便测出导线点高程。

六、隧洞施工测量

（一）隧洞中线的标定

隧洞中线的标定一般采用中线法和串线法。

1. 中线法

中线法是根据洞内导线点的坐标和隧洞中线点的设计坐标计算放样数据，采用极坐标法测设隧洞中线上几个点，由中线点按一般定线方法指示开挖方向。

如图 13-15 所示，设 P_1、P_2 为洞内施工导线点，A 和 B 为隧洞中线上的点，用坐标反算公式求出放样数据：边长 s_1、s_2，水平角 β_A、β_B。在施工导线点 P_2 安置经纬仪（或全站仪），后视施工导线点 P_1，拨角 β_A 并沿视线方向测设 s_1 的长度，得到中线点 A 的位置，继续拨角 β_B，并测设长度 s_2，得到中线点 B 的位置，A 和 B 两点的连线方向即为隧洞的开挖方向。

采用全站仪进行坐标放样则更为方便。

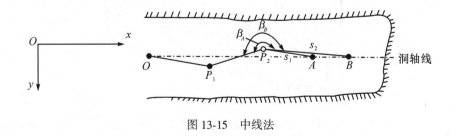

图 13-15 中线法

2. 串线法

串线法利用悬挂在洞顶板上 2~3 个中线点的垂球线，直接用肉眼来标定开挖方向，如图 13-16 所示。先根据洞外已标定的中线方向点 E 和 F，在 E 点安置经纬仪，照准 F 点，固定照准部，望远镜瞄向洞内，在已开挖的洞内顶板上根据经纬仪视线标定中线点 A、B、C，并在 A、B、C 点上分别悬挂垂球，然后，以三条垂球线为根据，用肉眼标定方向，直接在开挖工作面上标定洞轴线的投影点。

用串线法标定洞中线的误差较大，因此，A 点至开挖面的距离不宜大于 30m，当工作面推进后，可用经纬仪将中线点的方向延伸，继续采用中线法指示开挖方向，为保证贯通精度，每掘进 100~200m，应根据洞内施工导线点来检查临时中线点的偏差，及时校正开挖的方向。

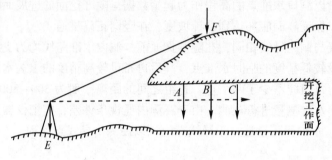

图 13-16　串线法

(二) 隧洞坡度的标定

为了保证隧洞在竖直方向的贯通和隧洞的坡度符合设计要求，在隧洞施工中，需要定出隧洞的开挖坡度。坡度的测设通常采用腰线法。

测设腰线较精确的方法是用水准仪进行测量，当隧洞坡度较大时，也可用经纬仪。如图 13-17 所示，首先根据洞外水准点的高程和洞口底板的设计高程，用高程放样的方法，在洞口点处测设 M 点，该点是洞口底板的设计高程点，然后，从洞口开始，向洞内测设腰线。

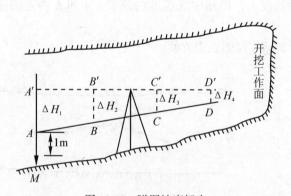

图 13-17　隧洞坡度标定

设隧洞口底板的设计高程 H_M 为 150.25m，隧洞底板的设计坡度 i 为 +5‰，腰线距底板的高度为 1.0m，要求每隔 5m 在侧墙上标定一个腰线点。

具体步骤如下：

（1）放样洞底板起点：根据洞口水准点放样洞口底板的高程，得 M 点。

（2）标定视线高程点：在洞内适当的地方安置水准仪，以 M 点为后视，测量 M 点尺子的读数 a，设 $a=1.523m$，若以 M 点桩顶为隧洞设计高程的起算点，a 即为仪器高。从洞口点 M 开始，在两边侧墙上每隔水平距离 5m 用红油漆标定视线高程点 B'、C' 和 D'。

（3）计算垂距：腰线距底板的高度为 1.0m，所以 $\Delta H_1=1.523-1.0=0.523(m)$，由于洞轴线设计坡度为+5‰，腰线每隔5m升高 $5\times5‰=0.025(m)$，所以 $\Delta H_2=1.523-(1+5\times5‰)=0.498(m)$，$\Delta H_3=1.523-(1+10\times5‰)=0.473(m)$，$\Delta H_4=1.523-(1+15\times5‰)=0.448(m)$。

（4）标定腰线点：从洞口点的视线高处向下垂直量取 ΔH_1，得洞口处的腰线点 A，从 B'、C' 和 D' 点分别垂直向下量取 ΔH_2、ΔH_3 和 ΔH_4 得 B、C 和 D 腰线点。用红油漆把 4 个腰线点 A、B、C、D 连为直线，即得洞口附近的一段腰线。同法，可将腰线延伸。

任务 13.3 测试题

【项目小结】

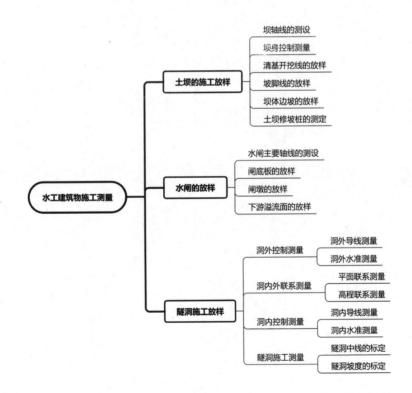

【习题】

1. 简述土坝坝身控制测量的方法。
2. 如何放样土坝的清基开挖线？
3. 如何放样坝体边坡线？

4. 如何放样下游溢流面？
5. 隧洞施工放样的主要内容是什么？
6. 如何进行一井定向？
7. 简述标定隧洞中线的方法。
8. 设隧洞口底板的设计标高 H_B 为 65.28m，隧洞底板的设计坡度 i 为 +7‰，腰线距底板的高度为 1.0m，要求每隔 5m 在侧墙上标定一个腰线点。试计算测设数据并简述测设方法。

项目 14 线路工程测量

项目 14 课件浏览

【主要内容】

线路工程测量的基本知识；线路中线测量；圆曲线测设；线路纵横断面测量；道路施工测量等。

重点：中线测设；线路纵横断面测量。

难点：圆曲线测设。

【学习目标】

知识目标	能力目标
1. 掌握中线测量中的交点、转点和转向角的测定方法及中桩的设置方法；	1. 能进行交点、转点、转向角的测设和中桩的设置；
2. 掌握圆曲线要素的计算和圆曲线主点里程的计算；	2. 能进行圆曲线要素计算、圆曲线主点及细部点的测设；
3. 掌握圆曲线主点及细部点的测设方法；	3. 能进行线路纵、横断面的测量；
4. 掌握线路纵、横断面的测量方法；	4. 能绘制线路纵横断面图；
5. 掌握横断面测量土方量计算的方法；	5. 能进行土方量计算。
6. 掌握线路施工控制桩和路基边桩的测设方法。	

【课程思政】

通过学习线路施工测量方法，培养学生严谨求实、爱岗敬业、建设祖国的爱国主义精神，增强作为新时代中国特色社会主义建设者和接班人的责任感、荣誉感，自觉肩负起建设祖国和奉献祖国的责任。

任务 14.1 线路工程测量工作概述

线路测量包括渠道、公路、铁路、输电线路以及供水、供气、输油等各种用途的管道工程测量工作。各种线路测量的程序和方法大致相同。

线路测量工作贯穿于线路工程建设的全过程，从线路的规划设计、勘测设计、工程施工到线路竣工后的运营管理，每一阶段都有相应的测量工作。线路测量在各个阶段的工作内容为：

（1）规划阶段：收集区域内各种比例尺地形图、断面图和有关资料。需要时，可测绘中比例尺的地形图，以便在图上规划线路方案。

（2）勘测设计阶段：大比例尺带状地形图的测绘，沿规划线路进行平面控制测量和高程控制测量工作，在实地标定中线以及进行纵、横断面测量。

（3）施工阶段：主要是根据施工设计图纸及有关资料进行施工放样工作。

（4）工程竣工运营管理阶段：主要是竣工验收、测绘竣工平面图和断面图，还要监测工程的运营状况，评价工程的安全性。

其中，勘测设计阶段的测量任务最集中，一般又分为初测和定测。初测，就是在所选定的规划线路上进行控制测量和带状地形图的测绘，为线路的设计提供有关资料；定测，是将设计线路中线标定到实地的测量工作，以便为工程施工提供依据。定测的主要工作内容有：中线测量、纵断面测量和横断面测量，本章着重加以介绍。

任务 14.1 测试题

任务 14.2　中 线 测 量

中线测量是把路线设计的中线位置在实地标定出来。中线测量的主要工作有：线路交点、转点及转向角的测定，测设直线段的里程桩和转点桩，曲线测设等。

一、里程桩

线路的里程是指线路的中线点沿中线方向距线路起点的水平距离。里程桩是埋设在线路中线上标有水平距离的桩，里程桩又称中桩。如图 14-1 所示，里程桩有整桩和加桩之分。每隔某一整数设置的桩，称为整桩。整桩之间距离一般为 20m、30m、50m。在线路变化处、线路穿越重要地物处（如铁路、公路、各种管线等）、地面坡度变化处、在道路转向处设置曲线时均要增设加桩。

里程桩均按起点至该桩的里程进行编号，并用红油漆写在木桩侧面。例如某桩距线路起点的水平距离为 21500m，则其桩号记为：21+500。加号前为公里数，加号后为米数。在公路、铁路勘测设计中，通常在公里数前加注"K"，例如 K21+500。

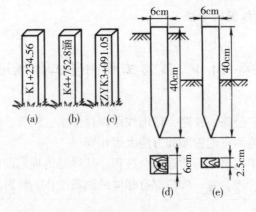

图 14-1　里程桩

加桩分为地形加桩、地物加桩、曲线加桩与关系加桩,如图 14-1(b)和图 14-1(c)所示。

地形加桩指沿中线地面起伏变化处,地面横坡有显著变化处以及土石分界处等地设置的里程桩。

地物加桩是指沿中线为拟建桥梁、涵洞、管道、防护工程等人工构建物外,与公路、铁路、田地、城镇等交叉处及需拆迁等处理的地物处所设置的里程桩。

曲线加桩是指曲线交点(如曲线起、中、终)处设置的桩。

关系加桩是指路线上的转点(ZD)桩和交点(JD)桩。

钉桩时,对于交点桩、转点桩、距路线起点每隔 500m 处的整桩、重要地物加桩(如桥、隧位置桩)以及曲线点桩,均应打下断面为 6cm×6cm 的方桩(见图 14-1(d),桩顶露出地面约 2cm,并在桩顶中心钉一小钉,为了避免丢失,在其旁边定一指示桩,见图 14-1(e)。交点桩的指示桩应钉在圆心和交点连线外离交点约 20cm 处,字面朝向交点,曲线主点的指示桩字面朝向圆心。其余里程桩一般使用板桩,一半露出地面,以便书写桩号,字面一律背向路线前进方向。

二、测设路线的交点、转点和测定转向角

路线方向的转折点称为交点,交点是测设线路中线的控制点。当中线的直线段太长或通视受阻时,需要设置一些点传递直线方向,这些点称为转点。通常交点至转点或转点至转点间的距离在 200~300m 之间,不能太短或太长。在道路测设时,线路通常不会是一条平面直线,线路由一方向转到另一方向,两方向间的夹角称为转向角(如图 14-2 中的 α 角)。转向角是计算曲线要素的依据。

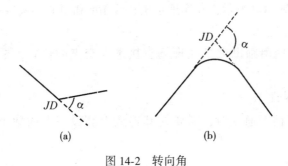

图 14-2 转向角

(一) 交点的测设

根据现场的实际情况,交点的测设有以下几种方法。

1. 根据导线点测设

根据线路设计阶段布设的导线点的坐标以及道路交点的设计坐标计算放样数据,按极坐标法、角度交会法、距离交会法等测设出交点的位置。

2. 穿线法测设

穿线法是根据图上定线的线路位置在实地测设交点的位置。它是利用图上的已知导线点(或已知地形点)与图上定线的直线段之间的角度和距离关系,在图上图解出测设数据,

然后到实地依已知的导线点(或地形点)测设出线路的直线段中线,再将相邻的直线延长相交,定出交点的位置(如图14-3所示),具体方法如下:

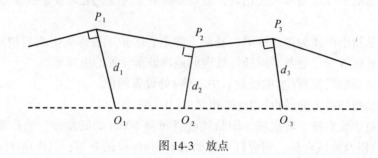

图14-3 放点

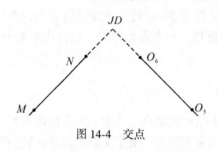

图14-4 交点

(1)图上量支距:在设计中线附近有已知的导线点P_1、P_2、P_3,设O_1、O_2、O_3为设计图上定线的线路直线段的临时定线点。以导线点为垂足,在图上量取各导线点至设计中线的垂直距离d_1、d_2、d_3。

(2)实地放点:在导线点上根据量得的距离d_1、d_2、d_3,放样出定线点O_1、O_2、O_3。

(3)穿线:由于放样误差,定线点O_1、O_2、O_3可能不在同一直线上,选定出一条尽可能多地穿过定线点的直线,在该直线上打两个转点桩,然后取消各临时点,即定出了直线段的位置。

(4)定交点:如图14-4所示,在实地定出直线MN和O_5O_6后,可将MN和O_5O_6直线延长相交则可定出交点JD。

另外,还可以采用由踏勘人员在现场直接选定交点的位置,根据转点定出交点等方法。

(二) 转点的测设

当相邻两交点互相不通视时,需要在其连线上测设一个或数个转点。其测设方法如下。

1. 两交点间设转点

在图14-5中,JD_1、JD_2互不通视,现欲在两点间测设一转点ZD。首先在JD_1、JD_2之间初定一点ZD'点。可将经纬仪(或全站仪)安置在ZD'上,用盘左、盘右分中法延长直线JD_1—ZD'至JD_2',与JD_2的偏差为f,用视距法测定ZD'点与JD_1、JD_2的距离a、b,则ZD'应移动的距离e可按下式计算:

$$e = \frac{a}{a+b} f \qquad (14.1)$$

将ZD'按e值移至ZD。在ZD上安置仪器,按上述方法逐渐趋近,直至符合要求为止。

2. 两交点延长线上设转点

在图14-6中,JD_3、JD_4互不通视,可在其延长线上初定转点ZD'。在ZD'上安置经

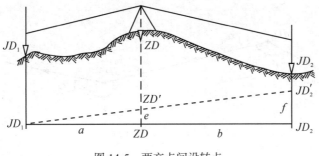

图 14-5 两交点间设转点

纬仪(或全站仪),用正倒镜照准 JD_3,固定水平制动螺旋,俯视 JD_4 两次取中得到中点 JD_4'。JD_4 与 JD_4' 的偏差值为 f,用视距法测定 a、b,则 ZD' 应移动的距离为:

$$e=\frac{a}{a-b}f \tag{14.2}$$

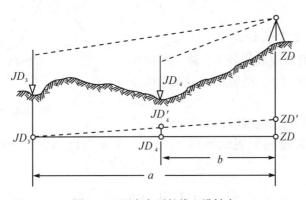

图 14-6 两交点延长线上设转点

将 ZD' 按 e 值移动到 ZD,同法,逐渐趋近,直到符合精度要求为止。

(三) 测定转向角

线路方向改变时,转变后的方向与原方向的夹角称为转向角(或称转角、偏角),用 α 表示。

如图 14-7 所示,要测定转向角 α,通常是先测量出转折角 β。转折角一般是线路前进方向的右角。当线路向右转时,转向角称为右偏角,此时 $\beta<180°$;当线路向左转时,转向角称为左偏角,此时 $\beta>180°$,所以转向角为:

$$\left.\begin{array}{l}\alpha_{右}=180°-\beta\\ \alpha_{左}=\beta-180°\end{array}\right\} \tag{14.3}$$

三、圆曲线测设

道路除了直线型外,还有曲线。设置曲线的目的就是当线路由一个方向转为另一个方向时,保证车辆的安全运行。道路曲线分为平面曲线和立面曲线。平面曲线可以是由一个一定半径的圆弧构成的圆曲线,也可以是几个不同半径的曲线构成的复曲线。在此,主要

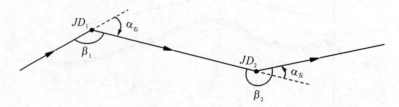

图 14-7 线路转向角

介绍圆曲线的测设工作。

圆曲线的测设步骤是：先测设圆曲线的主要点，后测设圆曲线的细部点，如图 14-8 所示。ZY 点为圆曲线的起点，称为直圆点。QZ 为圆曲线的中点，简称曲中点。YZ 点为圆曲线的终点，称为圆直点。ZY、QZ 和 YZ 三点称为圆曲线的主点。

（一）圆曲线要素的计算

圆曲线的要素有圆曲线半径 R，路线转向角 α，切线长 T，曲线长度 L，外矢矩 E 以及切曲差 q，如图 14-8 所示。

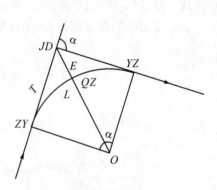

图 14-8 圆曲线

圆曲线半径 R 是纸上定线时由路线设计人员确定的。转向角 α 是定测时观测所得，因此 R 和 α 为已知数据，其他要素按下式计算，即

$$\left.\begin{aligned} \text{切线长：} & T = R \cdot \tan\frac{\alpha}{2} \\ \text{曲线长：} & L = R\alpha \frac{\pi}{180°} \\ \text{外矢矩：} & E = R \cdot \left(\sec\frac{\alpha}{2} - 1\right) \\ \text{切曲差：} & q = 2T - L \end{aligned}\right\} \quad (14.4)$$

（二）圆曲线主点里程的计算

为了测设圆曲线，必须计算曲线主点的里程，圆曲线主点的里程计算如下：

$$\left.\begin{aligned} ZY \text{里程：} & ZY_{里程} = JD_{里程} - T \\ YZ \text{里程：} & YZ_{里程} = ZY_{里程} + L \\ QZ \text{里程：} & QZ_{里程} = ZY_{里程} + \frac{L}{2} \\ \text{计算检核：} & YZ_{里程} = JD_{里程} + T - q \end{aligned}\right\} \quad (14.5)$$

（三）曲线主点的测设

圆曲线的主点测设要素计算出来后，就可以进行圆曲线主点的测设，如图 14-8 所示，测设方法如下：

(1) 测设圆曲线的起点 ZY 点：安置经纬仪于 JD 点，后视相邻交点方向，沿此方向测设切线长 T，在实地标定出 ZY 点。

(2) 测设圆曲线终点 YZ 点：在 JD 点用经纬仪前视相邻交点方向，沿此方向测设切线长 T，在实地标定出 YZ 点。

(3) 测设圆曲线中点 QZ 点：在 JD 点用经纬仪后视 ZY 点方向（或前视 YZ 点方向），测设水平角 $\left(\dfrac{180°-\alpha}{2}\right)$，定出路线转折角的角分线方向，即曲线中点方向，沿此方向量取外矢矩 E，在实地标定出 QZ 点。

【案例 14.1】 某交点处转角为 30°25′36″，圆曲线设计半径 R＝150m，交点 JD 的里程为 K4+542.36，计算圆曲线主点测设数据及主点里程。

解：(1) 主点测设数据的计算。

$$\left.\begin{array}{l}\text{切线长：} T = R\cdot\tan\dfrac{\alpha}{2} = 40.79\text{m} \\ \text{曲线长：} L = R\alpha\dfrac{\pi}{180°} = 79.66\text{m} \\ \text{外矢矩：} E = R\cdot\left(\sec\dfrac{\alpha}{2}-1\right) = 5.45\text{m} \\ \text{切曲差：} q = 2T - L = 1.92\text{m}\end{array}\right\}$$

(2) 主点里程的计算。

ZY 里程＝K4+542.36−40.79＝K4+501.57

QZ 里程＝K4+501.57+79.66/2＝K4+541.40

YZ 里程＝K4+541.40+79.66/2＝K4+581.23

检核计算为：YZ 里程＝K4+542.36+40.79−1.92＝K4+581.23

（四）圆曲线细部点的测设

圆曲线主点测设后，即已完成了圆曲线的基本定位，但一条曲线只有主点还不够，还需要沿曲线加密曲线桩，详细地测设圆曲线的位置。

圆曲线细部点的测设方法有很多，线路勘测中常用的有偏角法、切线支距法、弦线支距法、弦线偏距法等常规方法。随着全站仪的普及，可自由灵活设站的极坐标法得到广泛应用。本章主要介绍偏角法和切线支距法。

1. 偏角法

在平面曲线测设中，用偏和弦长确定曲线上各点在实地位置的方法叫偏角法。这种方法测设的数据是偏角值和弦长，所以偏角法的实质是极坐标法。

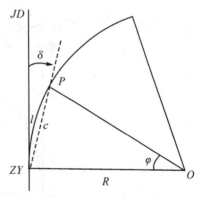

图 14-9 偏角法放样

(1) 放样数据的计算。

如图 14-9 所示，圆曲线上弦与切线的夹角叫弦切角，也称偏角，偏角等于该弦所对的圆心角的一半，用 δ 表示。l 为弧长，c 为弦长，φ 为圆心角，根据几何关系有：

$$\left.\begin{array}{l} \varphi = \dfrac{l}{R}\rho \\ \delta = \dfrac{1}{2}\varphi = \dfrac{l}{2R}\dfrac{180°}{\pi} = \dfrac{l}{2R}\rho \\ c = 2R\sin\delta \end{array}\right\} \tag{14.6}$$

若把曲线分成 n 等份，并用 l 表示每整段弧的弧长，φ 表示整弧长所对的圆心角。则曲线上第 1 个细部点的偏角为：

$$\delta_1 = \dfrac{\varphi}{2} = \dfrac{l}{2R} \cdot \dfrac{180°}{\pi} \tag{14.7}$$

其他细部点的偏角值为：

$$\left.\begin{array}{l} \delta_2 = 2 \cdot \dfrac{\varphi}{2} = 2\delta_1 \\ \delta_3 = 3 \cdot \dfrac{\varphi}{2} = 3\delta_1 \\ \vdots \\ \delta_n = n \cdot \dfrac{\varphi}{2} = n\delta_1 \end{array}\right\} \tag{14.8}$$

在施工中，为了便于观测和计算土石方量，一般要求细部点间的弧长取 5m、10m、20m、50m 等几种。但曲线的起点和终点的里程往往不是细部点弧长的整数倍，因此首尾就出现了不足细部点弧长所对应的弦，叫分弦(或破链)。

【案例 14.2】 如图 14-10 所示，例 14.1 中如取细部点的桩距为 20m，计算偏角法放样细部点时各点的测设数据，见表 14-1。

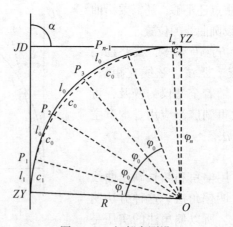

图 14-10 细部点测设

表 14-1　　　　　　　　　　　偏角法细部点测设数据计算表

曲线桩号	相邻桩点间弧长（m）	偏角值（° ′ ″）	相邻桩点间弦长（m）
ZY：K4+501.57		0 00 00	
	9.43		9.43
P_1：K4+510		1 48 04	
	20		19.985
P_2：K4+530		5 37 15	
	20		19.985
P_3：K4+550		9 26 26	
	20		19.985
P_4：K4+570		13 15 37	
	11.23		11.227
P_5：K4+581.23		15 24 18	

（2）测设方法：

① 安置经纬仪（或全站仪）于 ZY 点，盘左瞄准 JD 方向，并使水平度盘读数为零（0°00′00″）。

② 转动照准部，测设偏角 $\delta_1 = 1°48′04″$，得 P_1 点所在的弦长方向，以 ZY 点为圆心、弦长 $c_1 = 9.43$m 为半径画弧，与已测设方向的交点即为中桩点 P_1 的位置。

③ 继续测设偏角 $\delta_2 = 5°37′15″$，以 P_1 点为圆心、弦长 $c_2 = 19.985$m 为半径画弧，与所测设方向的交点即为中桩点 P_2 点的位置。

④ 同法继续测设，直至测设出 YZ 点，并与测设主点所得到的 YZ 点位检核，如不重合，应在允许偏差之内。

用偏角法测设圆曲线时，如果曲线较长，为了缩短视线长度，提高测设精度，可从 ZY 点和 YZ 点分别向 QZ 点测设，在 QZ 点处与主点测设出的 QZ 点进行检核，其闭合差不应超过：半径方向（横向）0.1m，切线方向（纵向）$±L/1000$。

2. 切线支距法

切线支距的实质是直角坐标法。它是以直圆点 ZY 或圆直点 YZ 为原点，以切线方向为 x 轴，以通过原点的曲线半径为 y 轴，利用曲线上各细部点的坐标值测设曲线，如图 14-11 所示。

圆曲线上距 $ZY(YZ)$ 点的弧长为 l 的任一点 i 的坐标计算公式为：

$$\left. \begin{array}{l} x_i = R\sin\dfrac{l_i}{R} \\ y_i = R\left(1-\cos\dfrac{l_i}{R}\right) \end{array} \right\} \quad (14.9)$$

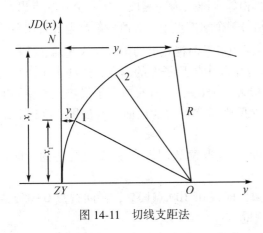

图 14-11　切线支距法

测设方法为：

（1）以 $ZY(YZ)$ 为起点，沿 JD 的方向分别测设水平距离 x_i，得垂足 N 点。

(2) 在各垂足点 N 沿垂线方向分别量取水平距离 y_i，即得中桩点 i。

(3) 以各相邻点间的弦长进行点位测设的检核。

上述两种方法中，偏角法具有严密的检核，测设精度较高，测设数据简单、灵活，是最主要的常规方法，但测设过程中误差积累。切线支距法的优点是测设的各中桩点独立，误差不累积，可用简单的量距工具作业，测设速度较快。若用目估确定直线方向，测设误差较大。实际工作中，采用哪种方法视仪器设备和现场的情况而定。

任务 14.2 测试题

任务 14.3 纵断面测量

测定中线上各中桩地面点高程的工作叫纵断面测量，纵断面测量又称线路水准测量。根据中桩高程的测量成果绘制的中线纵断面图是计算中桩填挖尺寸的依据。

线路水准测量分两步进行：即先进行基平测量，再进行中平测量。基平测量是沿线路方向设置水准点，并测定其高程，建立高程控制。中平测量是测定线路中线上的中桩点地面高程。中平测量路线通常附合于基平水准点。

一、高程控制测量（基平测量）

高程控制测量亦即基平测量，为满足纵断面测量和施工的需要，应沿线路方向设置一些水准点。一般 1~2km 布设一个永久性的水准点，300~500m 布设一个临时性的水准点。

水准测量时，首先应将起始水准点与附近国家水准点进行连测，并尽量构成附合水准路线。若不能引测国家水准点时，应选定一个与实地高程接近的假定高程起算点。水准测量的方法与第二章第三节相同。

二、纵断面测量方法

线路纵断面测量即中平测量，一般是以两相邻水准点为一测段，从一个水准点出发，逐个测定线路上各中桩的地面高程，再附合到另一个水准点上。各测段的高差允许闭合差为 $50\sqrt{L}$ mm。观测时，在每一个测站上先读取后视点及前视点上的读数，这些前、后视点称为转点，转点读数至 mm。再读取前、后视点中间中桩尺子上的读数，这些中桩点称为间视点，间视点的读数取至 cm。视线长度不应大于 150m，水准尺应立于尺垫上或稳固的桩顶及岩石上。间视点视线也可适当放长，立尺应紧靠桩边的地面上，如图14-12 所示，纵断面测量记录表见表 14-2。

（1）水准仪安置于 1 站，后视水准点 BM_1，读取读数记入表 14-2 后视栏内。前视 0+000，读取读数记入表中前视读数栏内。

（2）将仪器搬至 2 站，后视 0+000 点读数，前视 0+100 点读数，再间视点 0+050 点读数，记录观测数据于表格内，完成第二站测量。

（3）仪器搬到测站 3，后视 0+100 点读数，前视 0+200 点读数，再间视点 0+150 点、0+172点上的水准尺读数，记入表中读数栏内。

（4）按上述方法，测量附合至另水准点为止。

（5）计算各中桩的地面高程，采用视线高法计算，每一测站的各项计算可按下面的公式进行。

视线高程＝后视点高程+后视读数；

中桩高程＝视线高程-间视读数；

转点高程＝视线高程-前视读数；

纵断面是附合水准路线，由于测量过程中存在误差，需要进行平差计算。方法同项目二任务5。

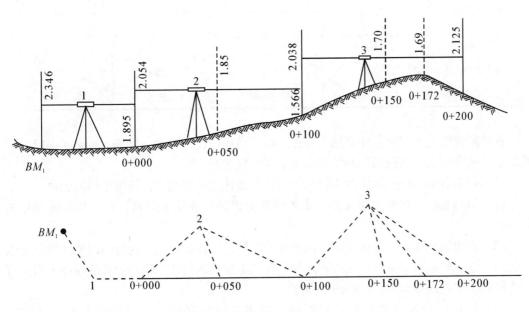

图14-12 纵断面测量

表14-2　　　　　　　　　　　　**纵断面测量记录表**

测站	点号	后视读数（m）	间视读数（m）	前视读数（m）	视线高程（m）	测点高程（m）	备注
1	BM_1	2.346			87.646	85.300	
	0+000			1.895		85.751	
2	0+000	2.054			87.805	85.751	
	0+050		1.85			85.955	
	0+100			1.566		86.239	
3	0+100	2.038			88.277	86.239	
	0+150		1.70			86.577	
	0+172		1.69			86.587	
	0+200			2.125		86.152	

三、纵断面图的绘制

纵断面图是表示线路中线方向地面高低起伏的图,它是根据中平测量的成果绘制的。纵断面图通常绘制在毫米方格纸上,纵轴表示高程,横轴表示水平距离(里程)。高程比例尺一般为水平比例尺的 10 倍或 20 倍。线路纵断面图的比例尺通常见表 14-3。

表 14-3　　　　　　　　　线路纵断面图的比例尺

带状地形图	铁　路		公　路	
	水　平	垂　直	水　平	垂　直
1∶1000	1∶1000	1∶100		
1∶2000	1∶2000	1∶200	1∶2000	1∶200
1∶5000	1∶10000	1∶1000	1∶5000	1∶500

在纵断面图的下部通常注有地面高程、设计高程、设计坡度、里程、线路平面以及工程地质特征等资料。纵断面图的绘制可按下列步骤进行:

(1)打制表格:按照选定的里程比例尺和高程比例尺在毫米方格纸上打制表格。

(2)填写表格:根据纵断面测量成果填写里程桩号和地面高程、直线与曲线等相关说明。

(3)绘出地面线:首先选定纵坐标的起始高程,选择要恰当,使绘出的地面线位于图上适当位置。然后根据中桩的里程和高程,在图上按比例尺依次定出中桩的地面高程,再用直线将相邻点连接起来,就得到地面线。

(4)标注线路设计坡度线:根据设计要求,在坡度栏内注记坡度方向,用"/"、"\"、"-"分别表示上坡、下坡和平坡。坡度线之上注记坡度值,以千分数表示;坡度线之下注记该坡度段的水平距离。

(5)计算设计高程:当线路的纵坡确定后,即可根据设计纵坡和两点间的水平距离,由一点的高程计算另一点的设计高程。

设计坡度为 i,起算点高程为 H_0,推算点高程为 H_P,推算点至起算点水平距离为 D。则,

$$H_P = H_0 + iD \tag{14.10}$$

式中,上坡时 i 为正,下坡时 i 为负。

(6)绘制线路设计线:根据起点高程和设计坡度,在图上绘出线路设计线。

(7)计算各桩的填挖尺寸:同一桩号的设计高程与地面高程之差,即为该中桩的填土高度(正号)或挖土深度(负号)。通常在图上填写专栏并分栏注明填挖尺寸。

(8)在图上注记有关资料:除上述内容外,还要在图上注记有关资料,如水准点、交叉处、桥涵、曲线等。

图 14-13 为一线路的纵断面图示例。

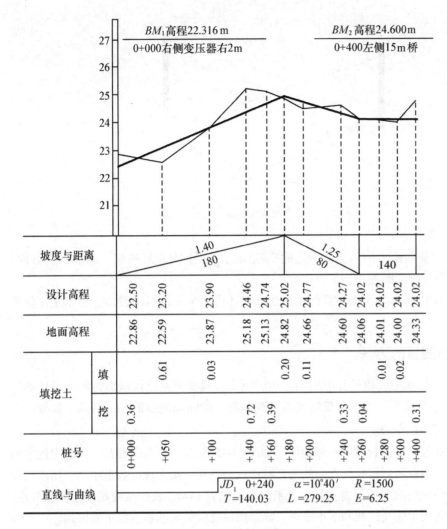

图 14-13 纵断面图

任务 14.3 测试题

任务 14.4 横断面测量

垂直于线路中线方向的断面称为横断面。对横断面的地面高低起伏所进行的测量工作称为横断面测量。

线路上所有的里程桩一般都要进行横断面测量。根据横断面测量成果可绘制横断面图,横断面图是计算土石方量的主要依据,还可以供路基设计、施工放样时使用。

一、确定横断面方向

横断面的方向,通常可用十字架(也叫方向架)、经纬仪和全站仪来测定,方向架确定横断面方向,如图 14-14 所示,将方向架置于所测断面的中桩上,用方向架的一个方向照准线路上的另一中桩,则方向架的另一方向即为所测横断面方向。

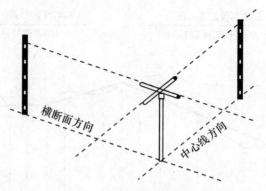

图 14-14　方向架确定横断面方向

用经纬仪确定横断面方向：在需测定的横断面的中桩上安置经纬仪，瞄准中线方向，测设 90°角，即得所测横断面方向。

用全站仪测量横断面时，除与经纬仪同法外，还可将全站仪自由设站，根据坐标值确定横断面的方向。

二、横断面测量的方法

横断面上中桩的地面高程已在纵断面测量时测出，只要测量出横断面方向上各地形特征点至中桩的平距和高差，就可以确定其点位和高程。横断面测量的方法有以下几种：

（一）水准仪皮尺法

此法适用于施测横断面较宽的平坦地区。如图 14-15 所示，水准仪安置后，以中桩地面高程点为后视，以中桩两侧横断面方向的地形特征点为前视，水准尺读数至厘米。用皮尺分别量出各特征点到中桩的水平距离，量至分米。记录见表 14-4，表中按线路前进方向分左、右侧记录，以分式表示前视读数和水平距离，高差由后视读数与前视读数求差得到。

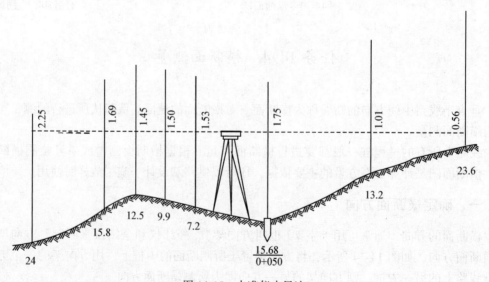

图 14-15　水准仪皮尺法

表 14-4　　　　　　　　　　　　　　横断面测量记录表

$\dfrac{\text{前视读数(左侧)}}{\text{水平距离}}$	$\dfrac{\text{后视读数}}{\text{桩号}}$	$\dfrac{\text{(右侧)前视读数}}{\text{水平距离}}$
$\dfrac{2.25\ \ 1.69\ \ 1.45\ \ 1.50\ \ 1.53}{24\ \ \ 15.8\ \ 12.5\ \ 9.9\ \ 7.2}$	$\dfrac{1.75}{0+050}$	$\dfrac{1.01\ \ 0.56}{13.2\ \ 23.6}$

（二）经纬仪视距法

将经纬仪安置于中桩上，可直接用经纬仪测定出横断面方向，用视距测量的方法测出各特征点与中桩间的平距和高差。此法适用于任何地形。

（三）全站仪自由设站法

目前在横断面测量中，全站仪被广泛使用，用全站仪进行横断面测量时，全站仪可以自由安置在可观测到所测断面的控制点上，通过输入已知数据（已知控制点或已知方向）确定所测断面的坐标特征值（断面点的纵坐标或横坐标为定值；纵坐标或横坐标按一定规律变化），持棱镜者根据坐标值移动棱镜，当显示器显示的坐标值与断面点的坐标相符时，该点即为断面点，读取平距和高差。利用全站仪，结合中桩测设、纵断面测量一同施测横断面，精度更好、效率更高。

横断面测量的宽度，应根据道路的路基宽度、填挖深度、边坡率、地形情况以及有关工程要求而定。

三、横断面图的绘制及路基设计

1. 横断面图的绘制

横断面图是根据横断面测量成果绘制而成，绘图时，以中线地面高程为准，以水平距离为横坐标，以高程为纵坐标，将地面坡度变化点绘在毫米方格纸上，依次连接各点即成横断面的地面线，如图 14-16 所示。

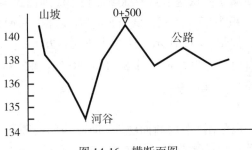

图 14-16　横断面图

2. 路基设计

在横断面图上，按纵断面图上的中桩设计高程以及道路设计路基宽、边沟尺寸、边坡坡度等数据，在横断面上绘制路基设计断面图。具体做法一般是先将设计的道路横断面按相同的比例尺做成模片（透明胶片），然后将其覆盖在对应的横断面图上，按模片绘制成路基断面线，这项工作俗称为"戴帽子"。路基断面的形式主要有全填式、全挖式、半填半挖式三种类型，如图14-17所示。

路堤边坡：土质的一般采用1:1.5，填石的边坡则可放陡，如1:0.5、1:0.75等。挖方边坡：一般采用1:0.5、1:0.75、1:1等。边沟一般采用梯形断面，内侧边坡一般采用：1:1~1:1.5，外侧边坡与路堑边坡相同，边沟的深度与底宽一般不应小于0.4m，一级公路边沟断面应大一些，其深度与底宽可采用0.8~1.0m。

为了行车安全，曲线段外侧要高于内侧，称为超高。此外，汽车行驶曲线段所占的宽度要比直线段大一些，因此曲线段不仅要超高，而且要加宽。如图14-17中YZK3+938.5中桩处路基宽度加宽，并且左侧超高。

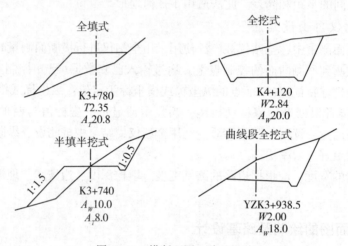

图14-17 横断面图上路基设计

四、土方量计算

（1）横断面面积的计算。

路基填方、挖方的横断面面积是指路基横断面图中原地面线与路基设计线所包围的面积，高原地面线部分的面积为填方面积，低于原地面线部分的面积为挖方面积。一般填方、挖方面积分别计算，如图14-17所示。图中中桩K3+780处：$T2.35$，$A_T20.8$，分别表示填高2.35m，该填方断面积为20.8m²，中桩K4+120处：$W2.84$，$A_W20.0$，分别表示挖深2.84m，该挖方断面积为20.0m²。

（2）土石方数量的计算。

土石方数量的计算一般采用"平均断面法"，即以相邻两断面面积的平均值乘以两桩号之差计算出体积，然后累加相邻断面间的体积，得出总的土石方量。设相邻的两断面面积分别为A_1和A_2，相邻两断面的间距（桩号差）为D，则填方或挖方的体积V为：

$$V = \frac{A_1 + A_2}{2}D \tag{14.11}$$

表14-5为某一道路桩号K5+000~K5+100的土石方量计算成果。

表 14-5　　　　　　　　　　　土石方数量计算表

桩号	断面面积(m²)		平均断面面积(m²)		间距(m)	土石方量(m²)	
	填方	挖方	填方	挖方		填方	挖方
K5+000	41.36	—					
			31.17	—	20.0	623.40	—
K5+020	20.98	—					
			16.17	4.30	20.0	323.40	86.00
K5+040	11.36	8.60					
			7.98	22.74	15.0	119.70	341.10
K5+055	4.60	36.88					
			2.30	42.70	5.0	11.50	213.50
K5+060	—	48.53					
			—	42.94	20.0	—	858.80
K5+080	—	37.36					
			2.80	33.56	20.0	56.00	671.20
K5+100	5.60	29.75					
∑(填挖方量总和)						1134.00	2170.60

任务 14.5　道路施工测量

任务 14.4　测试题

道路施工测量的主要工作有恢复中线、测设施工控制桩、测设竖曲线、路基边桩测设 等工作。

一、恢复中线测量

由于从路线勘测到开始施工的一段时间里，会有一部分桩点丢失或移动，为了保证路线中线位置准确可靠，施工前应根据原来定线条件恢复线路中线，将丢失的桩点恢复和校正好，以满足施工的需要。恢复中线的测量方法与中线测量相同。

二、施工控制桩的测设

在施工的开挖过程中，中桩的标志经常受到破坏，为了在施工中控制中线位置，就要选择在施工中既易于保存又便于引用桩位的地方测设施工控制桩。下面介绍两种测设施工控制桩的方法。

（一）平行线法

如图 14-18 所示，在路基以外测设两排平行于中线的施工控制桩。此法多用在地势较为平坦、直线段较长的路段。为了施工方便，控制桩的间距一般取 10～20m。

图 14-18 平行线测设施工控制桩

（二）延长线法

延长线法是在道路转折处的中线延长线上以及曲线中点至交点的延长线上打下施工控制桩（如图 14-19 所示）。延长线法多用在地势起伏较大、直线段较短的山区道路，主要是为了控制交点 JD 的位置，需要量出控制桩到交点 JD 的距离。

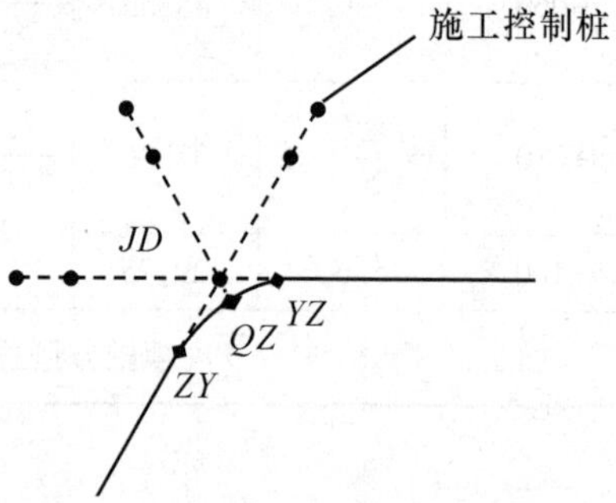

图 14-19 延长线测设施工控制桩

三、路基边桩的测设

测设路基边桩就是把路基两侧的边坡与原地面相交的坡脚点确定出来，边桩的位置由两侧边桩至中桩的平距来确定。常用的边桩测设方法如下：

（一）图解法

图解法是直接在横断面图上量取中桩至边桩的平距，然后在实地用钢尺沿横断面方向丈量该长度并标定出来。此法在填挖土方量不大时使用较多。

（二）解析法

解析法是根据路基填挖高度、边坡率、路基宽度和横断面地形情况，先计算出路基中桩至边桩的水平距离，然后在实地沿横断面方向按距离将边桩放出来。具体方法按下述两种情况进行：

（1）平坦地段的边桩测设：图 14-20 为填土路堤，图 14-21 为挖方路堑。路基宽度为 B，m 为边坡率，h 为填挖高度，S 为路堑边沟顶宽。

路堤段坡脚桩至中桩的距离 D 为：

$$D = \frac{B}{2} + mh \tag{14.12}$$

路堑段坡顶桩至中桩的距离 D 应为：

$$D = \frac{B}{2} + S + mh \tag{14.13}$$

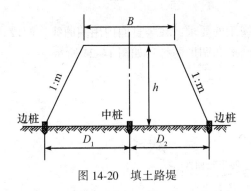
图 14-20 填土路堤

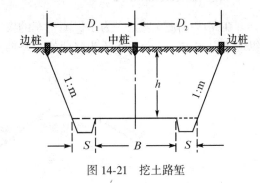
图 14-21 挖土路堑

以上是断面位于直线段时求算 D 值的方法。若断面位于弯道上有加宽时，按上述方法求出 D 值后，还应在加宽一侧的 D 值中加入加宽值。

沿横断面方向，根据计算的坡脚（或坡顶）至中桩的距离 D，在实地从中桩向左、右两侧测设出路基边桩，并用木桩标定。

（2）倾斜地段的边桩测设：在倾斜地段，边桩至中桩的平距随着地面坡度的变化而变化。如图 14-22 所示，路基坡脚桩至中桩的距离 D_1、D_2 分别为：

$$\left. \begin{array}{l} D_1 = \dfrac{B}{2} + m(h - h_1) \\ D_2 = \dfrac{B}{2} + m(h + h_2) \end{array} \right\} \quad (14.14)$$

如图 14-23 所示，路堑坡顶桩至中桩的距离 D_1、D_2 分别为：

$$\left. \begin{array}{l} D_1 = \dfrac{B}{2} + S + m(h + h_1) \\ D_2 = \dfrac{B}{2} + S + m(h - h_2) \end{array} \right\} \quad (14.15)$$

式（14.14）及式（14.15）中，B、m、h、S 都是已知的，由于边坡未定，h_1、h_2 未知。实际工作中，可以采用"逐点趋近法"来测设标定。

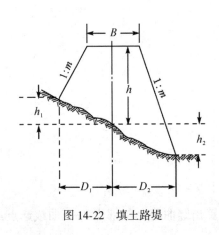
图 14-22 填土路堤

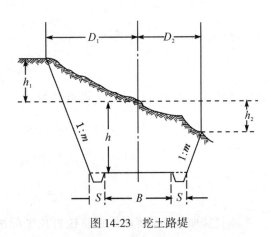
图 14-23 挖土路堤

四、竖曲线的测设

在路线纵坡变坡处，为了保障行车的安全和视距的要求，在竖直面内用圆曲线将两段纵坡连接起来，这种曲线称为竖曲线。竖曲线有凸形和凹形两种，如图 14-24 所示。

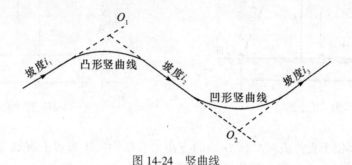

图 14-24 竖曲线

当变坡点在曲线上方时，称为凸形竖曲线，反之为凹形竖曲线。

（一）竖曲线测设数据的计算

设路线变坡处前后坡度分别为 i_1、i_2，测设竖曲线时，根据路线纵断面设计的竖曲线半径 R 和 i_1、i_2 计算测设数据。如图 14-25 所示，竖曲线的切线长为 T、曲线长为 L、外矢距为 E。

竖曲线测设元素的计算可用平面曲线计算公式：

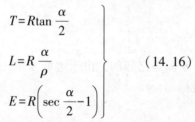

图 14-25 竖曲线测设

$$\left. \begin{array}{l} T = R\tan\dfrac{\alpha}{2} \\ L = R\dfrac{\alpha}{\rho} \\ E = R\left(\sec\dfrac{\alpha}{2} - 1\right) \end{array} \right\} \quad (14.16)$$

由于竖向转向角 $\alpha = (i_1 - i_2)$ 很小，则

$$\tan\dfrac{\alpha}{2} = \dfrac{\alpha}{2}$$

因此，竖曲线的各要素计算公式可近似为：

$$\left. \begin{array}{l} T = \dfrac{1}{2}R(i_1 - i_2) \\ L = R(i_1 - i_2) \\ E = \dfrac{T^2}{2R} \end{array} \right\} \quad (14.17)$$

在测设竖曲线细部点时，通常按直角坐标法计算出竖曲线上细部点 U 至曲线起点或

终点的水平距离 x 及细部点 U 至切线的纵距 y，由于 α 较小，所以 x 值与 U 点至曲线起点或终点的曲线长度很接近，故可用其代替，而 y 值可用下式表示：

$$y = \frac{x^2}{2R} \tag{14.18}$$

式中，y 值在凸形曲线中为负号，在凹形曲线中为正号。

求出 y 值后，即可根据设计坡道的坡度，计算切线坡道在 U 点处的坡道高程，算得竖曲线上 U 点处的设计高程，从而根据 U 点的里程及设计高程测设出细部点。竖曲线上细部点的设计高程可用下式计算：

在凸形竖曲线内，

设计高程 = 坡道高程 $-y$；

在凹形竖曲线内，

设计高程 = 坡道高程 $+y$。

【案例 14.3】 某凸形竖曲线，$i_1 = 1.50\%$，$i_2 = -1.25\%$，变坡点桩号为 K2+580，高程为 18.25m，竖曲线半径为 $R = 2000$m，试计算竖曲线要素以及起终点的桩号和高程，并计算曲线上每 10m 间距里程桩的设计高程。

解： 按上述公式算得：$T = 27.5$m，$L = 55$m，$E = 0.19$m，

竖曲线起、终点的桩号和高程分别为：

起点桩号 = K2+580−27.5 = K2+552.5

终点桩号 = K2+580+27.5 = K2+607.5

起点坡道高程 = 18.25−27.5×1.50% = 17.84

终点坡道高程 = 18.25−27.5×1.25% = 17.91

竖曲线上细部点的设计高程计算结果见表 14-6。

表 14-6 **竖曲线细部点测设数据计算表**

桩号	至起终点距离（m）	纵距 y（m）	坡道高程	竖曲线高程	备注
K2+552.5	0	0.00	17.84	17.84	起点 $i_1 = 1.50\%$
K2+560	7.5	0.01	17.95	17.94	
K2+570	17.5	0.08	18.10	18.02	
K2+580	27.5	0.19	18.25	18.06	
K2+607.5	0	0.00	17.91	17.91	终点 $i_2 = -1.25\%$
K2+600	7.5	0.01	18.00	17.99	
K2+590	17.5	0.08	18.13	18.05	
K2+580	27.5	0.19	18.25	18.06	

（二）竖曲线测设的步骤

（1）根据竖曲线设计坡度和设计半径计算竖曲线要素 T、L 和 E。

（2）推算竖曲线上各点的里程桩号。

（3）根据竖曲线上细部点距曲线起点或终点的弧长（弧长近似等于水平距离 x）及式（14.18）计算细部点至切线的纵距 y。

（4）由变坡点附近的里程桩测设变坡点，从变坡点起沿切线方向测设切线长 T，即得竖曲线的起终点。

（5）自竖曲线的起（终）点，沿切线方向测设细部点的点位，然后观测各个细部点的地面高程，根据地面高程与设计高程的差值（即填或挖的高度）测设最终点位。

任务 14.5 测试题

【项目小结】

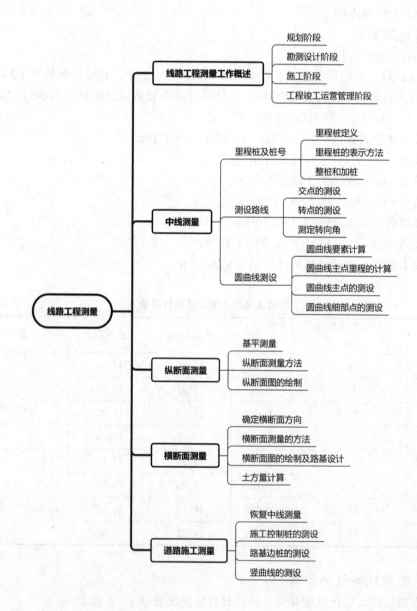

【习题】

1. 线路测量的主要工作是什么？
2. 简述线路交点和转点测设的方法。
3. 某交点处转角为 50°25′30″，圆曲线设计半径 $R=200\text{m}$，交点 JD 的里程为 K5+458.58，计算圆曲线主点测设数据及主点里程。如取细部点的桩距为 10m，计算偏角法放样细部点时各点的测设数据。
4. 简述纵断面测量的方法及纵断面图的绘制方法。
5. 简述横断面测量的方法及横断面图的绘制方法。
6. 简述施工控制桩的测设方法。
7. 简述路基边桩的测设方法。
8. 某凹形竖曲线，$i_1=-1.5\%$，$i_2=+1.25\%$，变坡点桩号为 2+380，高程为 35.28m，竖曲线半径为 $R=2000\text{m}$，试计算竖曲线要素以及起终点的桩号和高程，并计算曲线上每 10m 间距里程桩的设计高程。

项目 15　GNSS 测量技术

【主要内容】

GNSS 的组成和功能；GNSS 测量基本原理；GNSS 接收机的组成和原理；静态测量；动态 RTK 测量。

重点：GNSS 测量基本原理、静态测量、动态 RTK 测量。

难点：静态测量、动态 RTK 测量。

【学习目标】

知识目标	能力目标
1. 了解 GNSS 的组成和功能； 2. 了解 GNSS 测量基本原理； 3. 掌握 GNSS 静态测量方法； 4. 掌握动态 RTK 测量方法。	1. 能利用 GNSS 技术进行静态控制测量； 2. 能利用 GNSS 技术进行动态 RTK 测量。

【课程思政】

通过学习北斗卫星导航系统的发展历程及其在工程建设领域(如港珠澳大桥、火神山医院、珠峰测量等)的广泛应用，激励学生弘扬新时代北斗精神和工匠精神，践行社会主义核心价值观，提高学生分析问题和解决问题的能力，激发学生科技报国的家国情怀和使命担当。

任务 15.1　四大卫星导航定位系统

一、GNSS 概述

任务 15.1　课件浏览

GNSS 是全球导航卫星系统(Global Navigation Satellite System)的简称，是泛指所有的卫星导航系统，包括全球的、区域的和增强的。目前全球导航卫星系统主要有四个，分别是中国的北斗卫星导航系统 BDS，美国的 GPS，俄罗斯的格洛纳斯 GLONASS，欧盟的伽利略卫星导航系统 GALILEO。北斗卫星导航系统(BeiDou Navigation Satellite System，BDS)是中国自主研制的全球卫星导航系统。

GNSS 以其全天候、高精度、高效益、自动化等特点，在大地测量、精密工程测量、地壳运动监测、资源勘探、城市控制网的改善、运动目标的测速和精密时间传递等方面已得到广泛应用。

二、GNSS 定位系统

GNSS 定位系统主要由空间星座部分、地面控制部分、用户设备三部分组成。

1. 空间星座部分

GNSS 空间星座部分由若干在轨运行卫星构成，提供系统自主导航定位所需的无线电导航定位信号。GNSS 卫星是空间部分的核心，每颗卫星装有微处理器和大容量存储器，采用高精度原子钟为系统提供高稳定度的信号频率基准和高精度的时间基准。GNSS 卫星的基本功能是接收和储存由地面监控站发来的导航信息，接收并执行监控站的控制指令，通过微处理机进行部分必要的数据处理，利用高精度的原子钟提供精密的时间标准和频率基准，向用户发送导航电文和定位信息，同时通过推进器调整卫星的姿态和启用备用卫星。

2. 地面控制部分

地面控制部分主要由主控站、注入站、监测站组成。主控站是地面控制系统的调度指挥中心，主要设备为大型电子计算机，它的任务是根据本站和各监测站的观测资料，推算卫星星历、状态数据和大气层改正参数等，编制成导航电文，传送到注入站。同时推算各监测站、GNSS 卫星的原子钟与主控站原子钟的钟差，并把这些钟差信息编入导航电文，为系统提供统一的时间基准，并调度卫星，如调整失轨卫星、启用备用卫星。注入站的主要任务是在主控站的控制下，将主控站推算和编制的导航电文和其他控制指令注入相应的 GNSS 卫星，并且监测注入信息的正确性。监测站利用双频 GNSS 接收机对卫星进行连续观测，监控卫星工作状态；利用高精度原子钟，提供时间标准；利用气象数据传感器收集当地的气象资料。监测站自动完成数据采集，并将所有数据通过计算机进行存储和初步处理，传送到主控站，用于编制卫星导航电文。

3. 用户设备部分

用户设备部分即 GNSS 信号接收机。其主要功能是捕获按一定卫星截止角所选择的待测卫星，并跟踪这些卫星的运行。当接收机捕获到跟踪的卫星信号后，就可测量出接收天线至卫星的伪距离和距离的变化率，解调出卫星轨道参数等数据。根据这些数据，接收机中的微处理计算机就可按定位解算方法进行定位计算，计算出用户所在地理位置的经纬度、高度、速度、时间等信息。接收机硬件、机内软件以及 GNSS 数据的后处理软件包构成完整的 GNSS 用户设备。GNSS 接收机的结构分为天线单元和接收单元两部分。接收机一般采用机内和机外两种直流电源。设置机内电源的目的在于更换外电源时不中断连续观测。在用机外电源时机内电池自动充电，关机后机内电池为 RAM 存储器供电，以防止数据丢失。目前各种类型的接收机体积越来越小，重量越来越轻，便于野外观测使用。

1) BDS

北斗卫星导航系统（BeiDou Navigation Satellite System，BDS）是中国着眼于国家安全和经济社会发展需要，自主建设运行的全球卫星导航系统，是为全球用户提供全天候、全天时、高精度的定位、导航和授时服务的国家重要时空基础设施。20 世纪后期，中国开始

探索适合国情的卫星导航系统发展道路,逐步形成了三步走发展战略:

第一步,建设北斗一号系统。1994年启动北斗一号系统工程建设,2000年发射2颗地球静止轨道卫星,建成系统并投入使用,采用有源定位体制,为中国用户提供定位、授时、广域差分和短报文通信服务;2003年发射第3颗地球静止轨道卫星,进一步增强系统性能。

第二步,建设北斗二号系统。2004年启动北斗二号系统工程建设;2012年10月完成16颗卫星(6颗地球静止轨道卫星、5颗倾斜地球同步轨道卫星和5颗中圆地球轨道卫星)发射组网。北斗二号系统在兼容北斗一号系统技术体制的基础上,增加无源定位体制,为亚太地区用户提供定位、测速、授时和短报文通信服务。

第三步,建设北斗三号系统。2009年启动北斗三号系统建设;2018年年底完成43颗卫星发射组网,完成基本系统建设,向全球提供服务;2020年6月23日完成全部55颗卫星发射组网,全面建成北斗三号系统。BDS卫星设计星座如图15-1所示,卫星发射时刻见表15-1。2020年7月31日上午,北斗三号全球卫星导航系统正式开通。北斗三号系统继承北斗有源服务和无源服务两种技术体制,能够为全球用户提供基本导航(定位、测速、授时)、全球短报文通信、国际搜救服务,中国及周边地区用户还可享有区域短报文通信、星基增强、精密单点定位等服务。

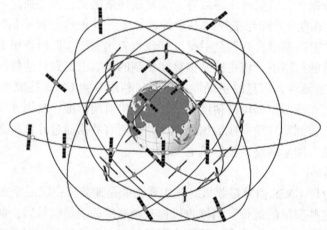

图15-1 BDS卫星设计星座

表15-1 北斗卫星发射时刻表

卫星	发射日期	运载火箭	轨道
第1颗北斗导航试验卫星	2000年10月31日	CZ-3A	GEO
第2颗北斗导航试验卫星	2000年12月21日	CZ-3A	GEO
第3颗北斗导航试验卫星	2003年5月25日	CZ-3A	GEO
第4颗北斗导航试验卫星	2007年2月3日	CZ-3A	GEO
第1颗北斗导航卫星	2007年4月14日	CZ-3A	MEO
第2颗北斗导航卫星	2009年4月15日	CZ-3C	GEO

续表

卫星	发射日期	运载火箭	轨道
第 3 颗北斗导航卫星	2010 年 1 月 17 日	CZ-3C	GEO
第 4 颗北斗导航卫星	2010 年 6 月 2 日	CZ-3C	GEO
第 5 颗北斗导航卫星	2010 年 8 月 1 日	CZ-3A	IGSO
第 6 颗北斗导航卫星	2010 年 11 月 1 日	CZ-3C	GEO
第 7 颗北斗导航卫星	2010 年 12 月 18 日	CZ-3A	IGSO
第 8 颗北斗导航卫星	2011 年 4 月 10 日	CZ-3A	IGSO
第 9 颗北斗导航卫星	2011 年 7 月 27 日	CZ-3A	IGSO
第 10 颗北斗导航卫星	2011 年 12 月 2 日	CZ-3A	IGSO
第 11 颗北斗导航卫星	2012 年 2 月 25 日	CZ-3C	GEO
第 12、13 颗北斗导航卫星	2012 年 4 月 30 日	CZ-3B	MEO
第 14、15 颗北斗导航卫星	2012 年 9 月 19 日	CZ-3B	MEO
第 16 颗北斗导航卫星	2012 年 10 月 25 日	CZ-3C	GEO
第 17 颗北斗导航卫星	2015 年 3 月 30 日	CZ-3C	IGSO
第 18、19 颗北斗导航卫星	2015 年 7 月 25 日	CZ-3B	MEO
第 20 颗北斗导航卫星	2015 年 9 月 30 日	CZ-3B	IGSO
第 21 颗北斗导航卫星	2016 年 2 月 1 日	CZ-3C	MEO
第 22 颗北斗导航卫星	2016 年 3 月 30 日	CZ-3A	IGSO
第 23 颗北斗导航卫星	2016 年 6 月 12 日	CZ-3C	GEO
第 24、25 颗北斗导航卫星	2017 年 11 月 5 日	CZ-3B	MEO
第 26、27 颗北斗导航卫星	2018 年 1 月 12 日	CZ-3B	MEO
第 28、29 颗北斗导航卫星	2018 年 2 月 12 日	CZ-3B	MEO
第 30、31 颗北斗导航卫星	2018 年 3 月 30 日	CZ-3B	MEO
第 32 颗北斗导航卫星	2018 年 7 月 10 日	CZ-3A	IGSO
第 33、34 颗北斗导航卫星	2018 年 7 月 29 日	CZ-3B	MEO
第 35、36 颗北斗导航卫星	2018 年 8 月 25 日	CZ-3B	MEO
第 37、38 颗北斗导航卫星	2018 年 9 月 19 日	CZ-3B	MEO
第 39、40 颗北斗导航卫星	2018 年 10 月 15 日	CZ-3B	MEO
第 41 颗北斗导航卫星	2018 年 11 月 1 日	CZ-3B	GEO
第 42、43 颗北斗导航卫星	2018 年 11 月 19 日	CZ-3B	MEO
第 44 颗北斗导航卫星	2019 年 4 月 20 日	CZ-3B	IGSO
第 45 颗北斗导航卫星	2019 年 5 月 17 日	CZ-3C	GEO
第 46 颗北斗导航卫星	2019 年 6 月 25 日	CZ-3B	IGSO
第 47、48 颗北斗导航卫星	2019 年 9 月 23 日	CZ-3B	MEO

续表

卫星	发射日期	运载火箭	轨道
第49颗北斗导航卫星	2019年11月5日	CZ-3B	IGSO
第50、51颗北斗导航卫星	2019年11月23日	CZ-3B	MEO
第52、53颗北斗导航卫星	2019年12月16日	CZ-3B	MEO
第54颗北斗导航卫星	2020年3月9日	CZ-3B	GEO
第55颗北斗导航卫星	2020年6月23日	CZ-3B	GEO

2）GPS

GPS（Global Positioning System）是具有在陆、海、空进行全方位实时三维导航与定位功能的新一代卫星导航与定位系统。它是美国从20世纪70年代开始研制，历时20年，耗资200亿美元，于1994年全面建成。GPS的空间星座部分是由24颗卫星（21颗工作卫星，3颗备用卫星）组成，它位于距地表20200km的上空，均匀分布在6个轨道面上，每个轨道面4颗，轨道倾角约为55°，各轨道面升交点赤经相差60°，在相邻轨道上，卫星的升交距角相差30°，GPS卫星的分布情况如图15-2所示。

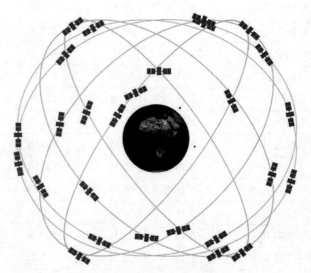

图15-2　GPS卫星设计星座

GPS卫星的运行周期为11h58min，这样对于同一测站而言，每天将提前4min见到同一颗卫星。位于地平线以上的卫星数随时间和地点的不同而异，最少4颗，最多12颗，这保证了在地球上任何地点、任何时刻均至少可以同时观测到4颗GPS卫星，且卫星信号的传播和接收不受天气的影响，因此，GPS是一种全球性、全天候、连续实时的导航定位系统。

3）GLONASS

GLONASS（Global Navigation Satellite System）是由苏联国防部独立研制和控制的第二代军用卫星导航系统，该系统是继GPS后的第二个全球卫星导航系统，可用于海上、空中、陆地等各类用户的定位、测速及精密定时等。GLONASS 系统于 1978 年开始研制，1982 年 10 月开始发射导航卫星。1982—1987 年共发射了 27 颗试验卫星，于 1996 年初投入运行使用。苏联解体后，GLONASS 由俄罗斯接手，鉴于经济和其他原因，十多年来 GLONASS 一直未走上正常工作轨道。21 世纪以来，特别是在 2007 年开始，俄罗斯加紧了星座的恢复工作，直到 2011 年才重新回归到 24 颗卫星全员工作状态。

GLONASS 系统的空间星座部分由 24 颗卫星（21 颗工作卫星，3 颗备份卫星）组成，卫星分布于 3 个轨道平面上，相邻轨道面升交点经度相差 120°，按地球自转方向编号为 1、2、3，每个轨道面上均匀分布 8 颗卫星，卫星的分布情况如图 15-2 所示；同一轨道面上相邻卫星纬度幅角相差 45°，相邻轨道面上相邻卫星纬度相差 15°；同一轨道面上的卫星编号按与卫星运动方向相反的方向递增，第一轨道面上卫星编号 1~8，第二轨道面上卫星编号 9~16，第三轨道面上卫星编号 17~24。卫星轨道高度约为 19000km，运行周期为 11h15min。

图 15-3　GLONASS 卫星设计星座

4) GALILEO

GALILEO（伽利略）卫星导航系统是由欧盟研制和建立的全球卫星导航定位系统。由于 GPS 和 GLONASS 分别受到美国和俄罗斯两国的控制，长期以来，欧洲只能在美、俄的授权下从事接收机制造、导航服务等从属性的工作，为了能在卫星导航领域占有一席之地，欧洲意识到建立拥有自主知识产权的卫星导航系统的重要性；同时，在欧洲一体化进程中，建立欧洲自主的卫星导航系统能全面加强欧盟成员国之间的联系和合作。在此背景下，欧盟于 2002 年 3 月决定启动一个军民两用，并与现有的卫星导航系统相兼容的 GALILEO 全球卫星导航计划。

GALILEO 系统卫星星座部分由 30 颗卫星（27 颗工作卫星，3 颗备份卫星）组成。这些卫星分置在 3 个圆形的中地球轨道面内,每个轨道面 10 颗卫星,卫星的分布情况如图 15-3 所示;轨道高度为 23616km,轨道倾角为 56°,这样,GALILEO 导航信号能实现纬度高达 75°的良好覆盖。卫星运行周期为 14h4min,地面跟踪重复时间为 10 天。因为有这么大数量的卫星,所以能够实现星座的最佳化设计,并可应用 3 颗活动备份卫星确保在出现卫星损失的情况下不会给用户带来影响和不便。

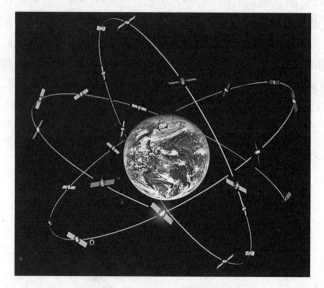

图 15-4　GALILEO 卫星设计星座

任务 15.1　测试题

北斗系统具有以下特点:一是北斗系统空间段采用三种轨道卫星组成的混合星座,与其他卫星导航系统相比高轨卫星更多,抗遮挡能力强,尤其低纬度地区性能优势更明显。二是北斗系统提供多个频点的导航信号,能够通过多频信号组合使用等方式提高服务精度。三是北斗系统创新融合了导航与通信能力,具备定位导航授时、星基增强、地基增强、精密单点定位、短报文通信和国际搜救等多种服务能力。

任务 15.2　GNSS 测量基本原理

一、GNSS 卫星信号

GNSS 卫星信号是卫星向用户设备发送的调制波,包括载波、测距码和数据码(又称 D 码或导航电文),用于多用户系统的导航和高精度定位。

1. 载波

载波指可运载调制信号的高频振荡波。以 GPS 为例,GPS 卫星的载波、测距码和数据码所有信号,都是在同一个基本频率 f_0 = 10.23MHz 的控制下产生的,如图 15-5 所示。GPS 使用 L 波段的两种载波 L1、L2,其频率分别是原子钟产生基准频率 f_0 的 154 倍和 120 倍,即 L1 频率为

任务 15.2　课件浏览

1575.42MHz，波长为 19.03cm；L2 频率为 1227.60MHz，波长为 24.42cm。选择这两个不同频率的载波，主要目的是消除电离层延迟。

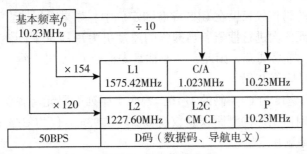

图 15-5　GPS 信号组成

在无线电通信技术中，为有效地传播信息，通常将频率较低的信号加载到频率较高的载波上，此过程称为调制，这时频率较低的信号称为调制信号。载波除了作为运载工具传送测距码和数据码这些信息外，还可以将自身的相位作为一种测距信号来测距，称为载波相位测量。为了进行载波相位观测，用户接收机接收到信号后，可通过解调技术来恢复载波的相位。载波相位的观测精度远比测距码精度高，常用于高精度的定位测量中。

2. 测距码

测距码是用于测定卫星至接收机之间距离的二进制码，GPS 卫星中所用的测距码从性质上讲，属于伪随机噪声码（又称伪噪声码，简称 PRN）。根据性质和用途的不同，在 GPS 卫星发射的测距码信号中包含了 C/A 码和 P 码两种伪随机噪声码信号，各卫星所用的测距码互不相同。下面将分别介绍其特点及作用。

1) C/A 码 (Coarse/Acquisitio Code)

C/A 码又称为粗码，是用于粗略测距和捕获精码的测距码。它被调制在 L1 载波上，是基准频率 f_0 降频 10 倍即 $f_{C/A} = f_0/10 = 1.023$MHz 的伪随机噪声码。C/A 码的测距精度为 $\pm(2\sim3)$m，C/A 码是一种结构公开的明码，供全世界所有的用户免费使用。C/A 码具有如下特性：

(1) 由于 C/A 码的码长较短，在 GPS 导航和定位中，为了捕获 C/A 码以测定卫星信号传播的时间延迟，通常对 C/A 码进行逐个搜索，而 C/A 码总共只有 1023 个码元，若以每秒 50 个码元的速度搜索，仅需约 20.5s 便可完成，易于捕获。而通过捕获 C/A 码得到的卫星提供的导航电文信息，又可以方便地捕获 P 码，所以，通常称 C/A 码为捕获码。

(2) C/A 码的码元宽度较大。若两个序列的码元对齐误差为码元宽度的 1/100~1/10，则此时所对应的测距误差可达 2.9~29.3m，其精度较低。

2) P 码 (Precision Code)

P 码又称为精码，用于精确测定 GPS 卫星至接收机的距离。它被同时调制在 L1 和 L2 两个载波上，可较完善地消除电离层延迟，故用它来测距可获得较精确的结果。P 码是一种结构保密的军用码，目前，美国政府不提供给一般 GPS 用户使用。P 码的码长为 2.35×10^{14}bit；码元宽度为 $0.097752\mu s$，相应距离为 29.3m；数码率为 10.23Mbit/s；周期为 267 天。在实用上，P 码的一个整周期被分为 38 部分，每一部分周期为 7 天，码长约为 $6.19\times$

10^{12}bit，其中 5 部分由地面监控站使用，其他 32 部分分配给不同的卫星，1 个部分闲置。这样，每颗卫星所使用的 P 码便具有不同的结构，易于区分，但码长和周期相同。

P 码具有如下特性：

（1）因为 P 码的码长较长，在 GPS 导航和定位中，如果采用搜索 C/A 码的办法来捕获 P 码，即逐个码元依次进行搜索，当搜索的速度仍为每秒 50 码元时，约需 $14×10^5$ 天，那将是无法实现的，不易捕获。因此，一般都是先捕获 C/A 码，然后根据导航电文中给出的有关信息，便可捕获 P 码。

（2）P 码的码元宽度为 C/A 码的 1/10，若两个序列的码元对齐误差仍为码元宽度的 1/100～1/10，则此时所引起的测距误差仅有 0.29～2.93m，仅为 C/A 码的 1/10。所以 P 码可用于较精密的导航和定位。

3）L2C 码

L2C 码称为城市码，它被调制在 L2 载波上。目前 C/A 码只调制在 L1 载波上，故无法精确地消除电离层延迟。随着全球定位系统的现代化，在 L2 载波上增设调制了 C/A 码的第二民用频率码 L2C 码后，该问题将可得到解决。采用窄相关间隔技术后，测距精度可达分米级，与精码的测距精度大体相当。

3. 数据码

数据码（又称导航电文或 D 码）是用户用来定位和导航的数据基础，它主要包括卫星星历、时钟改正、工作状态信息、大气折射改正、轨道摄动改正以及 C/A 码转换到捕获 P 码的信息。导航电文是二进制码的形式，按照规定格式组成，按帧向外播送。完整的导航电文共占有 25 帧，共有 37500bit，需要 750s 才能传送完，其内容仅在卫星输入新的导航数据后才得以更新。

二、GNSS 测量原理

GNSS 定位的基本原理是以 GNSS 卫星至用户接收机天线之间的距离（或距离差）为观测量，根据已知的卫星瞬时坐标，利用空间距离后方交会，确定用户接收机天线所对应的观测站的位置。定位原理图如图 15-6 所示。

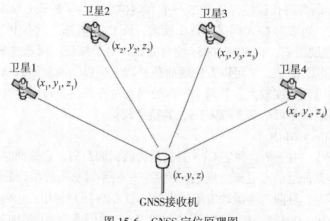

图 15-6 GNSS 定位原理图

假设 t 时刻在地面待测点上安置 GNSS 接收机,可以测定 GNSS 信号到达接收机的时间 Δt,再加上接收机所接收到的卫星星历等其他数据可以确定以下四个方程式:

$$\begin{cases} [(x_1-x)^2+(y_1-y)^2+(z_1-z)^2]^{1/2}+c(\nu_{t_1}-\nu_{t_0})=d_1 \\ [(x_2-x)^2+(y_2-y)^2+(z_2-z)^2]^{1/2}+c(\nu_{t_2}-\nu_{t_0})=d_2 \\ [(x_3-x)^2+(y_3-y)^2+(z_3-z)^2]^{1/2}+c(\nu_{t_3}-\nu_{t_0})=d_3 \\ [(x_4-x)^2+(y_4-y)^2+(z_4-z)^2]^{1/2}+c(\nu_{t_4}-\nu_{t_0})=d_4 \end{cases}$$

上式中,x、y、z 是 GNSS 接收机的空间直角坐标,x_i、y_i、z_i($i=1$、2、3、4)分别为卫星 1、卫星 2、卫星 3、卫星 4 在 t 时刻的空间直角坐标,可由卫星导航电文得到;ν_{t_i}($i=1$、2、3、4)分别为卫星 1、卫星 2、卫星 3、卫星 4 的卫星钟的钟差,由卫星星历提供;ν_{t_0} 为 GNSS 接收机的钟差。d_i($i=1$、2、3、4)分别为卫星 1、卫星 2、卫星 3、卫星 4 到接收机之间的距离,$d_i=c\Delta t_i$($i=1$、2、3、4);Δt_i($i=1$、2、3、4)分别为卫星 1、卫星 2、卫星 3、卫星 4 的信号到达接收机所经历的时间;c 为 GNSS 卫星信号的传播速度,即光速。

由以上四个方程即可解算出 GNSS 待测点的坐标 x、y、z 和接收机的钟差 ν_{t_0}。

事实上,GNSS 接收机往往可以锁住 4 颗以上的卫星,这时,接收机可按卫星的星座分布分成若干组,每组 4 颗,然后通过算法挑选出误差最小的一组用作定位,从而提高精度。

GNSS 定位的方式有多种,依据不同的分类标准可划分为:

1. 绝对定位和相对定位

按照参考点位置的不同,GNSS 定位可分为绝对定位和相对定位。绝对定位又称单点定位,即直接确定观测站在协议地球坐标系中相对于地球质心的位置,可认为是以地球质心为参考点;相对定位则是在协议地球坐标系中,确定观测站与某一地面参考点的相对位置。

2. 静态定位和动态定位

按照接收机运动状态的不同,GNSS 定位可分为静态定位和动态定位。静态定位是指在定位过程中,接收机处于静止状态。严格地讲,静止状态只是相对的,通常只要接收机相对于周围点位不发生位移,或在观测期内变化极其缓慢以致可以忽略,就被认为是处于静止状态。动态定位是指在定位过程中,接收机处于运动状态。

3. 伪距测量和载波相位测量

按照定位所采用的观测量的不同,GNSS 定位可分为伪距测量和载波相位测量。伪距测量所采用的观测量为 GNSS 的测距码(C/A 码或 P 码)。载波相位测量所采用的观测量为 GNSS 的载波相位,即 L1、L2 载波或它们的某种线性组合。

4. 实时定位和非实时定位

按照获取定位结果时间的不同,GNSS 定位可分为实时定位和非实时定位。实时定位是根据接收机观测到的数据,实时地解算出接收机天线所在的位置；非实时定位又称后处理定位，是通过对接收机接收到的数据进行后处理以开展定位的方法。

在 GNSS 观测量中包含了卫星和接收机的钟差、大气传播延迟、多路径效应等误差，在定位计算时还要受到卫星广播星历误差的影响，在进行相对定位时大部分公共误差被抵消或削弱，因此定位精度将大大提高，双频接收机可以根据两个频率的观测量抵消大气中电离层误差的主要部分，在精度要求高，接收机间距离较远时（大气有明显差别），应选用双频接收机。

任务 15.3　静态测量实施（以 GPS 为例）

在静态定位过程中，接收机的位置是固定的，处于静止状态，根据参考点的位置不同，静态定位包含绝对定位与相对定位两种方式。无论是静态绝对定位还是静态相对定位，所依据的观测量都是卫星至观测站的伪距。

任务 15.3 课件浏览

一、静态定位方式

静态绝对定位就是确定测站在 WGS-84 坐标系中的绝对位置，即相对于坐标原点的位置，此时参考点为地球质心。由于定位只需一台接收机，故又称为单点定位，如图 15-7 所示。由于卫星钟与接收机钟难以保持严格同步，所测站星距离均包含了卫星钟与接收机钟不同步的影响。卫星钟差可以利用导航电文中给出的钟差参数加以修正，而接收机钟差则通常难以准确确定。一般将接收机钟差作为未知参数，与观测站的坐标一并求解。因此，进行绝对定位，在一个观测站至少需要同步观测 4 颗卫星才能求出观测站三维坐标分量与接收机钟差 4 个未知参数。

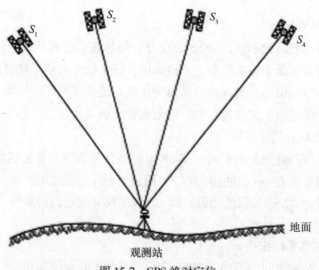

图 15-7　GPS 绝对定位

由于静态绝对定位可以连续地测定卫星至观测站的伪距,所以可获得充分的多余观测量,提高定位精度。但是单点定位并没有其他测站的同步观测数据可做比较,大气折光、卫星钟差等误差项就无法通过同步观测量的线性组合加以消除或削弱,只能依靠相应的模型来修正。

静态相对定位是将 GPS 接收机安置在不同的观测站上,保持各接收机固定不动,同步观测相同的 GPS 卫星,以确定各观测站在 WGS-84 坐标系中的相对位置或基线向量的方法,如图 15-8 所示即是相对定位最基本的情况。在两个观测站或多个观测站同步观测相同卫星的情况下,卫星轨道误差、卫星钟差、接收机钟差、电离层折射误差和对流层折射误差等对观测量的影响具有一定的相关性,利用这些观测量的不同组合进行相对定位,便可有效地消除或削弱上述误差的影响,从而提高相对定位的精度。静态相对定位一般采用载波相位观测量作为基本观测量,这一定位方法是目前 GPS 定位中精度最高的,广泛应用于大地测量、精密工程测量、地球动力学研究等领域。

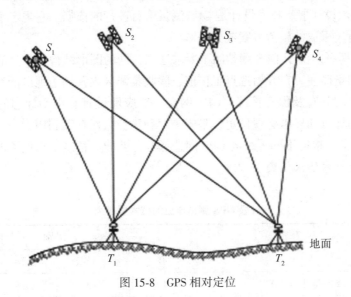

图 15-8 GPS 相对定位

二、静态测量实施

GPS 静态测量实施的工作程序可分为技术设计、外业观测和数据处理三个阶段。

1. 技术设计

在布设 GPS 网时,技术设计是非常重要的,它依据 GPS 测量的用途、用户需求,按照国家及行业主管部门颁布的有关规范(规程),对网形、精度、基准、作业纲要等做出具体规定,提供了布设和实施 GPS 网的技术准则。GPS 测量的主要技术依据有测量任务书或合同书以及 GPS 测量规范(规程)等。对于 GPS 网的精度和密度要求,主要取决于网的用途,详见《全球定位系统(GPS)测量规范》(GB/T 18314—2009)。

GPS 网常用的布网形式有跟踪站式、会战式、多基准站式、同步图形扩展式及单基准站式。布设 GPS 网时,不仅要遵循一定的设计原则,还需要一些定量的指标,如效率指标、可靠性指标和精度指标来指导设计工作。

2. 外业观测

CPS 测量的外业观测工作主要包括实地踏勘、资料收集整理、设备检定、人员组织、拟定观测计划、技术设计、选点埋石、数据采集等。

(1)测区踏勘与资料收集。接到 GPS 测量任务后，可以依据施工设计图纸进行实地踏勘、调查测区。通过实地踏勘，结合工程项目的任务和目的，了解测区概况，以便为编写技术设计、施工设计、成本预算提供依据。

(2)资料收集。收集资料是进行控制网技术设计的一项重要工作。技术设计前，应收集测区或工程各项有关的资料。

(3)仪器配置与人员组织。设备、器材筹备及人员组织包括：观测仪器、计算机及配套设备的准备，交通、通信设施的准备，施工器材、计划油料和其他消耗材料的准备，组织测量队伍、拟订测量人员名单及岗位培训，进行测量工作成本的详细预算。

(4)拟订观测计划。主要包括拟定观测计划的主要依据、观测计划的主要内容。

(5)编制技术设计书。技术设计是 GPS 测量项目进行的依据，它规定了项目进行所应遵循的规范、所应采取的施测方案或方法。

(6)选点与埋石。由于 GPS 测站间不要求通视，网的图形结构也较灵活，因此选点工作比经典控制测量简便。在开始选点工作前，除收集测区内及周边地区的有关资料，了解原有测量标志点的分布及保存情况。GPS 网点一般应埋设具有中心标志的标石，以精确标志点位，点的标石和标志必须稳定、坚固，以利于长久保存和利用。

(7)数据采集。根据不同等级的 GPS 网选择符合性能、精度要求的 GPS 接收机，GPS 测量作业应满足技术要求见表 15-2。

表 15-2 **各级 GPS 测量作业的技术要求表**

项目	级别			
	B	C	D	E
卫星截止高度角(°)	10	15	15	15
同时观测有效卫星数	≥4	≥4	≥4	≥4
有效观测卫星总数	≥20	≥6	≥4	≥4
观测时段数	≥3	≥2	≥1.6	≥1.6
时段长度	≥23h	≥4h	≥60min	≥40min
采样间隔(s)	30	10~30	5~15	5~15

注：(1)计算有效观测卫星时，应将各时段的有效观测卫星数扣除期间的重复卫星数；

(2)观测时段长度，应为开始记录数据到结束记录的时间段；

(3)观测时段数≥1.6，采用网观测模式时，每站至少观测一时段，其中二次设站点数应不少于 GPS 网总点数的 60%；

(4)采用基于卫星定位连续运行基准点观测模式时，可连续观测，但观测时间应不低于表中规定的各时段观测时间的和。

外业观测中存储介质上的数据文件应及时拷贝，一式两份，分别保存在专人保管的防水、防静电的资料箱内。存储介质的外面，适当处应贴制标签，注明文件名、网区名、点名、时段名、采集日期、测量手簿编号等。接收机内存数据文件在转录到外存介质上时，不得进行任何剔除或删改，不得调用任何对数据实施重新加工组合的操作指令。

3. 数据处理

(1)数据传输。由于观测过程中，接收机采集的数据存储在接收机内部存储器上，进行数据处理时必须将其下载到计算机上，这一数据下载过程即数据传输。通常，不同厂商的 GNSS 接收机有不同的数据存储格式，若采用的数据处理软件不能读取该格式的数据，则需事先进行数据格式转换，通常转换为 RINEX 格式，以便数据处理软件读取。数据传输的同时进行数据分流，生成四个数据文件：载波相位和伪距观测值文件、星历参数文件、电离层参数和 UTC 参数文件、测站信息文件。

(2)数据预处理。数据预处理的目的是对数据进行平滑滤波检验、剔除粗差；统一数据文件格式，并将各类数据文件加工成标准化文件(如 GNSS 卫星轨道方程的标准化、卫星钟钟差标准化、观测值文件标准化等)；找出整周跳变点并修复观测值；对观测值进行各种模型改正，为后面的计算工作做准备。

(3)基线解算。在基线解算过程中，通过对多台接收机的同步观测数据进行复杂的平差计算，得到基线向量及其相应的方差协方差阵。解算中，要顾及周跳引起的数据剔除、观测数据粗差的发现和剔除、星座变化引起的整周未知数的增加等问题。基线解算的结果除了用于后续网平差外，还被用于检验和评估外业观测数据质量，它提供了点与点之间的相对位置关系，可确定网的形状和定向，而要确定网的位置基准，则需要引入外部起算数据。

(4)网平差。在网平差阶段，将基线解算所确定的基线向量作为观测值，将基线向量的验后方差—协方差阵作为确定观测值的权阵，同时引入适当的起算数据，进行整网平差，确定网中各点的坐标。

任务 15.3 测试题

实际应用中，往往还需要将坐标系统中的平差结果按用户需要进行坐标系统的转换，或者与地面网进行联合平差，确定 GNSS 网与经典地面网的转换参数，改善已有的经典地面网。

任务 15.4　动态 RTK 测量系统及应用

一、RTK 测量原理

RTK(Real-time Kinematic)实时动态差分法，是一种新的常用的 GNSS 测量方法，以前的静态、快速静态、动态测量都需要事后进行解算才能获得厘米级的精度，而 RTK 是能够在野外实时得到厘米级定位精度的测量方法，它采用了载波相位动态实时差分方法，是 GNSS 应用的重大里程碑，它的出现为工程放样、地形测图以及各种控制测量带来了新曙光，极大地提高了外业作业效率。

高精度的 GNSS 测量必须采用载波相位观测值，RTK 定位技术就是基于载波相位观测值的实时动态定位技术，它能够实时地提供测站点在指定坐标系中的三维定位结果，并达到厘米级精度。在 RTK 作业模式下，基准站通过数据链将其观测值和测站坐标信息一起传送给流动站。流动站不仅通过数据链接收来自基准站的数据，还要采集 GNSS 观测数据，并在系统内组成差分观测值进行实时处理(示意图见图 15-9)，同时给出厘米级定位结果，历时不足一秒钟。流动站可处于静止状态，也可处于运动状态，可在固定点上先进行初始化再进入动态作业，也可在动态条件下直接开机，并在动态环境下完成整周模糊度的搜索求解。在整周未知数解固定后，即可进行每个历元的实时处理，只要能保持四颗以上卫星相位观测值的跟踪和必要的几何图形，则流动站可随时给出厘米级定位结果。

任务 15.4 课件浏览

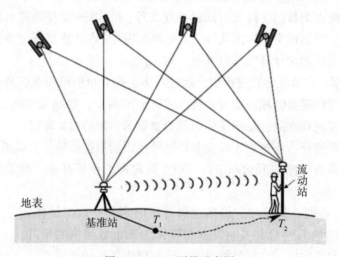

图 15-9 RTK 测量示意图

二、RTK 技术应用

RTK 测量技术在测量领域有着广泛的应用，主要应用在图根控制测量、地形测绘、工程测量、地籍测量、房产测量、地质调查、水深测量等方面，下面简要介绍几种主要应用。

1. 图根控制测量

传统的大地测量、工程控制测量采用三角网、导线网方法来施测，不仅费工费时，要求点间通视，而且精度分布不均匀，采用常规的 GNSS 静态测量、快速静态、伪动态方法，在外业测设过程中不能实时知道定位精度，如果测设完成后，回到内业处理后发现精度不合要求，还必须返测，而采用 RTK 来进行控制测量，能够实时知道定位精度，这样可以大大提高作业效率。如果把 RTK 用于公路控制测量、电力线路控制测量、水利工程控制测量、大地测量则不仅可以大大减少人力强度、节省费用，而且大大提高工作效率，测一个控制点在几分钟甚至几秒钟内就可完成。

2. 地形测图

RTK 技术可实时获取待测点三维坐标，并达到厘米级精度。在测绘地形图时，设置基准站和移动站，确认移动站数据链以及其他各项参数和基准站一致，待测量窗口显示"固定"，采集共同点进行参数计算后，即可进行测量作业，外业工作结束后将手簿中坐标数据导入到 CASS 软件中进行地形图的绘制。相比全站仪测图而言，RTK 测图仅需一人操作，不要求点间通视，大大提高了工作效率，配合电子手簿可以测绘各种地形图，如普通测图、铁路线路带状地形图、公路管线地形图的测绘，配合测深仪可以用于测水库地形图、航海海洋测图等。

RTK 外业测量主要操作步骤为：

（1）新建项目。选择坐标系统、设置椭球和投影参数、当地中央子午线经度以及源椭球和目标椭球。

（2）设置基准站。通过蓝牙将手簿连接上基准站，设置好电文格式、截止高度角、数据链，采集基准站坐标，同时输入目标高等。

（3）设置移动站。用蓝牙方式连接上移动站，确认移动站数据链以及其他各项参数和基准站一致。移动站的设置与基准站连接的步骤相同，待手簿显示"固定"即可。

（4）参数计算。利用两个以上共同坐标点完成参数计算，将计算的转换参数运用到坐标点库，检核控制点坐标精度。

（5）碎部测量。判断地物地貌特征点，开始外业碎部点数据采集。

3. 施工放样

RTK 技术可实时放样出待放样点位置，并达到厘米级精度。放样时，设置好基准站和移动站，并进行参数计算或点校验（步骤同 RTK 外业操作步骤），将待放样点坐标输入到手簿中，软件自动计算出当前位置与待确定点的距离和方位，只需按照提示将接收机挪动到相应位置上即可。相对传统方法如经纬仪交会放样、全站仪的边角放样等，RTK 放样只需一人操作，不要求点间通视，工作效率高，放样精度高且很均匀。

RTK 放样主要的外业操作步骤为：

（1）仪器的设置与连接。包括新建项目、设置基准站和移动站以及参数计算。

（2）选择放样点。点放样提供三种方式进行选择：第一种是手动输入，直接输入要放样的点坐标即可。第二种是从坐标库选择，可在点名处输入待查找点名，点击搜索按钮，支持从坐标点库、放样点库和控制点库、图根数据点库、横断面点库搜索，搜索结果在界面中显示供选择。第三种是高级查找，高级查找界面可以根据点名、图例描述、图例代码、图层四个查找条件进行设置，并可以对所有点库的点信息进行搜索。

（3）确定待放样点位。电子手簿会实时显示当前位置与待确定点的距离和方位，移动设备向待定点靠近的过程中，也可根据声音提示快速确定放样点位，当放样点位误差满足要求时做好标记即可。

任务 15.4 测试题

【项目小结】

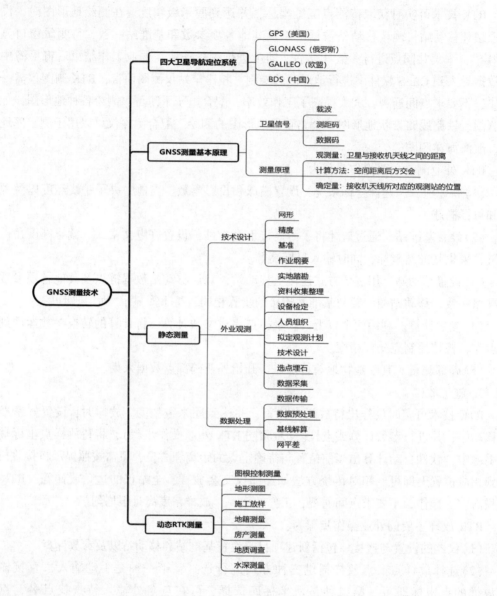

【习题】

1. 简述 GNSS 卫星的载波信号基本特点及用途。
2. 简述 GNSS 测距码信号的基本特点及用途。
3. GNSS 导航电文的定义是什么？简述 GNSS 导航电文的基本构成和特点。
4. GNSS 的定位方式有哪些？
5. 简述 GNSS 定位的基本原理。
6. 动态相对定位有哪些方式？
7. 什么是 RTK 技术？RTK 技术与传统测量方法相比有哪些优势？
8. 简述 RTK 的系统构成及其定位原理。

参 考 文 献

[1] 钟孝顺,聂让. 测量学[M]. 北京:人民交通出版社,1999.
[2] 王侬,过静珺. 现代普通测量学[M]. 北京:清华大学出版社,2001.
[3] 张坤宜. 交通土木工程测量[M]. 北京:人民交通出版社,1999.
[4] 武汉测绘科技大学《测量学》编写组. 测量学[M]. 北京:测绘出版社,1991.
[5] 陈丽华. 土木工程测量[M]. 杭州:浙江大学出版社,2002.
[6] 刘志章. 工程测量学[M]. 北京:中国水利水电出版社,1991.
[7] 张文春,李伟东. 土木工程测量[M]. 北京:中国建筑工业出版社,2003.
[8] 张慕良. 水利工程测量[M]. 北京:水利电力出版社,1994.
[9] 姜远文,唐平英. 道路工程测量[M]. 北京:机械工业出版社,2002.
[10] 丁云庆. 水利水电工程测量[M]. 北京:水利电力出版社,1992.
[11] 杨俊,赵西安. 土木工程测量[M]. 北京:科技出版社,2003.
[12] 过静珺. 土木工程测量[M]. 武汉:武汉工业大学出版社,2000.
[13] 王家贵,等. 测绘学基础[M]. 北京:清华大学出版社,2000.
[14] 李青岳. 工程测量学[M]. 北京:测绘出版社,1984.
[15] 赵书玉,黄筱英. 测量学[M]. 北京:人民交通出版社,1998.
[16] 合肥工业大学等四所高校. 测量学[M]. 北京:中国建筑出版社,1995.
[17] 顾孝烈. 测量学[M]. 上海:同济大学出版社,1990.
[18] 中国有色金属工业协会. 工程测量标准(GB 50026—2020)[S]. 北京:中国计划出版社,2020.

工程测量
实训指导与记录手册

主编　王金玲　王玉才
主审　邹进贵

武汉大学出版社

工程测量
实训指导与记录手册

主编　王金玲　王玉才

班级_____
学号_____
姓名_____

目　　录

工程测量实训须知……………………………………………………………… 1
实训一　水准仪的认识和使用 ………………………………………………… 5
实训二　普通水准测量…………………………………………………………… 8
实训三　四等水准测量…………………………………………………………… 11
实训四　水准仪的检验与校正…………………………………………………… 15
实训五　经纬仪的认识和使用…………………………………………………… 19
实训六　测回法水平角测量……………………………………………………… 22
实训七　全圆测回法水平角测量………………………………………………… 25
实训八　竖直角测量……………………………………………………………… 28
实训九　经纬仪的检验与校正…………………………………………………… 31
实训十　钢尺量距与罗盘仪定向………………………………………………… 35
实训十一　视距测量……………………………………………………………… 38
实训十二　图根导线测量………………………………………………………… 41
实训十三　碎部测量……………………………………………………………… 48
实训十四　已知水平角和已知水平距离测设…………………………………… 51
实训十五　已知高程测设………………………………………………………… 54

工程测量实训须知

"工程测量"课程的理论教学、课间实训教学是本课程两个重要的学习环节，《工程测量实训指导与记录手册》主要用于课间实训教学，是《工程测量》教材的辅助资源。通过理实一体化教学，进行测量仪器的操作、观测、记录、计算等实训，理论联系实际，巩固课堂所学的基本知识，培养学生实际动手能力以及分析问题和解决问题的能力，帮助学生养成认真负责的学习态度和严谨求实的职业品格。

一、实训目的与要求

1. 实训目的

（1）初步掌握测量仪器的基本构造、性能和操作方法。
（2）正确掌握观测、记录和计算的基本方法，求出正确的测量结果。
（3）巩固并加深测量理论知识的学习，使理论和实际密切结合。
（4）加强实践技能训练，提高学生的动手能力。
（5）培养学生严谨认真的科学素养、团结协作的团队意识、吃苦耐劳的坚韧品格。

2. 实训要求

（1）开始实训前，必须预习实训指导书，了解实训目的、实训要求、所用仪器和工具、实训方法和步骤以及实训注意事项。

（2）实训开始前，以小组为单位到仪器室领取实训仪器和工具，并做好仪器使用登记工作。领到仪器后，到指定实训地点集中，待指导教师讲解后，方可开始实训。

（3）每次实训，各小组长应根据实训内容，进行适当的人员分工，并注意工作轮换。小组成员之间应该团结协作、密切配合。

（4）实训时，必须认真仔细地按照测量程序和测量规范进行观测、记录和计算工作。遵守实训纪律，保证实训任务的完成。

（5）爱护测量仪器和工具。实训过程中或实训结束后，如发现仪器或工具有损坏、遗失等情况，应报告指导教师或仪器管理人员，待查明情况后，作出相应的处理。

(6)实训完毕,须将实训记录、计算和结果交指导教师审查,待老师同意后方可收拾仪器离开实训地点。

(7)实训结束后,要及时还清实训仪器和工具。未经指导教师许可,不得任意将测量仪器转借他人或带回宿舍。

二、测量仪器的借领与使用

1. 测量仪器的借领

(1)每次实训,学生以小组为单位,由小组长向仪器室借领仪器和工具,借领者应当场检查,并在借领单上签名,经管理人员审核同意后,将仪器拿出仪器室。

(2)离开借领地点之前,必须锁好仪器箱并捆扎好各种工具,搬运仪器时,必须轻拿轻放,避免由于剧烈震动而损坏仪器。

(3)借出的仪器、工具,未经指导教师同意,不得与其他小组调换或转借。

(4)实习结束后,各组应清点所用仪器、工具,并如数交还仪器室。

2. 测量仪器的使用

(1)开箱前应将仪器箱放在平稳处。开箱后,要看清仪器及附件在箱内的安放位置,以便用完后将各部件稳妥地放回原处。

(2)仪器架设时,保持一手握住仪器,一手去拧连接螺旋,最后旋紧连接螺旋使仪器与三脚架连接牢固。

(3)仪器安置后,不论是否操作,必须有专人看护,防止无关人员摆弄或行人车辆碰撞损坏。

(4)仪器光学部分(包括物镜、目镜、放大镜等)有灰尘或水汽时,严禁用手、手帕或纸张去擦,应报告指导教师,用专用工具处理。

(5)转动仪器时,应先松制动螺旋,再平稳转动。使用微动螺旋时,应先旋紧制动螺旋。制动螺旋应松紧适度,微动螺旋或脚螺旋不要旋到极端。

(6)使用过程中如发现仪器转动失灵,或有异样声音,应立即停止工作,对仪器进行检查,并报告实训室工作人员,切不可任意拆卸或自行处理。

(7)勿使仪器淋雨或曝晒。打伞观测时,应防止风吹伞动撞坏仪器。

(8)远距离搬迁仪器时,必须将仪器取下,装回仪器箱中进行搬迁;近距离搬站时,可将仪器制动螺旋松开,收拢三脚架,连同仪器一并夹于腋下,一手托住仪器一手抱住三脚架,并使仪器在脚架上呈微倾斜状态进行搬迁,切不可将仪器扛在肩上搬迁。

(9)实训结束后,仪器装箱应保持原来的放置位置。如果仪器盒子不能盖严,应检查仪器的放置位置是否正确，不可强行关箱。

（10）使用钢尺时，切勿在打卷的情况下拉尺，并防止脚踩、车压。钢尺使用完后，必须擦净、上油，然后卷入盒内。

（11）花杆及水准尺应该保持其刻划清晰，不得用来扛抬物品及乱扔乱放。水准尺放置在地上时，尺面不得靠地。

三、测量记录与计算

1. 测量记录

（1）测量观测数据须用 2H 或 3H 铅笔记入正式表格，记录观测数据之前，应将表头的仪器型号、日期、天气、测站、观测者及记录者姓名等无一遗漏地填写齐全。

（2）观测者读数后，记录者应随即在测量手簿上的相应栏内填写，并复诵回报以资检核。不得另纸记录事后转抄。

（3）记录时要求字体端正清晰、数位对齐、数字齐全。字体的大小一般占格宽的 1/3～1/2，字脚靠近底线，表示精度或占位的"0"（例如水准尺读数 1.600 或 0.859；度盘读数 92°04′00″中的"0"）均不能省略。

（4）观测数据的尾数不得涂改，读错或记错后，必须重测重记。例如，角度测量时，秒级数字出错，应重测该测站；钢尺量距时，毫米级数字出错，应重测该尺段。

（5）观测数据的前几位（如米、分米、度）出错时，则在错误数字上划细斜线，并保持数据部分的字迹清楚，同时将正确数字记在其上方。注意不得涂擦已记录的数据，禁止连续更改数字。例如，水准测量中的黑、红面读数，角度测量中的盘左、盘右，距离测量中的往、返测等，均不能同时更改，否则要重测。

（6）记录数据修改后或观测成果废去后，都应在备注栏内写明原因（如测错、记错或超限等）。

（7）测量实训，严禁伪造观测记录数据，一经发现，将取消实训成绩并严肃处理。

2. 测量计算

（1）每站观测结束后，必须在现场完成规定的计算和校核，确认无误后方可迁站。

（2）测量计算时，数字进位应按照"四舍六入五凑偶"的原则进行。比如对 1.3244m，1.3236m，1.3235m，1.324m 这几个数据，若取至毫米位，则均应记为 1.324m。

(3)测量计算时，数字的取位规定：水准测量视距应取位至 1.0m，视距总和取位至 0.01km，高差中数取位至 0.1mm，高差总和取位于 1.0mm，角度测量的秒取位至 1.0″。

(4)观测手簿中，对于有正、负意义的量，记录计算时，一定要带上"+"号或"-"号。即使是"+"号也不能省略。

(5)简单计算，如平均值、方向值、高差(程)等，应边记录边计算，以便超限时能及时发现问题并立即重测。较为复杂的计算，可在实训完成后及时算出。

(6)计算必须仔细认真，保证无误。

实训一 水准仪的认识和使用

一、实训目的

(1)认识 DS_3 型微倾水准仪或自动安平水准仪的基本构造，熟悉各部件的名称、功能及作用。

(2)初步掌握水准仪的使用方法。

(3)能准确读取水准尺的读数。

(4)测出地面上任意两点间的高差。

二、实训仪器和工具

每组借 DS_3 型微倾水准仪1台套，水准尺2根，尺垫2个，记录板1个，铅笔、计算器。

三、实训任务

(1)熟悉水准仪各部件名称及其作用。

(2)学会整平水准仪的方法。

(3)学会瞄准目标，消除视差及利用望远镜的中丝在水准尺上读数。

(4)学会测定地面两点间的高差。

四、实训组织和学时

每组4人，轮流操作，课内2学时。

五、实训方法和步骤

1. 安置仪器

在测站上将三脚架张开，按观测者的身高调节三脚架腿的高度，使架头大致水平。对泥土地面，应将三脚架脚尖踩入土中，以防仪器下沉；对水泥地面，要采取防滑措施；对倾斜地面，应将三脚架的一个脚安放在高处，另两只脚安置在低处。

打开仪器箱，记住仪器的摆放位置，以便仪器装箱时按原位放回。将水准仪从仪器箱中取出，用中心连接螺旋将仪器连在三脚架上，中心连接螺旋松紧要适中。

2. 粗略整平

粗略整平简称粗平，就是旋转脚螺旋使圆气泡居中。方法是首先对向转动两只脚螺旋，使圆水准器气泡向中间移动，再转动另一脚螺旋，使气泡移至居中位置。

3. 瞄准水准尺

首先转动仪器，用望远镜上的准星和照门瞄准水准尺，拧紧制动螺旋(手感螺旋有阻力)；然后转动目镜调焦螺旋，使十字丝清晰；再转动物镜调焦螺旋，消除视差，使目标成像清晰。最后转动仪器微动螺旋，使水准尺成像在十字丝交点处。

4. 精平(自动安平水准仪没有此项)

转动微倾螺旋使符合水准管气泡两端的影像严密吻合(气泡居中)，此时视线即处于水平状态。

5. 读数

仪器精平后，立即用十字丝的中丝在水准尺上读数，首先估读出水准尺上毫米数，然后将全部读数读出。一般应读出四位数，即米、分米、厘米及毫米。读完应立即检查仪器是否仍精平，若气泡偏离较大，需重新调平再读数。

6. 测定地面上两点间的高差

要求每人改变一次仪器高度，观测两点间高差两次。观测数据记录于"实训报告一"中。一人观测完后，另一人再进行观测。两次改变水准仪的高度要大于10cm。所测高差互差应不大于5mm，否则应重新测量。

六、注意事项

(1)读数前应消除视差，并使符合气泡严格符合。
(2)微动螺旋和微倾螺旋不要旋到极限，应保持在中间运行。
(3)观测者的身体各部位不得接触脚架。
(4)记录和计算应正确、清晰、工整。实训完成后，将实习记录交指导老师审阅并验收合格后方可将仪器归还到实验室。

实训报告一 高差测量记录表

测站	测点	水准尺读数(m)		高差(m)
		后视读数		
		前视读数		
		后视读数		
		前视读数		
		后视读数		
		前视读数		
		后视读数		
		前视读数		
		后视读数		
		前视读数		
		后视读数		
		前视读数		
		后视读数		
		前视读数		
		后视读数		
		前视读数		
		后视读数		
		前视读数		
		后视读数		
		前视读数		
		后视读数		
		前视读数		
		后视读数		
		前视读数		

实训二　普通水准测量

一、实训目的

(1)进一步熟练水准仪的使用步骤和方法。
(2)掌握普通水准测量的观测、记录、计算和校核的方法。
(3)熟悉水准路线的布设形式。
(4)掌握高差闭合差的调整和高程的计算。

二、实训仪器和工具

DS_3 型水准仪 1 台套、水准尺 2 根、尺垫 2 个、记录板 1 个、铅笔、计算器。

三、实训任务

(1)每组布设并观测闭合(或附合)水准路线一条。
(2)观测精度满足要求后,根据观测结果进行水准路线高差闭合差的调整和高程计算。

四、实训组织和学时

每组 4 人,轮流操作,课内 2 学时。

五、实训方法和步骤

(1)将水准尺立于已知水准点上作为后视,水准仪置于施测路线附近合适的位置,在施测路线的前进方向上取仪器至后视大致相等的距离放置尺垫,竖立水准尺作为前视,注意视距不超过 100m。
(2)瞄准后尺,精平后用中丝读取后视读数,掉转望远镜,瞄准前尺,精平后用中丝读取前视读数,分别记录、计算。
(3)迁至下一站,重复上述操作程序,直至全部路线施测完毕。
(4)根据已知点高程及各测站高差,计算水准路线的高差闭合差,并检查高差闭合差是否超限,其限差公式为:

$$f_{h允} = \pm 40\sqrt{L}\,(\text{mm}) \quad 或 \quad f_{h允} = \pm 12\sqrt{n}\,(\text{mm})$$

式中，L 为水准路线的长度，以 km 为单位；n 为测站数。

(5)若高差闭合差在容许范围内，则对高差闭合差进行调整，计算各待定点的高程。

六、注意事项

(1)注意用中丝读数，不要误读为上、下丝读数，读数时要消除视差。

(2)后视尺垫在水准仪搬动前不得移动，仪器迁站时，前视尺垫不能移动。在已知高程点和待定高程点上不得放尺垫。

(3)水准尺必须扶直，不得前后左右倾斜。

实训报告二　普通水准测量

测站	测点	后视读数(mm)	前视读数(mm)	高差(m)
计算校核	$\sum a - \sum b =$		$\sum h =$	
成果检验	$f_h =$		$f_{h允} =$	

实训三　四等水准测量

一、实训目的

(1)掌握四等水准测量的观测、记录、计算及校核方法。
(2)熟悉四等水准测量的主要技术指标。
(3)掌握水准路线的布设及闭合差的计算。

二、实训仪器和工具

DS_3型水准仪1台套，水准尺1对，尺垫2个，记录板1个，铅笔、计算器。

三、实训任务

(1)用四等水准测量方法观测一闭合或附合水准路线。

四、实训组织和学时

每组4人，轮流操作，课内4学时。

五、实训方法和步骤

(1)选择一条闭合(或附合)水准路线，按下列顺序进行观测：
①照准后视尺黑面，读取上丝、下丝、中丝读数；
②照准后视尺红面，读取中丝读数；
③照准前视尺黑面，读取上丝、下丝、中丝读数；
④照准前视尺红面，读取中丝读数。
(2)将观测数据记入表中相应栏中，计算和校核要求如下：
①视线长度不超过100m；
②前、后视距差不超过±3m，视距累积差不超过±10m；
③红、黑面读数差不超过±3mm；
④红、黑面高差之差不超过±5mm；
⑤高差闭合差不超过 $\pm 20\sqrt{L}$ mm(平地)或 $f_{h允} = \pm 6\sqrt{n}$ mm(山区)，L为水准路线的长度，以km为单位；n为测站数。

六、注意事项

（1）观测的同时，记录员应及时进行测站计算检核，符合要求方可迁站，否则应重测。

（2）仪器未迁站时，后视尺不得移动；仪器迁站时，前视尺不得移动。

实训报告三 四等水准测量

测站	点号	后尺	上丝	前尺	上丝	方向及尺号	水准尺读数		K+黑-红	高差中数(m)
			下丝		下丝		黑面	红面		
		后距(m)		前距(m)						
		视距差 d(m)		累积差 ∑d(m)						
						后				
						前				
						后-前				
						后				
						前				
						后-前				
						后				
						前				
						后-前				
						后				
						前				
						后-前				
						后				
						前				
						后-前				
						后				
						前				
						后-前				
						后				
						前				
						后-前				

续表

测站	点号	后尺 上丝		前尺 上丝		方向及尺号	水准尺读数		K+黑-红	高差中数(m)
			下丝		下丝					
		后距(m)		前距(m)			黑面	红面		
		视距差 d(m)		累积差 $\sum d$(m)						
						后				
						前				
						后−前				
						后				
						前				
						后−前				
						后				
						前				
						后−前				
						后				
						前				
						后−前				
						后				
						前				
						后−前				
						后				
						前				
						后−前				
						后				
						前				
						后−前				

实训四 水准仪的检验与校正

一、实训目的

(1)了解水准仪的主要轴线及它们之间应满足的几何关系。
(2)掌握 DS_3 水准仪的检验与校正方法。

二、实训仪器和工具

DS_3 型水准仪1台套,水准尺2个,尺垫2个,记录板1个,皮尺1把,铅笔、计算器。

三、实训任务

(1)水准仪的一般检视。
(2)圆水准轴平行于仪器竖轴的检验和校正。
(3)十字丝横丝垂直于仪器竖轴的检验与校正。
(4)视准轴平行于水准管轴的检验与校正。

四、实训组织和学时

每组4人,轮流操作,课内2学时。

五、实训方法和步骤

1. 水准仪的一般检视

检查三脚架是否稳固,安置仪器后检查制动螺旋、微动螺旋、微倾螺旋、调焦螺旋、脚螺旋转动是否灵活,是否有效,记录在实训报告中。

2. 圆水准轴平行于仪器竖轴的检验和校正

(1)检验:转动脚螺旋使圆水准气泡居中,将仪器绕竖轴旋转180°,若气泡仍居中,说明此条件满足,否则需校正。
(2)校正:用校正针拨动圆水准器下面的三个校正螺丝,使气泡向居中位置移动偏离长度的一半，然后再旋转脚螺旋使气泡居中。拨动三个校正螺丝前，应一松一紧，校正完毕后注意把螺丝紧固。校正必须反复数次，直到仪器转动到任何方向圆气泡都居中为止。

3. 十字丝横丝垂直于仪器竖轴的检验与校正

(1)检验：水准仪整平后，用十字丝横丝的一端瞄准与仪器等高的一固定点，固定制动螺旋，然后用微动螺旋缓缓地转动望远镜，若该点始终在十字丝横丝上移动，说明此条件满足；若该点偏离横丝表示条件不满足，需要校正。

(2)校正：旋下靠目镜处的十字丝环外罩，用螺丝刀松开十字丝环的四个固定螺丝，按横丝倾斜的反方向转动十字丝环，使横丝与目标点重合，再进行检验，直到目标点始终在横丝上相对移动为止，最后旋紧十字丝环固定螺丝，盖好护罩。

4. 视准轴平行于水准管轴的检验与校正

(1)检验在地面上选择相距约80m的A、B两点，分别在两点上放置尺垫，竖立水准尺。将水准仪安置于两点中间，用变动仪器高(或双面尺)法正确测出A、B两点高差，两次高差之差不大于3mm时，取其平均值，用h_{AB}表示。再在A点附近3~4m处安置水准仪，读取A、B两点的水准尺读数a_2、b_2，应用公式$b'_2 = a_2 - h_{AB}$求得B尺上的水平视线读数。若$b_2 = b'$，则说明水准管轴平行于视准轴，若$b_2 \neq b'$应计算i角，当i角$>20''$时需要校正。

$$i = \frac{b_2 - b'_2}{D_{AB}}\rho$$

(2)校正：转动微倾螺旋，使横丝对准正确读数b'_2，这时水准管气泡偏离中央，用校正针拨动水准管一端的上、下两个校正螺丝，使气泡居中。再重复检验校正，直到$i<20''$为止。

六、注意事项

(1)必须按实训步骤规定的顺序进行检验和校正，不得颠倒。

(2)拨动校正螺丝时，应先松后紧，一松一紧，用力不宜过大；校正结束后，校正螺丝不能松动，应处于稍紧状态。

实训报告四 DS$_3$ 水准仪的检验与校正

1. 一般性检验

检验项目	检验结果
三脚架是否牢固	
制动与微动螺旋是否有效	
微倾螺旋是否有效	
调焦螺旋是否有效	
脚螺旋是否有效	
望远镜成像是否清晰	
其他	

2. 圆水准器轴平行于仪器竖轴的检验与校正

检验(旋转仪器180°)次数	气泡偏差数(mm)	检验者

3. 十字丝横丝垂直于仪器竖轴的检验与校正

检验次数	误差是否显著	检验者

4. 视准轴平行于水准管轴的检验与校正

仪器在中点求正确高差			仪器在 A 点旁检验校正		
第一次	A 点尺上读数 a_1		第一次	A 点尺子读数 a_2	
	B 点尺上读数 b_1			B 点尺子上应读数 b'_2 $b'_2 = a_2 - h_{AB}$	
	$h_1 = a_1 - b_1$			B 点尺子实际读数 b_2	
				i 角误差计算 $i = \dfrac{b_2 - b'_2}{D_{AB}}\rho =$	
第二次	A 点尺上读数 a'_1		第二次	A 点尺子读数 a_2	
	B 点尺上读数 b'_1			B 点尺子上应读数 b'_2 $b'_2 = a_2 - h_{AB}$	
	$h_2 = a'_1 - b'_1$			B 点尺子实际读数 b_2	
平均值	$h_{AB} = \dfrac{1}{2}(h_1 + h_2) =$			i 角误差计算 $i = \dfrac{b_2 - b'_2}{D_{AB}}\rho =$	

实训五　经纬仪的认识和使用

一、实训目的

(1)了解 DJ_6 经纬仪的基本构造及各部件的功能。

(2)掌握经纬仪的对中、整平、照准、读数的方法(要求对中误差不超过 3mm，整平误差不超过 1 格)。

二、实训仪器和工具

DJ_6 型经纬仪 1 台套，记录板 1 个，铅笔。

三、实训任务

(1)熟悉仪器各部件的名称和作用。

(2)学会经纬仪的对中、整平、瞄准和读数方法。

四、实训组织和学时

每组 4 人，轮流操作，课内 2 学时。

五、实训方法和步骤

1. 经纬仪的安置

(1)松开三脚架，安置于测站点上，高度适中，架头大致水平。

(2)打开仪器箱，双手握住仪器支架，将仪器从箱中取出置于三脚架上。一手紧握支架，一手拧紧连螺旋。

2. 经纬仪的使用

(1)对中：调整光学对中器的调焦螺旋，看清测站点标志，依次移动三脚架其中的两个脚，使对中器中的十字丝对准测站点，踩紧三脚架，通过调节三脚架高度使圆水准气泡居中。激光对中的方法与光学对中的方法基本相同，不同的是激光对中的经纬仪没有光学对中器，按住仪器上的照明键几秒钟，激光束会打在地面上，在地面上可见红色的激光点，通过搬动仪器使激光点与地面点的标志重合，然后再按照光学对中方法操作即可。

（2）整平：转动照准部，使水准管平行于任意一对脚螺旋，同时相对旋转这对脚螺旋，使水准管气泡居中；将照准部绕竖轴转动90°，旋转第三只脚螺旋，使气泡居中。再转动90°，检查气泡误差，直到小于分划线的一格为止。

（3）瞄准：用望远镜上的瞄准器瞄准目标，从望远镜中看到目标，旋转望远镜和照准部的制动螺旋，转动目镜调焦螺旋，使十字丝清晰。再转动物镜调焦螺旋，使目标影像清晰，转动望远镜和照准部的微动螺旋，使目标被单丝平分，或将目标夹在双丝中央。

（4）读数：读取显示屏的读数并记录。

六、注意事项

（1）仪器从箱中取出前，应看好它的放置位置，以免装箱时不能恢复原位。

（2）仪器在三脚架上未固连好前，手必须握住仪器，不得松手，以防仪器跌落，摔坏仪器。

（3）仪器入箱后，要及时上锁；提动仪器前检查是否存在事故危险。

（4）仪器制动后不可强行转动，需转动时可用微动螺旋。

实训报告五 DJ$_6$型经纬仪的认识和使用

1. 了解经纬仪各部件的名称及功能

部件名称	功　　能
照准部水准管	
照准部制动螺旋	
照准部微动螺旋	
望远镜制动螺旋	
望远镜微动螺旋	
水平度盘变换螺旋	
竖盘指标水准管	
竖盘指标水准管微动螺旋	

2. 瞄准读数练习

测　站	目　标	盘左读数 (° ′ ″)	盘右读数 (° ′ ″)

实训六 测回法水平角测量

一、实训目的

(1)进一步熟悉经纬仪的使用。
(2)熟练掌握测回法观测水平角的操作方法。
(3)熟练掌握测回法观测水平角的记录和计算。

二、实训仪器和工具

DJ_6型经纬仪1台套,测伞1把,记录板1个,铅笔(自备)。

三、实训任务

用测回法对某一水平角观测两个测回,上、下半测回的角值之差不超过±40″,测回差不超过±24″。

四、实训组织和学时

每组4人,轮流操作,课内4学时。

五、实训方法和步骤

1. 安置经纬仪

将仪器安置于测站点上,对中、整平。

2. 度盘配置

要求观测两个测回,测回间度盘变动$180°/n$。

3. 一测回观测

盘左:瞄准左目标,配置度盘,读数记a_1,顺时针方向转动照准部,瞄准右目标,读数记b_1,计算上半测回角值$\beta_左=b_1-a_1$。

盘右:瞄准右目标,读数记b_2,逆时针方向转动照准部,瞄准左目标,读数

记 a_2，计算下半测回角值 $\beta_右 = b_2 - a_2$。检查上、下半测回角值互差不超过±36″，计算一测回角值：

$$\beta_1 = \frac{1}{2}(\beta_左 + \beta_右)$$

4. 计算水平角

测站观测完毕后，检查各测回角值互差不超过±24″，计算各测回的平均角值：

$$\beta = \frac{1}{2}(\beta_1 + \beta_2)$$

六、注意事项

(1) 一测回观测过程中，若水准管气泡偏离值超过一格时，应整平后重测。

(2) 计算水平角值时，是以右边方向的读数减去左边方向的读数。若不够减时，则在右边方向上加360°。

实训报告六　测回法水平角测量

测站	测回	竖盘	目标	水平度盘读数 (° ′ ″)	半测回角值 (° ′ ″)	一测回角值 (° ′ ″)	各测回平均角值 (° ′ ″)

实训七　全圆测回法水平角测量

一、实训目的

(1)进一步熟悉经纬仪的使用。
(2)熟练掌握全圆测回法观测水平角的操作方法。
(3)熟练掌握全圆测回法观测水平角的记录和计算。

二、实训仪器和工具

DJ_6 型经纬仪 1 台套，测伞 1 把，记录板 1 个，铅笔(自备)。

三、实训任务

用全圆测回法在一个测站上观测 4 个方向，要求观测三个测回，要求半测回归零差以及各测回归零后方向值之差均不超过 ±24″。

四、实训组织和学时

每组 3 人，轮流操作，课内 4 学时。

五、实训方法和步骤

1. 安置经纬仪

将仪器安置于测站点上，对中、整平。

2. 度盘配置

要求观测两个测回，测回间度盘变动 $180°/n$。

3. 一测回观测

(1)在测站点 O 点安置经纬仪，盘左位置，瞄准零方向 A，旋紧水平制动螺旋，转动水平微动螺旋精确瞄准，转动度盘变换器使水平度盘读数略大于 0°，再检查望远镜是否精确瞄准，然后读数记录。

(2)顺时针方向旋转照准部，依次照准 B、C、D 点，最后闭合到零方向 A，读数依次序记在手簿中相应栏内。

(3)纵转望远镜，盘右位置精确照准零方向 A，读数记录。

(4)逆时针方向转动照准部，按上半测回的相反次序观测 D、C、B，最后观测至零方向 A，将各方向读数值记录在手簿中。

4. 计算

(1)半测回归零差的计算：由于半测回中零方向 A 有前、后两次读数，两次读数之差即为半测回归零差。若不超过限差规定，则取平均值作为零方向值。

(2)$2c$ 误差的计算：$2c = L - (R \pm 180°)$，对 J_6 级经纬仪 $2c$ 误差不作要求，仅作为观测者自检。

(3)各方向平均读数(平均值)的计算：平均读数 $= \dfrac{1}{2}(L + R \pm 180°)$。

(4)归零方向值的计算：归零方向值=各方向值的平均值–零方向平均值。

(5)各测回归零方向值的平均值的计算：比较同一方向各测回归零后的方向值，若不超过限差规定，将各测回同一方向的归零值取平均值即为各测回归零方向值的平均值。

六、注意事项

(1)在几个目标中选择一个标志清晰、通视好且距离测站点较远的点作为零方向。

(2)一测回观测过程中，当水准管气泡偏离值超过一格时，应整平后重测。

实训报告七　全圆测回法水平角测量

测站	测回	目标	度盘读数		2c (″)	平均读数 (° ′ ″)	各测回归零方向值 (° ′ ″)	各测回归零方向值的平均值 (° ′ ″)
			盘左 (° ′ ″)	盘右 (° ′ ″)				
1	2	3	4	5	6	7	8	9

实训八　竖直角测量

一、实训目的

(1)加深对竖直角测量原理的理解。
(2)了解竖直度盘的构造,掌握竖直角计算公式的确定方法。
(3)掌握竖直角的观测、记录和计算方法。
(4)掌握竖盘指标差的计算方法。

二、实训仪器和工具

DJ_6型经纬仪1台套,测伞1把,记录板1个,铅笔(自备)。

三、实训任务

(1)选择两个不同高度的目标,每人观测竖直角两个测回。
(2)计算竖直角和仪器的竖盘指标差。

四、实训组织和学时

每组4人,轮流操作,课内2学时。

五、实训方法和步骤

1. 安置经纬仪

将仪器安置于测站点上,对中、整平;转动望远镜,观察竖盘读数的变化规律。

2. 观测

(1)盘左:精确瞄准目标,使竖盘指标水准器气泡居中,读取竖盘读数L。
(2)盘右:再次精确瞄准目标,使竖盘指标水准器气泡居中,读取竖盘读数R。

3. 计算竖直角及指标差

竖直角：$\alpha = \dfrac{1}{2}(R - L - 180°)$；

指标差：$x = \dfrac{1}{2}(L + R - 360°)$

4. 限差要求

（1）各测回竖直角互差不大于±24″。
（2）各测回指标差互差应不大于±24″。

六、注意事项

（1）注意要用十字丝的横丝瞄准目标。
（2）计算竖直角和指标差时，应注意正、负号。

实训报告八　竖直角测量

测站	目标	竖盘	竖盘读数 (° ′ ″)	半测回竖直角 (° ′ ″)	指标差 (″)	一测回竖直角 (° ′ ″)	各测回平均竖直角 (° ′ ″)

实训九　经纬仪的检验与校正

一、实训目的

(1)通过实训掌握经纬仪轴线应满足的几何条件,检验这些条件是否满足要求。

(2)初步掌握照准部水准管、视准轴、十字丝和竖盘指标水准管的校正方法。

二、实训仪器和工具

经纬仪1台套、记录板1个、测伞1把、铅笔(自备)。

三、实训任务

(1)照准部水准管轴垂直于仪器竖轴的检验与校正。
(2)十字丝竖丝垂直于横轴的检验与校正。
(3)视准轴垂直于横轴的检验与校正。
(4)竖盘指标差的检验与校正。

四、实训组织和学时

每组4人,共同完成,课内2学时。

五、实训方法和步骤

1. 照准部水准管轴垂直于竖轴的检验和校正

检验:整平仪器后,将照准部旋转180°,若气泡居中,则条件满足;否则,需校正。

校正:用校正针拨动水准管一端的校正螺丝,使气泡退回偏离的一半,再转动脚螺旋,使气泡居中。此项校正需反复进行,直到满足要求为止。结果记录于表中。

2. 十字丝竖丝垂直于横轴的检验和校正

检验:整平仪器后,用十字丝竖丝一端瞄准一清晰小点,固定照准部制动螺旋和望远镜制动螺旋，转动望远镜微动螺旋使望远镜上下移动，如果小点始终在竖丝上移动，则条件满足，否则应进行校正。

校正：卸下目镜处分划板护盖，用螺丝刀松开四个十字丝环固定螺丝，转动十字丝环，使竖丝处于竖直位置，然后将四个螺丝拧紧，装上护盖。结果记录于表中。

3. 视准轴垂直于横轴的检验和校正

检验：

(1)整平仪器，盘左瞄准一个大致与仪器同高的远处目标 M，读取水平度盘读数 $m_左$；盘右瞄准同一点 M，读取水平度盘读数 $m_右$。

(2)计算视准误差 $c = \frac{1}{2}[m_右 - (m_左 \pm 180°)]$；

电子经纬仪：$c > \pm 15''$ 时，需校正。

校正：

(1)计算出盘右位置的正确读数：$m_{右正} = m_右 - c$。

(2)转动照准部微动螺旋，使水平度盘读数恰为 $m_{右正}$，此时十字丝的竖丝已偏离了目标。

(3)旋下十字丝分划板护盖，略松十字丝分划板上下校正螺丝，用一松一紧的方法拨动左右校正螺丝，使十字丝的竖丝对准目标 M；然后，拧紧上下校正螺丝，旋上十字丝分划板护盖；此项工作需反复进行，直至视准误差 c 不超过 30″ 或 15″ 为止。记录计算填入表中。

4. 竖盘指标差的检验和校正

(1)检验：

整平仪器，用盘左和盘右两个位置观测同一高处目标，令竖盘水准管气泡居中，分别读取竖盘读数 L 和 R；

竖直角的计算(竖盘顺时针刻划)：$\alpha_左 = 90° - L$ $\alpha_右 = R - 270°$；

指标差的计算：$i = \frac{\alpha_右 - \alpha_左}{2}$ 或 $i = \frac{L + R - 360°}{2}$；

使用电子经纬仪 $i > \pm 15''$ 时，则需校正。

(2)校正：

①按下[☉]键并马上释放，仪器开机并显示初始化信息。

②按[切换]键，蜂鸣器响，约 2 秒钟后释放[切换]键，仪器进入指标差设置程序。

③纵转望远镜使竖盘过零，盘左瞄准一远处目标 P，按住[☉]键，蜂鸣器响，

约 2 秒钟后释放。

④盘右瞄准同一目标 P，按住[⊙]键，蜂鸣器响，约 2 秒钟后释放。仪器指标差设置完毕，回到正常测角界面。记录计算填入表中。

六、注意事项

（1）实训步骤不能颠倒。

（2）校正结束后，各校正螺丝应处于稍紧状态。

实训报告九　DJ₆ 经纬仪的检验与校正

1. 照准部水准管轴垂直于仪器竖轴的检验与校正

观测类型	气泡偏离格数
检验观测	
校核观测	

2. 十字丝竖丝垂直于横轴的检验与校正

观测类型	十字丝偏离情况
检验观测	
校核观测	

3. 视准轴与横轴垂直的检验与校正

观测类型	竖盘位置	水平度盘读数 °	′	″	盘右时的正确读数 °	′	″	视准误差 ″
检验观测								
校核观测								

4. 竖盘指标差的检验与校正

观测类型	竖盘位置	竖盘读数 °	′	″	竖直角 °	′	″	指标差 ″
检验观测								
校核观测								

实训十 钢尺量距与罗盘仪定向

一、实训目的

(1)掌握钢尺一般量距的基本工作和方法。
(2)能进行钢尺量距的数据计算,并能对外业观测数据进行精度评定。
(3)学会用罗盘仪测定直线的磁方位角。

二、实训仪器和工具

30m钢尺1把,罗盘仪1个,标杆3根,测钎5根,垂球2个,小木桩小钉各2个,斧头1把。

三、实训任务

(1)选择两个相距70~100m的A、B两点,用钢尺测量A、B两点的水平距离。
(2)测定AB直线的磁方位角。

四、实训组织和学时

每组4人,共同合作,课内2学时。

五、实训方法和步骤

(1)在较平坦的地面上选择相距70~100m的A、B两点打下木桩,桩顶钉上小钉,如在水泥地面上,则画上"×"作为标志。
(2)在A、B两点上竖立标杆,据此进行直线定线。
(3)往测时,后尺手持钢尺的零端,前尺手持钢尺盒并携带标杆盒测钎沿AB方向前进,行至约一尺段处停下,听后尺手指挥左、右移动标杆,当标杆进入AB线内后插入地面,前、后尺手拉紧钢尺,后尺手将零刻划对准A点,喊"好",前尺手在整尺段处插下测钎,即完成第一尺;两人抬尺前进,当后尺手行至测钎处,同法量取第二尺段,并收取测钎,继续前进量取其他整尺段;最后不足一尺段时,前尺手将一整分划对准B点,后尺手读出厘米或毫米,两者相减即为余长q;最后计算AB总长$D_{往}$。

$$D_{往} = n \cdot l + q$$

式中：n——后尺手收起的测钎数(整此段数)；

l——钢尺名义长度；

q——余长。

(4)返测，由 B 向 A 进行返测，返测时重新定线。测量方法同往测。

(5)计算往、返测平均值及相对误差，在平坦地区，相对误差不应超过 1/3000 的精度要求，若达不到要求，必须重测。

$$D_{平} = \frac{1}{2}(D_{往} + D_{返})$$

$$k = \frac{|D_{往} - D_{返}|}{D_{平}} = \frac{1}{N}$$

(6)磁方位角测定：在 A 点安置罗盘仪，对中、整平后，松开磁针固定螺丝放下磁针，用罗盘仪的望远镜瞄准 B 点的标杆，待磁针静止后，读取磁针北端指示的刻度盘读数，即为 AB 直线的磁方位角。同法测量 BA 直线的磁方位角。最后检查两者之差不超过 1°时，并取其平均值作为 AB 直线的磁方位角。

六、注意事项

(1)应熟悉钢尺的零点位置和尺面注记。

(2)量距时，钢尺要拉直、拉平、拉稳。

(3)要注意保护钢尺，防止钢尺打卷、受湿、车压，不得沿地面拖拉钢尺。

(4)测定磁方位角时，要认清磁北端，应避免铁器干扰。

实训报告十　钢尺量距与罗盘仪定向

直线编号	测量方向	整尺段长 $n \times l$	余长 q	全长 D	往返均值	相对误差 K	磁方位角 (° ′ ″)	平均磁方位角 (° ′ ″)
	往							
	返							
	往							
	返							
	往							
	返							
	往							
	返							
	往							
	返							
	往							
	返							

实训十一　视距测量

一、实训目的

学会视距测量的观测、记录和计算。

二、实训仪器和工具

DJ_6型经纬仪1台套、水准尺1根、小钢尺1把、记录板1个、铅笔、计算器（自备）。

三、实训任务

掌握经纬仪视距测量的观测、记录和计算方法。

四、实训组织和学时

每组4人，轮流操作，课内2学时。

五、实训方法和步骤

(1)将经纬仪安置于测站点A上，对中、整平后用小钢尺量取仪器高i(精确到厘米)，并假定测站点的高程。在B点处竖立水准尺。

(2)以经纬仪的盘左位置观测B点尺子，读取下丝读数、上丝读数、中丝读数。下丝读数减上丝读数，即得视距间隔l。然后，将竖盘指标水准管气泡居中，读取竖盘读数，立即算出竖直角α。

(3)倒镜(盘右)按步骤(2)重测一次。

(4)计算A、B两点间水平距离、高差及待定点高程。计算公式为

$$D = Kl\cos^2\alpha$$
$$h = D\tan\alpha + i - v$$
$$H_B = H_A + h$$

六、注意事项

(1)视距测量观测前应对仪器竖盘指标差进行检验校正，使指标差在$\pm 60''$

以内。

（2）观测时视距尺应竖直并保持稳定。

（3）仪器高度、中丝读数和高差计算精确到厘米，平距精确到分米。

实训报告十一　　视距测量

仪器高 $i=$　　　　　　　测站点高程 $H_A=$

点号	竖盘位置	视距读数		视距间隔 l	中丝读数	竖盘读数（°′″）	竖直角（°′″）	平距（m）	高差（m）
		上丝	下丝						
	左								
	右								
	左								
	右								
	左								
	右								
	左								
	右								
	左								
	右								

实训十二　图根导线测量

一、实训目的

(1)掌握全站仪的使用方法。
(2)掌握导线的布设方法。
(3)掌握导线测量的外业施测方法和步骤。
(4)掌握导线成果的内业计算。

二、实训仪器和工具

全站仪1台套、棱镜2个、小木桩若干、小钉若干、记录板1个、铅笔、计算器(自备)。

三、实训任务

(1)在指定测区布设一条闭合导线,按照选点原则选点,用木桩小钉作为标志,并统一将点号按逆时针编写。
(2)根据外业观测数据和已知数据(起算数据),计算未知导线点的坐标,并进行精度评定。

四、实训组织和学时

每组4人,轮流操作,课内4学时。

五、实训方法和步骤

1. 选点

根据测区的地形情况选择一定数量的导线点,选点时应遵循下列原则:
(1)相邻点间要通视,方便测角和量边。
(2)点位要选在土质坚实的地方,以便于保存点的标志和安置仪器。
(3)导线点应选择在周围地势开阔的地点,以便于测图时充分发挥控制点的作用。

(4)导线边长要大致相等,以使测角的精度均匀。

(5)导线点的数量要足够,密度要均匀,以便控制整个测区。

导线点选定后,用木桩打入地面,桩顶钉一小铁钉,以表示点位。在水泥地面上也可用红漆画一圆圈,圆内点一小点或画一"十"字作为临时性标志。导线点要统一按逆时针编号,并绘制导线线路草图和点之记。

2. 水平角观测

用测回法观测导线的左角(导线内角)。一般用全站仪观测两个测回,半测回角度之差不得大于36″,测回差不得大于24″,并取平均值作为最后角度。

3. 边长测量

导线边长可以用全站仪往返测量,往返盘左盘右各观测1次,较差均不得超过5mm。

4. 导线定向

内定向导线,假设起始边坐标方位角。

5. 内业计算

(1)将导线测量外业数据抄入导线坐标计算表格内,抄完必须核对。

(2)计算导线角度闭合差:导线角度闭合差$f_\beta = \sum \beta_测 - \sum \beta_理 = \sum \beta_测 - (n-2) \times 180°$,对于图根导线,角度闭合差的容许值一般为:$f_{\beta允} = \pm 60'' \sqrt{n}$

(3)角度闭合差的调整:当角度闭合差$f_\beta \leq f_{\beta允}$时,将角度闭合差以相反的符号平均分配给各观测角,即在每个角度观测值上加上一个改正数v,其数值为$v = -\dfrac{f_\beta}{n}$。

(4)坐标方位角的计算:角度闭合差调整好后,用改正后的角值从第一条边的已知方位角开始依次推算出其他各边的方位角。其计算式为$\alpha_前 = \alpha_后 \pm 180° \pm \beta$。

(5)坐标增量的计算:计算出导线各边边长和坐标方位角后,可计算各边的坐标增量,公式为:

$$\left.\begin{array}{l}\Delta x = D\cos\alpha \\ \Delta y = D\sin\alpha\end{array}\right\}$$

(6)坐标增量闭合差的计算:闭合导线的坐标增量闭合差为:

$$\left.\begin{array}{l}f_x = \sum \Delta x_测 \\ f_y = \sum \Delta y_测\end{array}\right\}$$

(7) 导线全长绝对闭合差 f 及相对闭合差 K 的计算：导线全长绝对闭合差 f 的大小可用下式求得 $f = \sqrt{f_x^2 + f_y^2}$，导线相对闭合差 $K = \dfrac{f}{\sum D} = \dfrac{1}{\sum D/f}$。对于图根导线 K 值应不大于 1/5000。

(8) 坐标增量闭合差改正数的计算：各坐标增量改正值 δ_x，δ_y 可按下式计算。

$$\left.\begin{array}{l} \delta_{xi} = -\dfrac{f_x}{\sum D} D_i \\ \delta_{yi} = -\dfrac{f_y}{\sum D} D_i \end{array}\right\}$$

(9) 坐标计算：导线点的坐标可按下式依次计算。

$$\left.\begin{array}{l} x_2 = x_1 + \Delta x_{12改} \\ y_2 = y_1 + \Delta y_{12改} \end{array}\right\}$$

六、注意事项

(1) 导线按逆时针编号时，左角为导线的内角；导线按顺时针编号时，右角为导线的内角。

(2) 导线边长尽量相等，长、短边之比不得大于 3。

(3) 闭合导线坐标计算应坚持步步有检核的原则，以保证计算结果的正确性。

实训报告十二 导线测量记录表

测站	测回数	竖盘位置	目标	水平盘读数 (° ′ ″)	半测回角值 (° ′ ″)	一测回角值 (° ′ ″)	各测回平均角值 (° ′ ″)	目标	度盘位置	水平距离 D(m)	平均水平距离 D(m)
		左							左		
		右							右		
		左							左		
		右							右		
		左							左		
		右							右		
		左							左		
		右							右		

实训报告十二 导线测量记录表

测站	测回数	竖盘位置	目标	水平盘读数 (° ′ ″)	半测回角值 (° ′ ″)	一测回角值 (° ′ ″)	各测回平均角值 (° ′ ″)	目标	度盘位置	水平距离 D(m)	平均水平距离 D(m)
		左							左		
		右							右		
		左							左		
		右							右		
		左							左		
		右							右		
		左							左		
		右							右		

实训报告十二 导线测量记录表

测站	测回数	竖盘位置	目标	水平盘读数 (°′″)	半测回角值 (°′″)	一测回角值 (°′″)	各测回平均角值 (°′″)	目标	度盘位置	水平距离 D(m)	平均水平距离 D(m)
		左							左		
		右							右		
		左							左		
		右							右		
		左							左		
		右							右		
		左							左		
		右							右		

导线坐标计算表

点号	观测角值 (° ′ ″)	改正值 (″)	改正后角值 (° ′ ″)	坐标方位角 (° ′ ″)	边长 (m)	坐标增量 (m)		改正后坐标增量 (m)		坐标值 (m)	
						ΔX	ΔY	$\Delta X'$	$\Delta Y'$	X	Y
Σ											

辅助计算：$\Sigma\beta_{测} = \qquad \Sigma\beta_{理} = \qquad f_\beta = \qquad f_{\beta允} = \qquad f_x =$

$f_y = \qquad f_D = \qquad K = \qquad K_允 =$

导线草图

47

实训十三　碎部测量

一、实训目的

(1)掌握选择地形点的要领。
(2)掌握碎部测量跑点方法。
(3)掌握一个测站上的测绘工作。

二、实训仪器和工具

全站仪1台套、棱镜1个、小平板1块、绘图纸1张、量角器1个、小针1根、记录板1个、铅笔、计算器(自备)。

三、实训任务

(1)在一个测站点上施测周围的地物和地貌,采用边测边绘的方法进行。
(2)根据地物特征点勾绘地物轮廓线,并且地貌特征点用目估法按1m等高距勾绘等高线。

四、实训组织和学时

每组4人,轮流操作,课内2学时。

五、实训方法和步骤

(1)在测站上安置全站仪,对中、整平、定向(选择起始零方向,使水平度盘置零)。量取仪器高,假定测站点高程。
(2)图板安置在测站点附近,在图纸上定出测站点位置,画上起始方向线,将小针钉在测站点上,并套上量角器使之可绕小针自由转动。
(3)跑尺员按地形地貌有计划地跑点。
(4)观测员读取平距和水平度盘的读数。
(5)绘图员根据水平角读数和平距将立尺点展绘到图纸上,并在点位右侧注记高程,然后按实际地形勾绘等高线和按地物形状连接各地物点。

六、注意事项

(1)测定碎部点只用竖盘盘左位置。

(2)观测员报出水平角后,绘图员随即将零方向线对准量角器上水平角读数,待报出平距和高程后,马上展绘出该碎部点。

(3)每测30个碎部点要检查零方向,此工作称为归零,归零差不得超过±5″。

实训报告十三　碎部测量

测站点高程 $H_A=$　　　　　　仪器高 $i=$　　　　　　后视点

点号	水平角 (° ′)	水平距离 (m)	高程 (m)

实训十四　已知水平角和已知水平距离测设

一、实训目的

(1)掌握已知水平角的测设方法。
(2)掌握已知水平距离的测设方法。

二、实训仪器和工具

电子经纬仪或全站仪 1 台套、50 钢卷尺 1 根、木桩 1 个、记录板 1 个、铅笔、计算器(自备)。

三、实训任务

(1)已知水平角测设。
(2)已知水平距离测设。

四、实训组织和学时

每组 4 人，配合操作，共同完成，课内 2 学时。

五、实训方法和步骤

1. 测设设计角值为 β 的已知水平角

(1)地面上选 A、B 两点并打上木桩，桩顶钉小钉或划"十"字作为点位标志。

(2)在 A 点安置经纬仪，盘左位置转动照准部瞄准 B 点，并使水平度盘读数等于 0°。

(3)松开照准部制动螺旋，顺时针方向转动照准部，使度盘读数为 β，固定照准部，在此方向上距 A 点为 D(略短于一整尺段)处打一木桩，并在桩顶标出视线方向和 C' 点的点位。

(4)用测回法观测 $\angle BAC'$ 一个测回，若半测回角值之差不超过 ±36″，取其平均值为该角的观测值 β'。

(5)计算测设误差 $\Delta\beta = \beta' - \beta$，并根据 $\Delta\beta$ 计算改正数 $CC' = D_{AC}\dfrac{\Delta\beta}{\rho''}$。

(6)过 C' 点作 AC' 的垂线，沿垂线向角内（$\Delta\beta$ 为正号）或角外（$\Delta\beta$ 为负号）量取 CC' 定出 C 点，则 $\angle BAC$ 即为所要测设的 β 角。

(7)检核：用测回法重新测量 $\angle BAC$，$\Delta\beta$ 在限差之内时，测设的水平角即为设计角值。否则要再进行改正，直到精度满足要求为止。

2. 测设长度为 D 的已知水平距离

(1)利用测设水平角的桩点，沿 AC 方向测设一段水平距离 D 等于 45.000m 的线段 AP。

(2)安置经纬仪于 A 点，瞄准 C 点，用钢尺自 A 点沿视线方向丈量概略长度 D，打桩并在桩顶标出直线的方向和该点的概略位置 P'。

(3)用钢尺丈量出 AP' 的距离 D'，求出改正值 $\Delta D = D' - D$。

(4)若 $D' > D$，即 ΔD 为正值，则应由 P' 点向 A 方向改正 ΔD 值得到点 P，AP 即为所测设的长度 D，若 $D' < D$，即 ΔD 为负值，则应由 P' 点向 A 点相反方向改正 ΔD 值。

(5)再检测 AP 两点的距离，与设计距离之差的相对误差应小于等于 $\dfrac{1}{5000}$。

六、注意事项

(1)水平角测设时，要注意归化改正 CC' 的方向。
(2)为提高测设精度，测设距离时，钢尺要拉紧、拉稳、拉平。

实训报告十四　已知水平角和已知水平距离测设

1. 测设水平角记录表

设计水平角值 ° ′ ″	盘位	已知方向值 (° ′ ″)	度盘读数 (° ′ ″)

2. 水平角检测记录表

测站	竖盘位置	目标	水平度盘读数 (° ′ ″)	半测回角值 (° ′ ″)	一测回角值 (° ′ ″)
	左				
	右				

3. 测设水平角归化改正记录表

设计 水平角值 (° ′ ″)	检测 水平角值 (° ′ ″)	测设误差(″) $\Delta\beta = \beta' - \beta$	改正数(m) $CC' = D_{AC}\dfrac{\Delta\beta}{\rho''}$	向内或向外量

4. 水平距离测设记录表

设计水平距离 D (m)	检测水平距离 D' (m)	改正值 ΔD (m)	测设的实际距离 (m)	相对误差 K

实训十五　已知高程测设

一、实训目的

（1）掌握测设已知高程的方法。
（2）掌握测设已知高程的检核方法。

二、实训仪器和工具

DS_3型水准仪1台套、水准尺1根、木桩1个、皮尺1把、铅笔、计算器（自备）。

三、实训任务

通过一已知高程点测设某一设计高程的点。

四、实训组织和学时

每组4人，配合操作，共同完成，课内2学时。

五、实训方法和步骤

测设已知高程点B。

（1）若B点附近没有已知高程点，则需在B点附近布设临时水准点A，通过给定的水准点测量出A点高程H_A。在欲测设高程点B处打一大木桩。

（2）安置水准仪于A、B两点之间，后视A点上的水准尺，读取后视读数a，则水准仪视线高为$H_i = H_A + a$。

（3）计算前视尺应有的读数$b_应 = H_i - H_B$。

（4）在B点紧贴木桩侧面立尺，观测者指挥持尺者将水准尺上、下移动，当水准仪的横丝对准尺上读数$b_应$时，在木桩侧面用红铅笔画出水准尺零端位置线（即尺底线），此线即为所要测设已知高程点B的位置线。

（5）检测：重新测定B点的高程，与设计值H_B比较，若测设误差$\Delta = H_{B设} - H_{B测} \leq 5mm$，尺零点位置即为设计$B$点。

六、注意事项

(1) 水准尺要竖直。
(2) 标定设计高程点位时,要用细线画出。
(3) 检核观测时,水准尺零点要贴近标注的 B 点位置。

实训报告十五　已知高程测设

一、放样数据的计算

A 点读数 $a=$　　　　　　　　视线高 $H_i=$

B 尺所需读数 $b_{应}=$

二、测设精度检核

A 点读数 $a'=$　　　　　　　　B 尺读数 $b'=$
$h'=a'-b'=$
B 点实测高程 $H'_B=H_A+h'=$
测设误差 $\Delta h = H'_B - H_{B设} =$